超级13Cr油管应用技术

胥志雄 刘洪涛 谢俊峰 等著

石油工业出版社

内容提要

本书介绍了13Cr不锈钢管材在塔里木油田高温高压（超高压）的苛刻地层条件和不断变化的工况环境中的应用情况、经验和教训，以及超级13Cr油管的国产化工作相关研究成果。

本书可供从事开发高温高压油气田开发和研发耐蚀材质的管理人员、科研人员、现场技术人员及高等院校金属材料专业的师生参考阅读。

图书在版编目（CIP）数据

超级13Cr油管应用技术／胥志雄等著. —北京：石油工业出版社，2021.4
ISBN 978-7-5183-4614-1

Ⅰ. ①超… Ⅱ. ①胥… Ⅲ. ①油管-研究 Ⅳ. ①TE931

中国版本图书馆CIP数据核字（2021）第071799号

出版发行：石油工业出版社
（北京安定门外安华里2区1号 100011）
网　　址：www.petropub.com
编辑部：（010）64523710
图书营销中心：（010）64523633
经　　销：全国新华书店
印　　刷：北京中石油彩色印刷有限责任公司

2021年4月第1版　2021年4月第1次印刷
787×1092毫米　开本：1/16　印张：12.5
字数：200千字

定价：98.00元
（如出现印装质量问题，我社图书营销中心负责调换）
版权所有，翻印必究

《超级13Cr油管应用技术》编写组

组　　　长：胥志雄
副 组 长：刘洪涛　谢俊峰　何新兴　周理志　宋周成
　　　　　　王春生　周　波　付安庆　窦益华　张忠铧
　　　　　　耿海龙
编写组成员：（按姓氏笔画排序）
　　　　　　于鑫泰　马　磊　王　华　王克林　王　磊
　　　　　　冯觉勇　邢　星　朱良根　刘文超　刘军严
　　　　　　刘明球　刘　举　齐　军　杨双宝　杨忠武
　　　　　　李　岩　吴　俊　吴镇江　余　纲　汪　鑫
　　　　　　汪浩洋　宋文文　张　伟　张伟军　张宏强
　　　　　　张　宝　张春霞　张　浩　张雪松　张端瑞
　　　　　　范　玮　周太彬　周　进　周建平　周　健
　　　　　　郑如森　郑何光　单　锋　赵　俊　赵密锋
　　　　　　胡开银　胡　方　胡芳婷　饶文艺　秦世勇
　　　　　　秦德友　徐国伟　徐　强　徐鹏海　高文祥
　　　　　　黄龙藏　曹立虎　景宏涛　曾　努　熊茂县
　　　　　　黎丽丽　薛艳鹏

前　言

　　塔里木油田油气井井深一般在5000m以深，最深可超过8000m，平均井深是中国东部油田的两倍多，属于深层、超深层油田。由于油气藏埋藏深、储层温度高、压力高、流体相态变化及渗流规律复杂、地质环境恶劣等特征，导致油田的勘探开发难度极大，每口井的开发成本非常高，一旦发生管柱失效，经济损失将十分巨大。而随着勘探开发向更深层进军，井下管柱面临的生产工况环境更加恶劣，例如，近年来投入开发的克深9井区和克深13井区，井均在7600m以深，井底压力超过130MPa，井底温度183～204℃，CO_2分压可达1MPa。由于油气藏埋藏深，储层较为致密，为提高单井产量需要对储层进行改造。目前，普遍的做法是采取酸化压裂，而使用频率最高的酸化液体系以HCl体系为主。塔里木油田油气藏由于地层高压的原因，高温高压气井完井普遍采用改造—完井一体化管柱，因此作为完井管柱的油管首先会遭受来自酸化液的腐蚀。完井环境介质特点要求井下管柱需要应对复杂而苛刻的腐蚀环境，采用13Cr不锈钢材质油管是塔里木油田给出的一个解决方案。

　　塔里木油田自2003年开始使用13Cr不锈钢材质油管。2010年以前，这些油管产品均是进口。随着高温高压气田的不断开发，国内对耐腐蚀油管的需求也不断增加。2008年，塔里木油田联合宝山钢铁股份有限公司和中国石油集团石油管工程技术研究院（简称西安管材所）启动超级13Cr油管国产化工作。2010年研发成功，并于DN2-20井顺利入井。截至2020年年底塔里木油田的13Cr油管使用量超过15000t，逾100井次，是国内超级13Cr油管用量最大的油气田。

　　13Cr不锈钢是马氏体不锈钢的统称，包含系列钢级，多种钢级型号较早实现了标准化。但用于油套管的13Cr不锈钢，除了最早标准化的L80-13Cr钢级（API Spec 5CT）外，进行成分调整的改进型13Cr（4Ni-1Mo）和超级13Cr（5Ni-2Mo）2010年前后才进行标准化（参照API Spec 5CRA 1st/ISO 13680：2008），而且国内外较大的制造厂商均有自己的内部标准。马氏体不锈钢与铁素体、奥氏体不锈钢几乎是同时发明的，相对于后两种不锈钢侧重于耐蚀性能，马氏体不锈钢的力学性能显得更重要。特别是在石油天然气开采工业中，油套管用量巨大，要求较高的强度和相对低廉的成本，因此在耐蚀性能方面做了一定的妥协，导致了其铬含量相对较低、而碳含量通常较高的限制。然而，尽管马氏体不锈钢有诸多的使用环境限制（如对氯离子敏感，不适应中高酸性环境，高温下耐蚀性能显著降低等），但由于其可硬化、强度与硬度高、价格相对较低的优点，在油气开采过程中得到广泛应用。

在过去十几年，面临越来越苛刻的地层条件和不断变化的工况环境，超级13Cr油管在塔里木油田的应用突破了某些以前国际公认的应用极限，在相对低廉的完井费用下顺利实现了高温高压气田的开发，但过程并非一帆风顺。实际上，在腐蚀环境中服役的并非一般概念意义上的材质，而是通过工业化手段生产出来的产品，所以在应用过程中，产品的设计和生产特性均可能与实际服役环境产生不匹配的问题。塔里木油田在应用过程中就出现了各种以前没有预料的一些失效问题，主要集中在断裂和局部腐蚀两个方面。为此，塔里木油田依托《超深超高压高温气井优快建井与采气技术》《塔里木超深、高压、高温、高酸性气井井屏障故障诊断技术及井完整性管理与评价技术研究与应用》等项目进行了攻关，形成了一套整体的解决方案。本书主要目的就是对高温高压气田超级13Cr油管应用的总体方案进行简要介绍，并总结所取得的经验和教训。全书共分为四个部分进行阐述：第一章简要介绍与13Cr材质和油管相关的背景知识，包括材料本身的技术指标和油管的生产工艺流程等；第二章围绕不锈钢油管在油气开采中的应用，介绍13Cr油管家族各种不同产品的主要性能、在高温高压井中的应用和国内外主要生产厂家等概况；第三章是塔里木油田在超级13Cr油管的性能评价和产品优选上所做的一系列工作，主要展示了在生产工况和酸化工况下13Cr油管腐蚀性能评价结果，并对如何优化高温高压井的油套管选材流程进行了阐述；第四章对超级13Cr油管的应用实践进行了全面总结，详细描述了各种工况下的失效案例以及相应的应对措施。

本书由塔里木油田分公司统一组织编写。胥志雄提出编写思路和审定核心内容。第一章由刘洪涛、宋周成、张浩、熊茂县、刘明球、王克林、王磊、张伟、李岩、徐鹏海、宋文文、余纲等编写；第二章由周理志、张忠铧、窦益华、周建平、曾努、黄龙藏、范玮、胡芳婷、秦世勇、张雪松、朱良根、汪鑫、郑如森、吴俊、刘文超、吴镇江等编写；第三章由谢俊峰、王春生、付安庆、赵密锋、刘举、张宝、冯觉勇、杨双宝、张春霞、刘军严、周健、景宏涛、单锋、黎丽丽、曹立虎、薛艳鹏、张端瑞等编写；第四章由何新兴、周波、耿海龙、高文祥、徐强、周进、胡开银、饶文艺、汪浩洋、张宏强、邢星、徐国伟、秦德友、王华、齐军、胡方、周太彬、赵俊、杨忠武、于鑫泰、张伟军、郑何光等编写。全书由赵密锋负责统稿工作，由刘洪涛、谢俊峰、何新兴、周理志、宋周成、王春生、周波、付安庆、窦益华、张忠铧、耿海龙审定。

希望本书能为各油田公司正在或即将开发的高温高压井提供借鉴和参考，也可以作为油套管制造厂家研发耐蚀材质的参考，同时也希望给正在兴建的储气库的完井材质选择提供一些思路。

目 录

1 绪论 …………………………………………………………………… (1)
  1.1 马氏体不锈钢 ………………………………………………… (1)
  1.2 油套管用马氏体不锈钢 ……………………………………… (4)
  1.3 马氏体不锈钢油管 …………………………………………… (8)
  参考文献 …………………………………………………………… (21)

2 超级 13Cr 油管介绍 ………………………………………………… (23)
  2.1 13Cr 油管的主要性能 ………………………………………… (23)
  2.2 13Cr 油管在 HPHT 油气井开发中的应用 …………………… (47)
  参考文献 …………………………………………………………… (57)

3 超级 13Cr 油管评价与选择 ………………………………………… (58)
  3.1 塔里木油田高温高压深井服役工况 ………………………… (58)
  3.2 超级 13Cr 油管生产工况下适应性评价 ……………………… (65)
  3.3 超级 13Cr 油管在特殊工况下的适应性评价 ………………… (76)
  3.4 优化高温高压井油套管柱选择流程 ………………………… (102)
  参考文献 …………………………………………………………… (108)

4 超级 13Cr 油管在塔里木的应用实践 ……………………………… (111)
  4.1 高温高压气井油管材质应用历程 …………………………… (111)
  4.2 超级 13Cr 油管应用需注意的问题 …………………………… (124)
  参考文献 …………………………………………………………… (188)

1 绪 论

13Cr油管是一类马氏体不锈钢油管的总称,其材质除了最早标准化的L80-13Cr钢级(API Spec 5CT)外,还包括后来进行成分调整的改进型13Cr(4Ni-1Mo)和目前最常使用的超级13Cr(5Ni-2Mo)等材质。尽管马氏体不锈钢与铁素体、奥氏体不锈钢几乎是同时发明的,但一般情况下马氏体不锈钢的力学性能比其耐蚀性能显得更重要[1]。马氏体不锈钢的耐蚀性能一直没有得到很好的改善,其原因主要在于其铬含量相对较低,而碳含量通常较高的限制。然而,由于马氏体不锈钢的可硬化、强度与硬度高、价格相对较低的优点,在石油和天然气工业特别是在油气开采过程中广泛应用。本章简要介绍用于油套管的马氏体不锈钢材质,以及相应油管产品的简要发展历程和生产工艺,以期给予读者必要的知识框架。

1.1 马氏体不锈钢

不锈钢是指钢中含铬量超过12%(质量分数)的钢种。不锈钢之所以在某些环境中耐蚀,是与其钝化性能有关[2]。随着合金中铬含量的增加,合金的钝化能力不断提高,当含铬量达12%(质量分数)时,合金具有完全自钝化的能力。合金的自钝化能力在一定程度上决定着不锈钢的耐蚀性。根据不锈钢的组织,可把不锈钢分为铁素体钢、奥氏体钢、马氏体钢、铁素体-马氏体复相钢、奥氏体-铁素体复相钢几种类型。

马氏体不锈钢是室温下具有马氏体组织的铬不锈钢,代表钢种有1Cr13、2Cr13、3Cr13、4Cr13、9Cr18等。马氏体不锈钢属于既具有基本的耐蚀性,又能通过热处理进行强化的不锈钢。主要强化机理是奥氏体经淬火转变为马氏体组织。这种特性决定了这类钢必须具备两个基本条件：(1) 在平衡相图中必须有奥氏体相区存在，在该区域温度范围内进行长时间加热，使碳化物固溶到钢中之后，进行淬火形成马氏体，也就是化学成分必须控制在 γ 或 γ+α 相区，但是对于无碳 Fe—Cr 二元合金平衡相图（如图 1.1.1 所示）而言，铬含量大于 12%（质量分数）时，在所有温度条件下均不存在奥氏体组织；(2) 要使合金形成耐腐蚀和氧化的钝化膜，一般认为铬含量要保持在 12%（质量分数）以上。为克服上述矛盾，只有加入能改变相图扩大 γ 相区的元素，主要是碳和氮等，才能同时实现强度和耐蚀性能[3]。因此，马氏体不锈钢除含有较高含量的铬［12%~18%（质量分数）］外，还含有碳［0.1%~0.9%（质量分数）］。

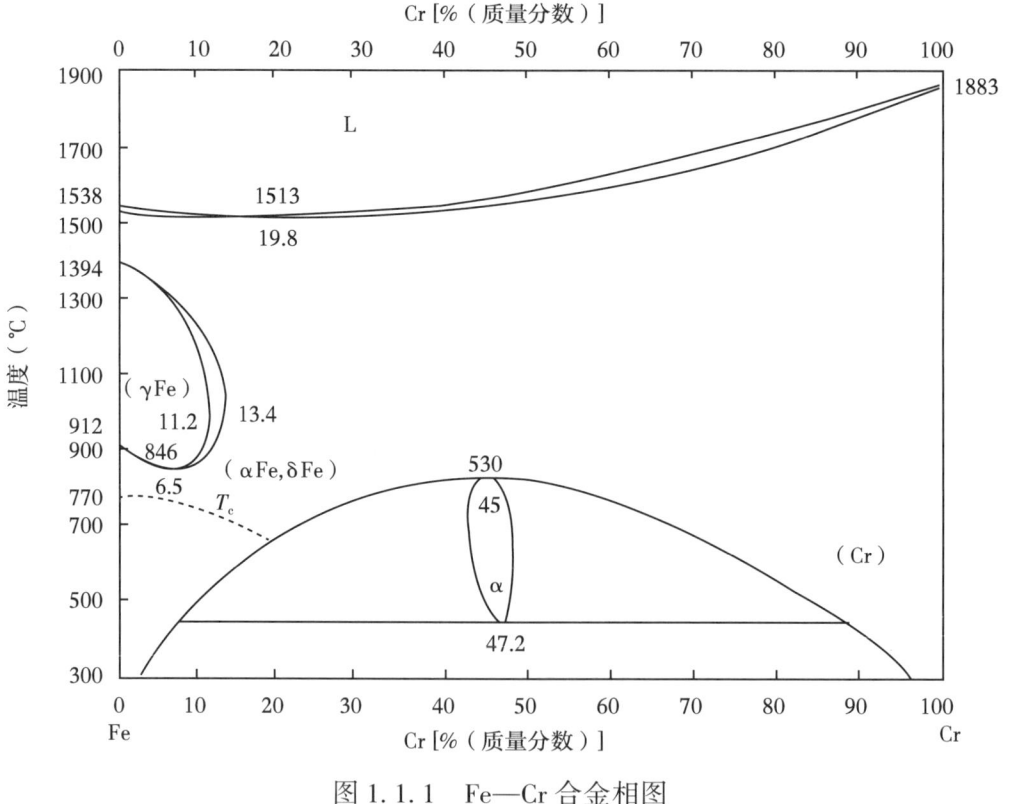

图 1.1.1　Fe—Cr 合金相图

表 1.1.1 列出了部分马氏体不锈钢的化学成分。各国广泛应用的马氏体不锈钢钢种有如下 3 类[4]：

(1) 低碳［<0.15%（质量分数）C］及中碳［0.2%~0.4%（质量分数）C］马氏体不锈钢，如 13%Cr 钢，代表钢种有 SUS403、SUS410、SUS414、SUS416、SUS416（Se）和 SUS420 型等；

（2）高碳[0.6%~1.0%（质量分数）]马氏体不锈钢，如18%Cr钢，代表钢种有SUS440A、SUS440B和SUS440C型等；

（3）低碳含镍高Cr马氏体不锈钢，如17%Cr钢，代表钢种1Cr17Ni2（加2%Ni时就有明显效果，镍属于稳定奥氏体和扩大（开启）γ相区的元素，如通常加2%Ni即可获得1Cr17Ni2高铬马氏体不锈钢）。

表1.1.1　部分马氏体不锈钢的化学成分　　单位：%（质量分数）

钢号	C	Si	Mn	P	S	Ni	Cr	Mo	N	其他
SUS403	0.15	0.50	1.00	0.040	0.030		11.50~13.00			
SUS410	0.15	1.00	1.00	0.040	0.030		11.50~13.50			
SUS410S	0.08	1.00	1.00	0.040	0.030		11.50~13.50			
SUS420J1	0.16~0.25	1.00	1.00	0.040	0.030		12.00~14.00			
SUS420J2	0.26~0.40	1.00	1.00	0.040	0.030		12.00~14.00			
SUS440A	0.60~0.75	1.00	1.00	0.040	0.030		16.00~18.00			

在马氏体不锈钢中，还有一类Cr—Ni马氏体不锈钢，包括马氏体、半奥氏体沉淀硬化、马氏体沉淀硬化不锈钢和马氏体时效不锈钢，有的把后3类钢统称为沉淀硬化不锈钢（简称PH钢）。这类不锈钢有的国家把它划分为沉淀硬化不锈钢，有的又把它划入马氏体不锈钢，不太统一，但按其实质还是统称PH不锈钢。PH不锈钢最终使用状态是使奥氏体转变为马氏体并进一步通过时效处理或是使低碳马氏体、超低碳马氏体经时效处理获得沉淀硬化效应的一类不锈钢。

马氏体不锈钢具备高强度和耐蚀性，可以用来制造机器零件如蒸汽涡轮的叶片（1Cr13）、蒸汽装备的轴和拉杆（2Cr13），以及在腐蚀介质中工作的零件如活门、螺栓等（4Cr13）。碳含量较高的钢号（4Cr13、9Cr18）则适用于制造医疗器械、餐刀、测量用具、弹簧等。

与铁素体不锈钢相似，在马氏体不锈钢中也可以加入其他合金元素来改进其他性能：

（1）加入0.07%S或Se改善切削加工性能，例如1Cr13S或4Cr13Se；

（2）加入约1%Mo及0.1% V，可以增加9Cr18钢的耐磨性及耐蚀性；

（3）加入约1Mo-1W-0.2V，可以提高1Cr13及2Cr13钢的热强性。

马氏体不锈钢与调质钢一样，可以使用淬火、回火及退火处理。其力学性质与调质钢也相似：当硬度升高时，抗拉强度及屈服强度升高，而伸长率、截面收缩率及冲击功则随着降低。

马氏体不锈钢的耐蚀性主要取决于铬含量，而钢中的碳由于与铬形成稳定的碳化铬，又间接地影响了钢的耐蚀性。因此在13%Cr钢中，碳含量越低，则耐蚀性越高[5]。而在1Cr13、2Cr13、3Cr13及4Cr13四种钢中，其耐蚀性与强度的顺序恰好相反。为了提高马氏体不锈钢的耐蚀性，也可以提高铬含量，但需相应地提高含碳量，才能获得马氏体组织。用镍代替碳可获得同样的效果，因此Cr17Ni2便成为耐蚀性最好的马氏体不锈钢，在海水、硝酸等介质中的耐蚀性较Cr13型钢好。

1.2 油套管用马氏体不锈钢

20世纪70年代以来，随着含CO_2深井的开发和注CO_2二次采油技术的应用，抗CO_2腐蚀的油套管也相应地发展起来。这些油井管用钢多为13Cr耐蚀合金钢，其中包括马氏体不锈钢、PH型不锈钢，以13Cr马氏体不锈钢的使用量最大。商业化的13Cr马氏体不锈钢常见有AISI 410（半马氏体不锈钢）、AISI 420、API 5CT L80-13Cr、改进型13Cr、KO-13Cr（-80、-85、-95）、SM-13Cr（-75、-80、-85、-95）、MWCr13（-95、-110）、NKCr13（-75、-80、-85）（马氏体不锈钢）；超级13Cr、KO-HP1-13Cr（-95、-110）、KO-HP2-13Cr（-95、-110）、SM-13CrS（-95、-110）、NT-CRS、NT-CRSS（PH型13Cr不锈钢）。表1.2.1为部分13Cr马氏体不锈钢、PH型13Cr不锈钢油管的化学成分。13Cr马氏体不锈钢油管可通过淬火、回火得到强化，其最终交货状态一般要经过调质处理，其组织为回火索氏体，国外也称之为回火马氏体不锈钢油套管。

表 1.2.1 部分 13Cr 马氏体不锈钢、PH 型 13Cr 不锈钢的化学成分

钢种	C	Mn	P	S	Si	Cr	Ni	Cu	Mo
API L80-13Cr	0.15~0.22	0.25~1.00	≤0.020	≤0.010	≤1.0	12.0~14.0	≤0.5		
AISI420	0.18~0.22	0.50~0.95	≤0.025	≤0.010	0.30~0.70	12.5~14.0	≤0.30	≤0.18	≤0.25
KO-13Cr(-80、-85、-95)	0.15~0.22	0.25~1.00	≤0.020	≤0.010	≤1.0	12.0~14.0	≤0.5	≤0.25	
SM-13Cr(-75、-80、-85、-95)	0.18~0.20	0.50~0.70	≤0.020	≤0.005	0.40~0.60	12.5~13.5	≤0.10	≤0.05	≤0.05
MWCr13(-95、-110)	0.18~0.22	≤1.0	≤0.025	≤0.010	≤0.50	12.0~14.0	≤0.5		
NKCr13(-75、-80、-85)	≤0.22	≤1.0	≤0.025	≤0.005	≤1.0	13			
改进型 13Cr	包括加入少量 Ni、加入 Mo 等的 13Cr 马氏体不锈钢								
AISI410	<0.15	≤1.0	≤0.040	≤0.030	≤1.0	11.5~13.5			
超级 13Cr	≤0.03	≤0.50	≤0.020	≤0.005	≤0.50	11.5~13.5	4.5~6.0	Ti≤0.5, V≤0.50	1.5~3.0
KO-HP1-13Cr(95、-110)	≤0.04	≤0.60	≤0.020	≤0.010	≤0.50	12.0~14.0	4.0~5.0		0.8~1.5
KO-HP2-13Cr(-95、-110)	≤0.04	≤0.60	≤0.020	≤0.005	≤0.50	12.0~14.0	5.0~6.0		1.8~2.5
SM-13CRS(-95、-110①)	0.02	0.44	0.014(0.016)	0.001	0.19(0.13)	12.00(12.89)	5.60(4.96)		2.0
NT-CRS	0.03				N：0.041	12.7	4.54	1.51	1.43
NT-CRSS	0.02				N：0.015	12.3	5.80	1.48	2.03

① 括号内是 SM-13CRS-95 实验室熔炼结果，不带括号者是实验室熔炼与工厂熔炼结果。

1.2.1 普通 13Cr

普通 13Cr 马氏体不锈钢主要为低、中碳类 [<0.4%（质量分数）C] 马氏体不锈钢，如 API SPEC 5CT（2011）标准对 L80-13Cr 的含碳量要求介于

0.15%~0.22%（质量分数）；目前，国内外用于 CO_2 腐蚀控制而广泛采用的非 API 系列 1Cr13、2Cr13 油套管的含碳量分别为 0.1%（质量分数）和 0.2%（质量分数）左右（表 1.2.2）。由于普通 13Cr 仅具有中等程度的腐蚀抗力，对其他合金元素没有特殊要求，Ni、Mo 合金元素含量较低，其最高强度等级一般不超过 621MPa（90ksi 钢级）。

表 1.2.2　1Cr13、2Cr13 马氏体不锈钢油套管的化学成分

单位：%（质量分数）

材料	C	Si	Mn	P	S	Cr	Ni	Mo	Cu
1Cr13	约 0.10	约 0.3	约 0.45	<0.03	<0.015	12~14	约 0.10	—	<0.2
2Cr13	约 0.20	约 0.5	约 0.40	<0.03	<0.015	12~14	约 0.20	—	<0.2

1.2.2　超级 13Cr

普通 13Cr 由于具有相当高的强度和中等程度的腐蚀抗力广泛用于甜性和弱酸性条件下的腐蚀控制，但其高温时的均匀腐蚀、中温时的点蚀和低温时的 SSC 就成为限制普通 13Cr 广泛应用的主要障碍。

近年来，鉴于普通 13Cr 使用中的局限，超级 13Cr 马氏体不锈钢已经进入油套管市场，该类合金是由普通 API SPEC 5CT 13Cr 钢发展而来的，加入了 Ni、Mo、Cu 等合金元素。相比于普通 13Cr 不锈钢来说，该类材料具有高强度、低温韧性及改进的抗腐蚀性能的综合特点。在超级 13Cr 马氏体不锈钢成分设计中，将 C 含量减少到 0.03%（质量分数）左右以抑制基体中的 Cr 元素析出成铬的碳化物；添加 5.5%（质量分数）左右的 Ni 来获得单相马氏体；同时，在钢材中加入 1%~2%（质量分数）的 Mo 及微量的合金元素（例如 Ti、Nb、V 等），Mo 元素起到细化晶粒、提高材料的 SSC 和局部腐蚀抗力，而 Ti、Nb、V 等强碳化物形成元素的加入有利于形成弥散分布的碳化物颗粒及高密度的位错结，对位错起到钉扎作用，降低了超级 13Cr 材料的 SSC 或 SCC 敏感性。经过改进的超级 13Cr 马氏体不锈钢在直到 180℃ 的高温 CO_2 腐蚀环境中仍具有良好的均匀和局部腐蚀抗力，同时具有一定的抗 H_2S 应力腐蚀开裂的能力。

目前，国内外广泛使用的超级 13Cr 主要分为超级Ⅰ型［Mo 含量约为 1%（质量分数）］和超级Ⅱ型［Mo 含量约为 2%（质量分数）］13Cr 马氏体不

锈钢（表1.2.3为其化学成分分析结果）。由于采用特殊的合金成分设计及热处理措施，超级13Cr马氏体不锈钢油套管的最低屈服强度可达758MPa（110ksi钢级）[6-8]。

表1.2.3 超级13Cr马氏体不锈钢的化学成分　　单位：%（质量分数）

材料	C	Si	Mn	P	S	Cr	Mo	Ni	Ti、Nb、V
超级Ⅰ型13Cr	约0.025	约0.25	约0.45	<0.02	<0.01	约13	约1.0	约4.5	微量
超级Ⅱ型13Cr	约0.025	约0.45	约0.45	<0.02	<0.01	约13	约2.0	约5.5	

1.2.3　高强15Cr

在高强15Cr马氏体不锈钢研发过程中，同样采用超低碳设计（表1.2.4）[9]，即将C含量减少到0.03%（质量分数）左右以抑制基体中的Cr元素析出成铬的碳化物；相比于超级13Cr的合金成分，高强15Cr由于含Cr量的增加，提高了Ni含量，即添加6.5%（质量分数）左右的Ni来获得单相马氏体。研究证明，随着钢中Ni元素含量的提高，不锈钢材料的硫化物应力开裂（SSC）及高温条件下的Cl^-应力腐蚀开裂（SCC）敏感性下降，较高的Ni含量（图1.2.1）[10]，有益于提高15Cr不锈钢的抗SSC及SCC能力；高的Cr含量有助于提高15Cr不锈钢在氧化性介质中的抗均匀腐蚀及点蚀能力，而Mo元素的添加有益于提高15Cr不锈钢在还原性酸性溶液及碱性介质中的抗点蚀能力，但过高的Mo及Cr含量将会导致其晶体结构的不稳定性；Cu元素的添加对提高15Cr不锈钢在非氧化性腐蚀环境中的抗均匀腐蚀能力也有一定的帮助；在高Cl^-腐蚀环境中，Cu与Mo元素的协同作用将提高15Cr不锈钢在还原性介质中抗腐蚀能力；而Ti、Nb、V等强碳化物形成元素的加入，有利于形成弥散分布的碳化物颗粒，抑制Cr的碳化物（$Cr_{23}C_6$）在晶界析出，起到沉淀强化作用，同时形成高密度的位错结，对位错起到钉扎作用，降低了高强15Cr不锈钢的SSC或SCC敏感性。

经过合理的合金化设计及采用特殊的热处理措施，高强15Cr马氏体不锈钢油套管的最低屈服强度可达862MPa（125ksi钢级），在CO_2腐蚀环境中的最高使用温度可达200℃[9]。

表 1.2.4　高强 15Cr 马氏体不锈钢的化学成分　　单位：%（质量分数）

材料	C	Si	Mn	P	S	Cr	Mo	Ni	Cu	Ti、Nb、V
高强 15Cr	<0.03	<0.3	<0.4	<0.02	<0.005	约15	约2.0	约6.5	<1.0	微量

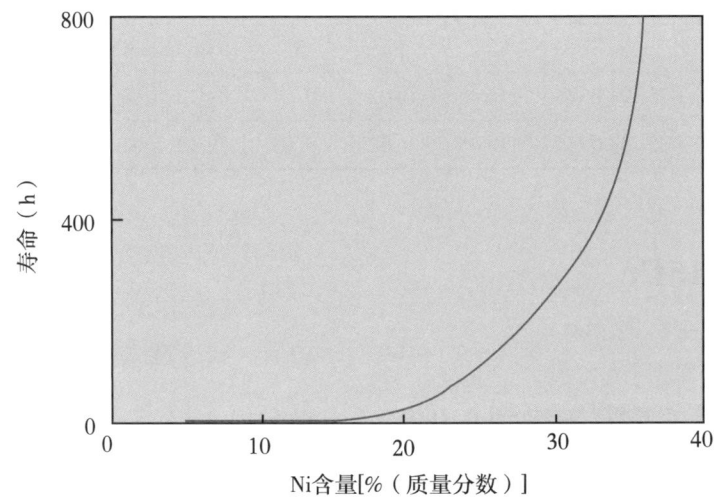

图 1.2.1　在沸腾的 $CaCl_2$ 溶液中，加载应力为120%的 $R_{p0.2}$ 时，
不锈钢 SCC 寿命随 Ni 含量的变化关系

1.2.4　新型 17Cr

近年来，鉴于超深、超高压高温井的开发，国内外各大油公司及钢管制造厂家都在积极研发高强度耐蚀材料，如日本 JFE 和国内宝钢已经研制出 110ksi 和 125ksi 钢级的 17Cr 马氏体不锈钢油管，其在 CO_2 腐蚀环境中的最高使用温度可达 230℃，表 1.2.5 列出 JFE 钢管公司 17Cr 马氏体不锈钢油管的化学成分[11]。

表 1.2.5　17Cr 马氏体不锈钢的化学成分　　单位：%（质量分数）

材料	C	Si	Mn	Cr	Ni	Mo	Cu	W
17Cr	0.03	0.2	0.37	16.5	3.9	2.4	1.0	1.0

1.3　马氏体不锈钢油管

油管通过螺纹连接成管柱，下入生产套管柱内，构成井下油气层与地面的通道，控制原油和天然气的流动[12]。油管的一大特点是通过各种各样的螺纹连接构成油管柱，组成油管柱的每一根油管、每一个构件、部件及其连接在油气井和开发过程中都起着举足轻重的作用。油管柱是试油试气、采油采气的唯一通道。发生油管事故，虽然不像套损导致全井报废，但每年由于更换油管作业、原油漏失、报废油管造成的经济损失也是非常巨大的，最为严重的是测试等作业管柱，在深井、超深井、高压井作业中一旦发生事故，往往造成严重的后果，不但会造成油气井失效，往往还会导致人员伤亡。

油管对石油工业采用先进工艺和增产增效起着重要的作用，油管的技术进步使得石油工业过去无法开采的油气田可以开采，如高强度油管的开发使深井、超深井的开发成为可能；特殊螺纹接头油管的应用，使天然气井和高压井的开发安全性得到提高；抗酸性油管材料的开发，解决了酸性油气田开发中的技术难题；热采井用油管的开发推动了稠油热采技术的发展。同时，一些新技术和新工艺可能由于受制于油管的性能而无法推广，如提高采收率的酸化压裂、加砂压裂等储层改造技术等。

1.3.1 油管的发展历程

油管在石油勘探开发中占有重要地位，面对巨大技术和市场需求，各种新技术、新工艺不断涌现。国外近10多年来发展的钻完井新技术（如水平井、多底分支井、大位移井、小井眼钻井）使油管的服役条件更为苛刻，对材料有特殊和严格的要求。所以各石油大国对油管的研究和开发都非常重视，无论是资金还是人员都投入很大，使得油套管在近20年发展到一个新的水平。我国在20世纪80年代以前使用的油管全部或主要依赖进口，三十年来，经过冶金、石油、机械三大系统的努力拼搏和艰苦奋斗，目前我国油管的国产化率达到90%以上。

在钢材冶炼方面，由于采用先进的转炉复合冶炼、超高功率电炉冶炼及炉外精炼技术，通过对钢的均匀度和纯净度的控制，使得在材料性能方面得到大幅度提高。目前，除了符合API SPEC 5CT的油管质量有很大提高外，还开发出适应现代勘探开发需求的深井和超深井的超高强度油管、寒冷地区的低温高韧性油管、抗H_2S应力腐蚀的油管、同时兼顾抗硫和高抗挤性能的油管、耐

CO_2 腐蚀的油管、耐 CO_2+H_2S 腐蚀的油管、耐 $CO_2+H_2S+Cl^-$ 腐蚀的油管以及热采油管等。目前在国际上实际使用的油套管约 40% 是非 API 钢级。

在管材轧制方面，采用先进的 MPM、Accu-Roll 等长芯棒连轧管机组，保证油管优良的表面质量和高的尺寸精度；采用温矫工艺和先进的表面处理工艺降低表面残余应力；采用多层次完善的在线和线外检测系统、测长称重系统、温度测量控制系统以及钢管内在与表面缺陷探伤检测装置，保证油管的质量。

在螺纹连接方面，由于管加工装备和工艺的技术进步，螺纹精度得到很大提高，加工 API 螺纹已不再是少数生产厂的专利。过去所熟悉的 API 圆螺纹和偏梯形螺纹使用的比例越来越少，取而代之的是更加安全、更符合油田地质情况的特殊螺纹连接方式。国外已有 30 多家著名油井管厂商的科研机构开发了 100 多种有专利权的特殊螺纹油管接头。这种特殊螺纹接头不再单纯依靠螺纹过盈配合及螺纹脂的封堵作用实现密封，普遍增加了主密封结构，即在光滑的金属表面过盈配合而实现密封，有的同时设计有弹性密封结构，从而实现了多级密封（金属、弹性、螺纹、台肩等），其气密封压力可达管体内屈服压力。另外大螺距特殊螺纹实现快速上卸扣等，从而使螺纹连接更加个性化、实用化[13]。

1.3.2 油管的生产过程

本节以宝山钢铁股份有限公司油管的生产过程为例，简要介绍超级 13Cr 油管（无缝管）采用的制造工艺和生产流程。

1.3.2.1 油管用钢的冶炼

苛刻油气田要求提供高度的"洁净钢"，现代冶金技术的发展已经能够确保杂质元素和气体元素低或超低含量水平的油套管用钢的生产。通合金化和微合金化处理，采用预脱磷、硫铁水炼钢技术，炉外精炼（RH、喷钙、吹氩）等技术，钢坯由电炉熔炼、LF+VOD、喂 Si-Ca 丝夹杂物变态处理、全程吹氩精炼、细晶化处理等工艺获得超纯净钢。在 Ca 处理过程中，严格控制 Ca/S 比，使硫化锰夹杂球化，降低裂纹敏感性。

1.3.2.2 穿孔、轧制和热处理

超级 13Cr 油管一般采用连铸坯经穿孔和多机架热连轧无缝工艺。热轧后

全长淬火和回火处理，最终热处理后钢管如果需要矫直，均采用热旋转矫直，工艺流程如图1.3.1所示。

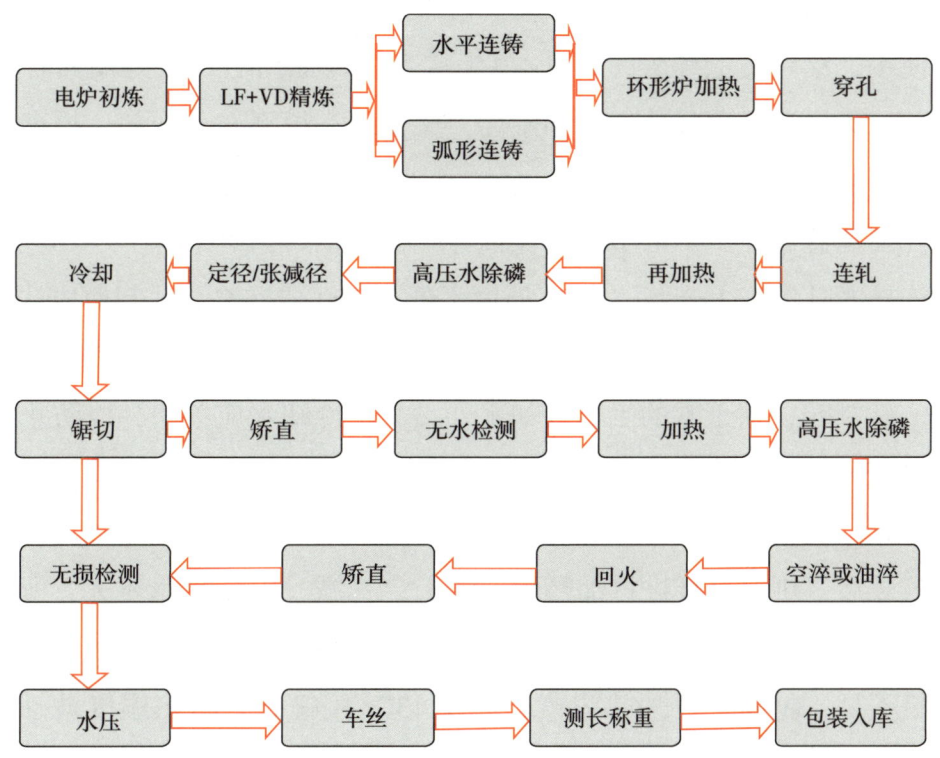

图1.3.1 电炉—圆管坯连铸—大口径连轧管机组生产超级13Cr油管工艺流程图

1.3.2.2.1 管坯加热前检查、修磨

热轧前应进行管坯验收，管坯成分复验，相变点和CCT曲线测定，扒皮管坯外观检查、超声波探伤，定切，外表面补充修整。管坯的剥皮检验以及管坯缺陷是否彻底消除是保证管坯穿孔质量的关键。

1.3.2.2.2 管坯加热

管坯加热：坯料在环形炉炉中加热。入炉温度600℃左右，加热开始阶段至850~900℃，加热速度要缓慢，以保证管坯不因热应力内裂、管坯热透、均热。均热温度在1150~1200℃范围，加热炉应控制好炉内气氛和炉内各段温度。加热中既要保证烧透烧匀，又要防止过热。要按设定加热时间有节奏出钢，防止驻炉时间过长。

1.3.2.2.3 穿孔、热连轧

穿孔温度为1100~1150℃。材料在1000~1200℃间的温度范围表现出好的

11

热加工性能。穿孔变形温升控制在100℃以内，钢温不超过1250℃，防止钢进入双相区（γ+α），在高温下出现第2相（α）会使钢的高温塑性恶化，变形性能差而造成内裂。穿孔过程要保证润滑充分，玻璃粉润滑、保护钼顶头。顶杆循环使用，穿一支毛坯管，顶杆/顶头从毛管内抽出后在线外用回转式装置进行冷却，既保证了顶杆的直度和刚性，又使顶头得到充分冷却，提高了顶头的使用寿命。

穿孔要注意管坯出炉的节奏，保证穿孔机准备好，等来料。

热连轧开轧温度1100℃，终轧温度不低于900~925℃。轧制前应认真检查各工序的工具，加强芯棒润滑；为防止穿孔机和轧机导盘粘钢，需加强对导盘的润滑。轧制时，除正常的工具冷却水外，其余冷却水应关闭，以防止冷却水溅到钢管表面导致钢管产生开裂。

1.3.2.2.4 定（减）径

热连轧后，热料直接进再加热炉，由于定（减）径变形量不大，所以再加热温度不宜太高，以防晶粒粗化，再加热温度一般定为960~970℃，若定（减）径变形量不足，应调整再加热温度；如果13Cr接箍管坯再热温度波动小，定（减）径过程快，温降不大，温度仍保持在950℃左右，则可利用余热，直接进行空淬，然后进行回火，可免去进炉淬火加热。

1.3.2.2.5 淬火（空淬）或镦粗油管退火

淬火（空淬）：13Cr半成品管最终热处理淬火加热温度为950~960℃，加热气氛控制为还原性气氛，保温时间根据壁厚确定。淬火加热温度过高（1000℃），钢的马氏体针较长，回火后韧性低，耐NaCl盐雾腐蚀性降低。950~960℃淬火有利于细化奥氏体晶粒，有一定数量细小分散的铁素体，回火时减少碳化物在原奥氏体晶界的析出，提高回火后韧性。超级13Cr半成品管最终热处理淬火加热温950~1000℃。13Cr、超级13C半成品管最终热处理淬火加热通过工艺评定试验确定。

供镦粗13Cr油管采用Ac1温度以上不完全退火，作为一种软化处理，以防止镦粗前半成品管开裂（如进行完全退火，碳化物充分固溶于奥氏体晶粒中，冷却形成马氏体使钢的强度，硬度增高）。退火温度为700~800℃，加热保温后以30~50℃/h速度炉冷至650℃以下出炉空冷。

1.3.2.2.6 回火

回火温度 600~650℃。13Cr 回火应避开敏化回火温度区，即避开造成氯离子晶间应力腐蚀开裂或晶间腐蚀的临界区 398.9~593.3℃ 的温度范围。

1.3.3 油管的分类

到目前为止，关于油管的分类，还没有统一的标准和分类方法，一般按照纳入美国石油学会（API）标准与否、材质及用途进行分类。

1.3.3.1 API 钢级和非 API 钢级油管

1.3.3.1.1 API 钢级油管

世界上大多数国家的石油管采用美国石油学会（API）标准，其中油管采用 API SPEC 5CT 标准，主要使用的是热轧无缝管或高频直缝管。表 1.3.1 列出 API SPEC 5CT（2011）标准中油管分为 4 组、15 个钢级，目前，所有钢级均可以国产化。

表 1.3.1　API SPEC 5CT（2011）所列油套管钢级及力学性能

组别	钢级	类型	σ_s (MPa) min	σ_s (MPa) max	σ_b (MPa) min
Ⅰ	H40	—	276	552	414
	J55	—	379	552	517
	K55	—	379	552	655
	N80	1	552	758	689
	N80	Q	552	758	689
	R95	—	655	758	724
Ⅱ	M65	—	448	586	586
	L-80	1	552	655	655
	L80	9Cr	552	655	655
	L80	13Cr	552	655	655
	C-90	1	621	724	689
	T-95	1	655	758	724
	C110	—	758	828	793
Ⅲ	P-110	—	758	965	862
Ⅳ	Q-125	1	862	1034	931

1.3.3.1.2 非API钢级油管

为了满足严酷的服役条件,减少油管失效事故,石油公司与制造厂商研制了一系列非API钢级油管[主要为钢级结构(螺纹类型)与API钢级油管有所区别)],包括高强度马氏体不锈钢油管(如宝钢BG13Cr110S)、高强高韧抗H_2S腐蚀油管(如宝钢BG110SS)、高合金钢油管(如125ksi、140ksi 钢级2205、2507双相不锈钢油管)等。

1.3.3.2 按材质分类

1.3.3.2.1 碳素钢及低合金钢油管

API SPEC 5CT(2011)标准列出15个钢级的油管主要为碳钢及低合金钢油管,为中碳(0.2%~0.4%C)、Mn-Mo系(微量Nb、V、Ti)合金。

1.3.3.2.2 低Cr钢油管

低Cr钢油管主要包括1Cr、3Cr和5Cr油管。表1.3.2是近些年研究开发的低Cr抗腐蚀合金钢的化学成分,从表中可以看出,研发的低Cr钢的碳含量普遍比较低,Cr含量以3%Cr为主,1%Cr和5%Cr也是研究开发的重点。钢中Mn含量都在1%左右,Si的含量大部分为0.2%~0.3%。不同的厂家还在钢中添加一些微量元素来提高钢的抗CO_2腐蚀的能力或改善合金的组织结构性能,这些微量元素主要有V、Ti、Cu、Nb、Mo等。

表1.3.2 国内外研发低Cr钢的化学成分 单位:%(质量分数)

钢铁公司	C	Cr	Mn	V	Mo	Si
Bao Steel	约0.16	3	约1			约0.23
Tenaris Group. DSP	0.07~0.08	2.8~3.3	约0.5	0.4~0.52	约0.25	约0.3
Europipe	0.07~0.08	0.5~1	约1.5	0.05~0.08	0.13~0.37	0.29~0.38
Sumitomo	0.01~0.18	3.32	0.43	—	—	0.24
	约0.13	2Cr、3Cr、5Cr	约1.1	—	—	—
	0.14~0.25	1Cr、3Cr、5Cr	0.71~1.1			0.19~0.23
Nippon	0.005~0.2	1Cr、3Cr、5Cr	0.5~1.5		0.5	0.02~0.11
其他	约0.06	0.5~1	约1.1			约0.24

1.3.3.2.3 高Cr钢油管

高Cr钢油管主要包括:9Cr高合金钢油管;普通API 13Cr、超级13Cr、高强 15Cr 和 17Cr 马氏体不锈钢油管；超级奥氏体不锈钢油管。表 1.3.3 至表 1.3.5 列出 9Cr、普通 13Cr、超级 13Cr、高强 15Cr 和新型 17Cr 和某些超级奥氏体不锈钢油管的化学成分，其主要采用低碳或超低碳设计。

表 1.3.3 9Cr 油管用钢的化学成分   单位：%（质量分数）

材料	C	Si	Mn	P	S	Cr	Ni	Mo	Cu
9Cr	<0.15	<1.0	0.3~0.6	<0.02	<0.01	8.0~10.0	<0.5	0.9~1.1	<0.25

表 1.3.4 油管用马氏体不锈钢的化学成分   单位：%（质量分数）

材料	C	Si	Mn	P	S	Cr	Ni	Mo	Cu	W	Ti、Nb、V
普通 13Cr	0.15~0.22	<1.0	0.25~1.0	<0.02	<0.01	12.0~14.0	<0.5	—	<0.25	—	—
超级 13Cr	<0.04	<0.5	<0.6	<0.02	<0.01	12.0~14.0	3.5~5.5	0.8~2.5	—	—	微量
高强 15Cr	<0.03	<0.5	<0.6	<0.02	<0.005	14.0~16.0	6.0~7.0	1.8~2.5	<1.5	—	微量
新型 17Cr	<0.03	<0.2	<0.4	<0.02	<0.005	16.5~17.5	3.5~5.5	1.8~2.5	<1.5	<1.0	微量

表 1.3.5 油管用超级奥氏体不锈钢的化学成分   单位：%（质量分数）

材料	C	Si	Mn	P	S	Cr	Ni	Mo	Cu	N
904L[①]	0.02	1	2	0.045	0.035	19~23	23~28	4~5	1~2	0.1
310S[②]	0.05	0.37	0.61	0.031	0.0007	24.53	19.37	—	—	0.044
310S（Mo）[②]	0.034	0.75	0.73	0.0054	0.0021	23.95	20.1	3	—	0.0042

① 数据参考 ASTM A240/A240M-10b；
② 数据来源于国家钢铁材料测试中心分析测试报告。

1.3.3.2.4 双相不锈钢油管

双相不锈钢油管通常为奥氏体+铁素体双相不锈钢管材，主要靠冷加工来提高管材强度，其理想组织是铁素体和奥氏体各占 50%。代表钢种有 2205 型双相不锈钢（Cr21 型：0Cr21Ni5Ti，1Cr21Ni5Ti）和 2507 型双相不锈钢（Cr25 型：0Cr25Ni5Mo2），表 1.3.6 为 A+F 双相不锈钢管材的主要牌号和成分。

表1.3.6 双相不锈钢油管的主要牌号和成分　　单位:%(质量分数)

材料	UNS[①]编号	C max	Cr max	Ni max	Mo max	N max	Cu max	W max
DP-3	S31260	0.03	24.0~26.0	5.5~7.5	2.5~3.5	0.10~0.30	0.20~0.80	0.10~0.50
2205	S31803	0.03	21.0~23.0	4.5~6.5	2.5~3.5	0.08~0.20	—	—
2507	S32750	0.03	24.0~26.0	6.0~8.0	3.0~4.0	0.24~0.32	—	—

①Unified numbering system(金属和合金统一编号系统)的缩写。

1.3.3.2.5 镍基合金油管

在酸性油气田环境中使用的镍基合金一般主要分为固溶强化镍基合金和沉淀硬化镍基合金两大类,但作为油管制造材料的镍基合金主要为固溶强化型耐蚀合金,都是采用冷加工态的,如028、825、G-3、050、C-276等。表1.3.7为固溶镍基合金主要牌号和成分。

表1.3.7 固溶镍基合金主要牌号和成分　　单位:%(质量分数)

合金	UNS NO	Ni	Cr	Mo	Cu	Fe	其他
825	N08825	余量	22	3	2	31	Ti
G	N06007	余量	22	6.5	2	20	Cb+Ta
G-3	N06985	余量	22	7	2	20	Cb+Ta
G-30	N06030	余量	30	5	1.5	15	Cb+Ta
20	N08020	35	20	2.5	3.5	余量	Cb
028	N08028	31	27	3.5	1.0	36	—
031	N08031	31	27	6.5	1.2	32	N
033	R20033	31	33	1.6	1.2	32	N
1925hMo	N08926	25	21	6.3	0.9	余量	N

1.3.3.2.6 钛合金油管

钛合金石油管材具有高的比强度、良好的高温机械性能和极强的抗腐蚀性能,适用于高压高温、超高压高温油气井的油管制造材料。表1.3.8为ISO 15156-3(2011)标准列出的石油天然气工业常用耐蚀Ti合金的化学成分[14]。一般来说,根据其微观组织,钛合金通常分为α、α/β和β钛合金,进一步可以细分为近α和近β钛合金。由于α/β钛合金可以通过热处理来提高强度,在石油天然气工业上应用最为广泛,主要有Ti-6Al-2Sn-4Zr-6Mo、Ti-6Al-4V和Ti-6Al-4V-Ru等。

表1.3.8 含 H_2S 油气生产环境用耐蚀 Ti 合金化学成分　　　　　单位:%（质量分数）

合金	Al	V	Cr	Fe max	Mo	Ni	Sn max	Zr max	Ru	Pd	C max	H max	N max	O max	Ti
Grade 2	—	—	—	0.30	—	—	—	—	—	—	0.10	0.015	0.03	0.25	Bal.
Ti-6246	≤6	—	—	—	≤6	—	2	4	—	—	—	—	—	—	Bal.
Grade 12	—	—	—	0.30	0.2~0.4	0.6~0.9	—	—	—	—	0.08	0.015	0.03	0.25	Bal.
Grade 28	2.5~3.5	2.0~3.0	—	0.25	—	—	—	—	0.08~0.14	—	0.08	0.015	0.03	0.15	Bal.
Grade 25	5.5~6.75	3.5~4.5	—	0.40	—	0.3~0.8	—	—	—	0.04~0.08	0.10	0.0125	0.05	0.20	Bal.
Grade 29	5.5~6.5	3.5~4.5	—	0.25	—	—	—	—	0.08~0.14	—	0.08	0.015	0.03	0.13	Bal.
Beta-C	≤3	≤8	≤6	—	≤4	—	—	4	—	—	—	—	—	—	Bal.

1.3.3.3 按用途分类

按照油套管的用途,可以分为抗 H_2S 腐蚀油管(抗酸性油管)、抗 CO_2 腐蚀油管、稠油热采井用油管、高温高压和超深超高温高压井用油管、寒冷地区用高强度油管等。

1.3.3.3.1 抗 H_2S 腐蚀油管

在含 H_2S 油气井中使用的油管,法国主要采用铬—钼—铝系和铬—钼—钒系,NKK 采用铬—钼系,新日铁采用铬—钼—铌系,川崎制铁采用铬—钼—铌—铜—硼系。表 1.3.9 为川崎制铁抗硫系列油管的成分设计,表 1.3.10 为国产抗硫油管管体的化学成分分析结果,从中可以看出,抗硫油套管的开发通常为降低含碳量及 Mn 含量,严格控制 S、P 等有害杂质元素的含量,同时添加 Mo 及一些微量合金元素,如 V、Ti、Nb 等强碳化物形成元素,降低了材料的 SSC 敏感性。

表 1.3.9 川崎 KO—S 和 KO—SS 钢级的成分设计

单位:%(质量分数)

钢级	C	Si	Mn	P	S	Cu	Ni	Cr	Mo	Nb	B
KO—S	0.15~0.35	<0.35	<1.35	<0.030	<0.015	<0.30	<0.10	<1.60	0.05~1.0	<0.050	<0.004
KO—SS	0.15~0.35	<0.35	<1.00	<0.030	<0.015	<0.30	<0.10	0.80~1.60	0.05~1.10	<0.050	<0.004

表 1.3.10 国产油管管体化学成分分析结果　　单位:%(质量分数)

材料	C	Si	Mn	P	S	Cr	Mo	Ni	Cu	Ti、Nb、V
90S	0.15~0.30	<0.35	<0.80	<0.015	<0.010	<1.60	0.2~1.0	<0.10	<0.20	微量
100S										
110S										
125S										
80SS	0.15~0.30	<0.35	<0.60	<0.015	<0.010	<1.10	0.2~1.0	<0.10	<0.20	
90SS										
95SS										
100SS										
110SS										

1.3.3.3.2 抗 CO_2 腐蚀油管

20世纪70年代以来，随着含 CO_2 深井的开发，抗 CO_2 腐蚀的油套管也相应地发展起来。这些油管用钢通常为低 Cr 钢（0.5%Cr、3%Cr、5%Cr）、9Cr、13Cr 及 15Cr 马氏体不锈钢、双相不锈钢等，其中 13Cr 马氏体不锈钢的使用量最大。

1.3.3.3.3 稠油热采井用油管

普通 API 钢级的油管，通常采用 C-Mn 系调质钢，其热稳定性差。稠油热采井油管设计一定要保证油套管的热稳定性和螺纹在受热膨胀而导致的压缩状态下的密封性能[13]。因此，稠油热采井油管材质以中碳 Cr-Mo 系调质钢为基础，添加微量的晶界强化元素，在保证钢种淬透性的基础上，实现耐热低膨胀的目标。碳、锰、铬、钼的合理配比以及适宜的碳当量设计可以保证材料所需的淬透性。尽可能降低杂质元素及冶金缺陷对晶界的弱化，在合金中添加能提高晶界扩散激活能的溶质元素，强化晶界，阻止晶界滑移，并提高晶界裂纹的表面能，从而提高了材料的耐热性能。通过添加稀土元素提高耐热钢的蠕变强度、抗热疲劳性能等。同时添加提高材料的熔点、硬度和弹性模量的合金元素降低钢的线膨胀系数。在该类材料设计时，还需保证良好的强韧性匹配[15]。常用非 API 规格 Cr-Mo 钢稠油热采井专用管主要为 90H、110H 等，如天津钢管有限责任公司设计开发了注蒸汽稠油热采井专用的非 API 标准系列油管 TP90H、TP110H 及 TP120TH[16-18]。

另外，宝钢试制了复合添加 Mo、W、V 等合金元素的含 3%Cr 的火驱采油用 BG80H-3Cr 耐热油管。在室温至 450℃的使用温度范围内，屈服强度均在 API 标准的 N80 钢级范围内；在 400℃加载 250MPa 的条件下未发生蠕变，550℃运行 10000h 的高温持久强度的理论值为 169MPa；套管试样在 550℃空气介质下的氧化速率为 $0.01g/(m^2 \cdot h)$，抗 CO_2 腐蚀能力与普通 N80 油管相比提高 11 倍[19]。

同时，9Cr（9Cr-1Mo）、超级 13Cr（如 TP110H-13Cr、BG110H-13Cr）油管也在一些稠油热采井得到了应用。

1.3.3.3.4 高温高压、超深超高温高压井用油管

高温高压井一般指温度超过 149~177℃，压力超过 70MPa 的油气井。由

于高压高温、超高压高温井一般含有 CO_2、H_2S 和 Cl^-,苛刻的井底温度、压力及腐蚀工况条件需要使用高强度的耐蚀石油管材。根据温度、压力、流速和气流中腐蚀性气体组分(H_2S 和 CO_2),材料选择范围可以从碳钢和低合金钢到不锈钢、镍基合金和钛合金。表1.3.11列出部分高压高温、超高压高温井完井管柱常用材质[20]。

表1.3.11　HPHT井完井管柱用耐蚀合金

合金	牌号	成分[%(质量分数)]
马氏体不锈钢	410,420(13Cr)	12Cr
超级马氏体不锈钢	Super/Hyper①13Cr	12~13Cr,4~5Ni,1~2Mo
双相不锈钢	2205	22Cr,6Ni,3Mo
超级双相不锈钢	2507,DP3W	25Cr,7Ni,3.5Mo,N,W
镍基合金	825,2242	22Cr,42Ni,3Mo
镍基合金	2550	25Cr,50Ni,8Mo,2W,1Cu
镍基合金	G50	20Cr,52Ni,9Mo
镍基合金	C276	15Cr,65Ni,16Mo,4W
镍基合金	718	20Cr,52Ni,3Mo,5Cb,1Ti,0.6Al
镍基合金	925	21Cr,42Ni,3Mo,2Ti,2Cu,0.4Al
镍基合金	725	20Cr,57Ni,8Mo,3Cb,1.5Ti
钛合金	Grade 5(Ti-6-4)	6Al,4V
钛合金	Ti-6-2-4-6	6Al,2Sn,4Zr,6Mo
钛合金	Grade 19(Beta C)	3Al,8V,6Cr,4Zr,4Mo

①部分厂家将Super 13Cr称为Hyper 13Cr,比如某些日本厂家。此处保留更为严谨。

1.3.3.3.5　寒冷地区用高强度油管

这类油管主要用于寒冷地区,典型牌号如住友的SM-95L~SM-110L、SM-110LL,新日铁的NT-95LS~NT-110LS,V&M公司的VM-55LT~VM-125LT,NKK的NKCT-110~MKCT-125,川崎的KO-95L~KO-125L,上海宝钢的BG80L~BG-125L。其强度较低者采用锰系,强度较高者采用铬—锰或铬—锰—钼系。在力学性能方面,对-46℃时的V形缺口夏比冲击功有很高的要求,例如新日铁规定大于 40.2J。为了保证低温冲击性能,对钢的硫、磷含量有严格限制,一般规定硫含量小于 0.01%。这些材料在屈服强度达到规定值的同时,有很高的低温韧性。如 KO-125L 纵向 FATT50 小于-100℃,横向 FATT50 为-60℃;-60℃时纵向冲击功 140J,横向冲击功为 40J。

参 考 文 献

[1] R. 温斯顿·里维主编,尤其格腐蚀手册 [M]. 杨武,等译. 北京:化学工业出版社,2005.

[2] 赵麦群,雷阿丽. 金属的腐蚀与防护. 北京:国防工业出版社,2014.

[3] 赵昌盛,孙桂良,闵令平,等. 不锈钢的应用及热处理 [M]. 北京:机械工业出版社,2010.

[4] 高惠临,王宇. 石油工程材料 [M]. 西安:西北工业大学出版社,2011.

[5] 桥本政哲. 不锈钢及其应用 [M]. 周连在,赵文贤译. 北京:冶金工业出版社,2011.

[6] Mannan S, Patel S. A new high strength corrosion resistant alloy for oil and gas applications [C]. 63th NACE Annual Conference, Nea Orleana, Louisana, March 16-20, 2008. Houston:Omnipress, 2008.

[7] Aberle D, Agarwal D C. High performance corrosion resistant stainless steels and nickel alloys for oil& gas applications [C]. 63th NACE Annual Conference, Nea Orleana, Louisana, March 16-20, 2008. Houston:Omnipress, 2008.

[8] Scarberry R C, Graver D L, Stephens C D. Alloying for corrosion control [J]. Materials Protection, 1967, 6 (6):55-57.

[9] Kimura M, Tamari T, Yamazaki Y, et al. Development of New 15Cr Stainless Steel OCTG with Superior Corrosion Resistance [C]. 60th NACE Annual Conference, Houston, Texas, April 3-7, 2005. Houston:Omnipress, 2005.

[10] Decker R F. Strengthening mechanisms in nickel-base superalloys [C]. steel strengthening mechanisms symposium, Zurich, Switzerland, May 5-6, 1969.

[11] ISHIGURO Y, SUZUKI T, MIYATA Y, et al. Enhanced Corrosion-Resistant Stainless Steel OCTG of 17Cr for Sweet and Sour Environments [C]. 68th NACE Annual Conference, Orlando, Florida, June 4-7, 2013. Houston:Omnipress, 2013.

[12] 宋治,冯耀荣. 油井管与管柱技术及应用 [M]. 北京:石油工业出版社,2009.

［13］李鹤林. 油井管发展动向及若干热点问题［M］. 中国石油天然气集团公司管材研究所石油管工程论文选编2001—2005年. 北京：石油工业出版社，2005.

［14］Petroleum and Natural Gas Industries-Materials for Use in H_2S-Containing Environments in Oil and Gas Production-Part 3：Cracking-Resistant CRAs（Corrosion Resistant Alloys）and Other Alloys. ISO 15156-3（2011）.

［15］贺景春，马爱清，井溢农. 一种适用于稠油热采工况钢种的实验研究［J］. 稀土，2011，32（5）：16-19.

［16］卢小庆，郦江洪，马兆中，等. 稠油热采井专用套管TP90H的开发［J］. 天津冶金，2004，（6）：6-9.

［17］卢小庆，李勤，李春香. 高强度稠油热采井专用套管TP110H的开发［J］. 钢管，2007，36（5）：14-17.

［18］宗卫兵，张传友，沈淑君，等. 非APT标准规格TP120TH稠油热采井专用套管的开发［J］. 天津冶金，2005，（1）：15-18.

［19］岳磊，田青超. 火驱采油套管的试制开发［J］. 山东冶金，2010，32（3）：53-55.

［20］Kermani M B. Materials Optimisation for Oil and Gas Sour Production［C］. 55th NACE Annual Conference，Orlands，Florida，March 26-31，2000. Houston：Omnipress，2000.

2 超级13Cr油管介绍

超级13Cr油管目前是在高温高压井中应用最广的13Cr油管的一种。绪论中提到马氏体不锈钢在某种意义上来说就是指13Cr材质，本章将介绍相关材质油管的化学成分、金相组织、机械性能和腐蚀性能等基本参数，同时简述其在高温高压井中的应用情况。近年来，随着高温高压井的不断开发，耐蚀性能一直得不到很好改善的13Cr材质已难以适应日益苛刻的工况环境，油管制造厂家基于超级13Cr材质开发了耐蚀性更好、强度更高的15Cr和17Cr材质（主要金相组织仍为马氏体），本章也将做简要介绍。

2.1 13Cr油管的主要性能

2.1.1 L80 13Cr油管

2.1.1.1 化学成分

表2.1.1为API SPEC 5CT（2011）标准对L80-13Cr的化学成分要求，其含碳量要求介于0.15~0.22，由于L80-13Cr仅具有中等程度的腐蚀抗力，对其他合金元素没有特殊要求，Ni、Mo合金元素含量较低。

表2.1.1 API SPEC 5CT(2011)标准对L80-13Cr的化学成分要求

C		Mn		P	S	Si	Cr		Mo		Ni	Cu
最低	最高	最低	最高	最高	最高	最高	最低	最高	最低	最高	最高	最高
0.15	0.22	0.25	1.00	0.020	0.010	1.00	12.0	14.0	—	—	0.50	0.25

2.1.1.2 组织

图2.1.1为L80-13Cr马氏体不锈钢管材的金相显微组织，可以看出L80-13Cr为回火马氏体组织。

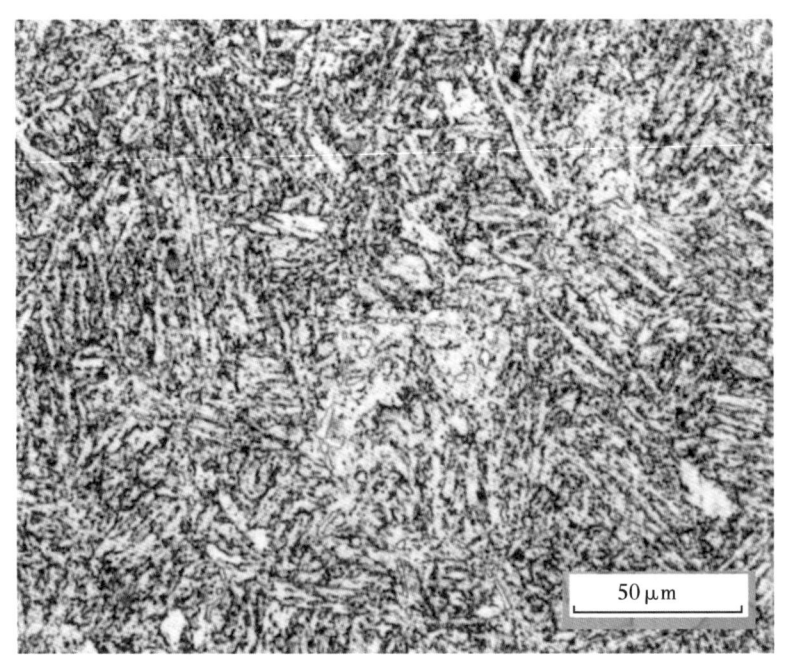

图 2.1.1　L80-13Cr 马氏体不锈钢管材的金相显微组织

2.1.1.3　机械性能

表 2.1.2 至表 2.1.4 为 L80-13Cr 马氏体不锈钢油管管体的拉伸、硬度及冲击性能的测试结果。表中也同时列出了 API SPEC 5CT 所规定的性能要求。

表 2.1.2　L80-13Cr 马氏体不锈钢油管管体拉伸性能

样品	钢级 （ksi）	条形试样宽度 （mm）	屈服强度 （MPa）	抗拉强度 R_m （MPa）	伸长率 （%）
L80-13Cr	80	38.0	580	735	28.5
API SPEC 5CT 要求			552~655	≥655	≥17

表 2.1.3　L80-13Cr 马氏体不锈钢油管管体硬度

材料	钢级 （ksi）	编号	外壁 HRC		内壁 HRC	
			试验值	平均值	试验值	平均值
L80-13Cr	80	1	22.0	22.0	21.5	21.5
		2	22.0		22.0	
		3	22.0		21.5	
API SPEC 5CT 要求			≤23			

表 2.1.4 L80-13Cr 马氏体不锈钢油管夏比冲击韧性

材料	钢级（ksi）	试样类型	温度（℃）	纵向冲击功 A_{KV}（J）	
				试验值	平均值
L80-13Cr	80	10m×10m×55mm 纵向 V 形	0	128 137 134	134

表 2.1.5 为 L80-13Cr 马氏体不锈钢油管的强度随温度的变化关系。可以看出，从 50℃到 200℃，L80-13Cr 的屈服强度和抗拉强度分别衰减 50MPa、60MPa。

表 2.1.5 L80-13Cr 马氏体不锈钢油管强度随温度的变化

	50℃	100℃	150℃	200℃
屈服强度（MPa）	550	540	520	500
抗拉强度（MPa）	680	660	630	620

2.1.1.4 抗腐蚀性能

图 2.1.2 为 API L80 13Cr 在不同温度条件下测得的点蚀电位曲线，从中可以看出，温度升高，点蚀电位下降，点蚀敏感性增强，到 200℃时，已经没有明显的钝化区，其抗 CO_2 均匀腐蚀及点蚀性能显著下降。图 2.1.3 为 JFE 钢管公司给出的在 20%NaCl 溶液中，普通 API 13Cr 的 CO_2 腐蚀试验结果。由于马

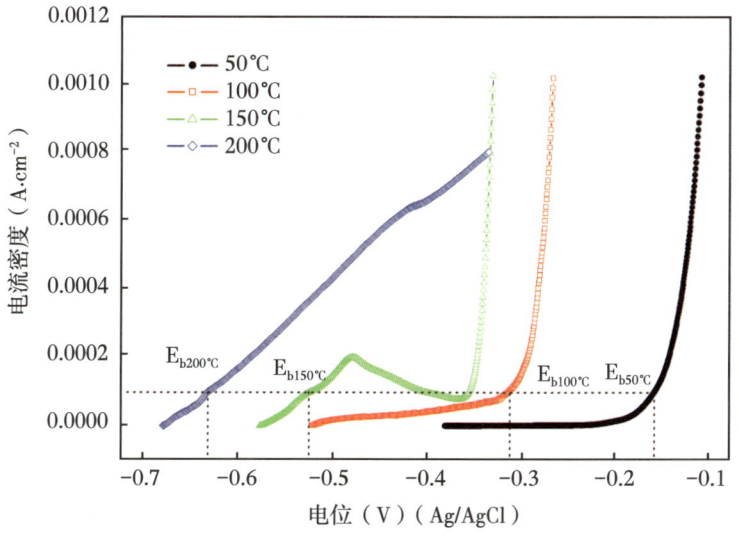

图 2.1.2 不同温度 API L80 13Cr 点蚀电位

氏体不锈钢油管主要是针对 CO_2+Cl^- 腐蚀而研发的经济型耐蚀合金，根据 JFE 关于马氏体不锈钢的腐蚀速率适用性指标（≤0.127mm/a），并结合 API 13Cr 的 CO_2 腐蚀形貌（图 2.1.4，当温度超过 150℃ 时，试样表面已经出现明显均匀腐蚀和局部腐蚀），普通 API 13Cr 的推荐使用温度不超过 150℃。如果 CO_2 分压过高，Cl^- 浓度过大，其使用温度会大幅度下降。因此，日本住友公司将其使用最大 Cl^- 浓度限制为不超过 50000mg/L。

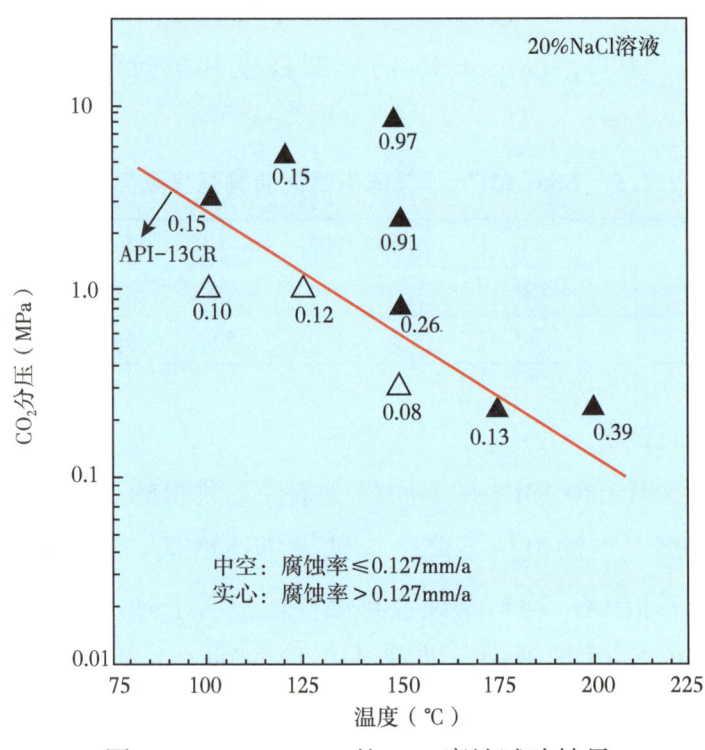

图 2.1.3　API 13Cr 的 CO_2 腐蚀试验结果

2.1.2　改进型 13Cr 油管

为了适应更加严苛的腐蚀环境，例如高温以及不仅含有 CO_2，还含有少量 H2S 等环境，在 API 13Cr 的基础上，通过合理的合金化设计及成分调整，国内外钢管生产厂家开发了改进型 13Cr 油管，强度可达 110ksi 钢级以上，具有很好的抗腐蚀性能和低温韧性。

2.1.2.1　化学成分

目前，国内外广泛使用的改进型 13Cr 马氏体不锈钢油管均采用超低碳设计，Mo 含量约为 1%（质量分数），Ni 含量约为 4%（质量分数）。也称为超

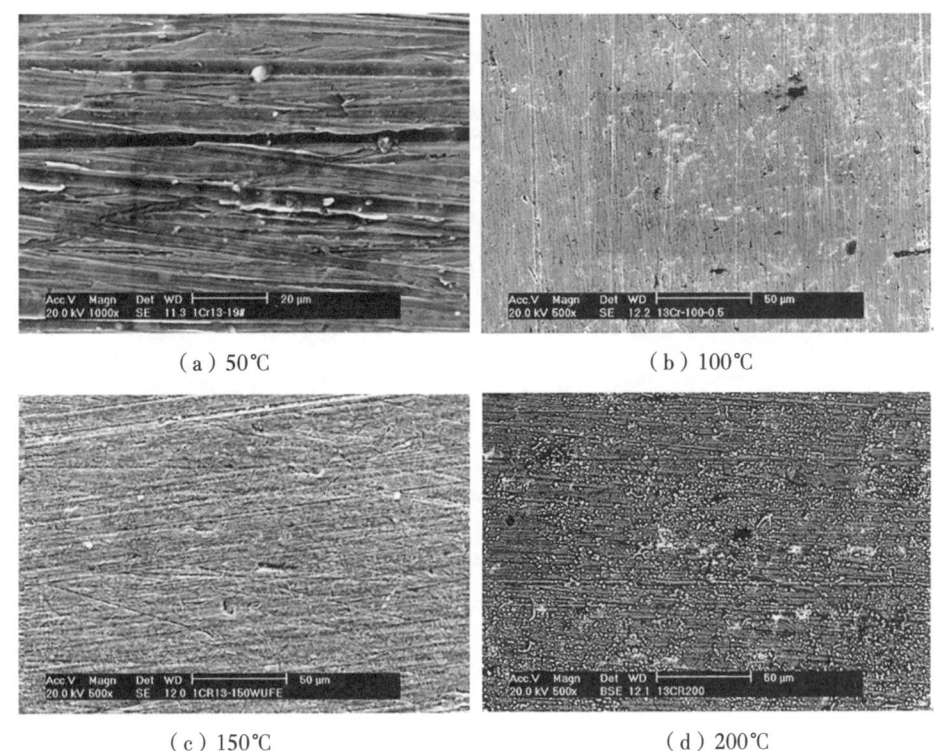

图 2.1.4 不同温度 API 13Cr 的 CO_2 腐蚀表面形貌

(CO_2 分压为 3MPa；Cl^- 浓度为 20g/L)

级Ⅰ型 13Cr 马氏体不锈钢油管，表 2.1.6 为改进型 13Cr 马氏体不锈钢油管的化学成分要求。由于采用特殊的合金成分设计及热处理措施，改进型 13Cr 马氏体不锈钢油套管的最低屈服强度可达 758MPa（110ksi 钢级）[1-3]。

表 2.1.6 改进型 13Cr 马氏体不锈钢油管的化学成分要求

单位：%（质量分数）

C	Mn	P	S	Si	Cr		Mo		Ni		Cu
最高	最高	最高	最高	最高	最低	最高	最低	最高	最低	最高	最高
0.04	0.60	0.020	0.010	0.50	12.0	14.0	0.80	1.50	3.50	4.50	—

2.1.2.2 组织

图 2.1.5 为改进型 13Cr 马氏体不锈钢管材的金相显微组织，由图可见，改进型 13Cr 为回火马氏体组织，晶粒度等级可达 ASTM 10 级以上。

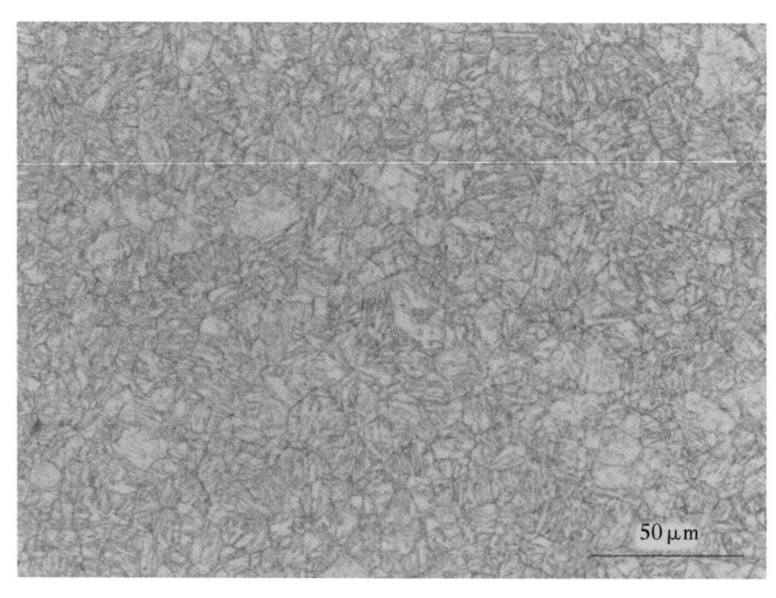

图 2.1.5 改进型 13Cr 马氏体不锈钢管材的金相显微组织

2.1.2.3 机械性能

表 2.1.7 为改进型 13Cr 马氏体不锈钢油管（110ksi 钢级）的机械性能要求。图 2.1.6 为 110ksi 钢级 ϕ88.90mm×7.34mm 改进型 13Cr 不锈钢油管的硬度测试点位置示意图，硬度试验结果见表 2.1.8；表 2.1.9 为冲击性能试验结果。塔里木油田所确认的改进型 13Cr 马氏体不锈钢油管的相关指标也列入相应表中。

表 2.1.7 改进型 13Cr 马氏体不锈钢油管（110ksi 钢级）的力学性能要求（室温）

屈服强度（MPa）		抗拉强度（MPa）	延伸率	硬度 HRC
最小	最大	最小	%	最大
758	896	827	API 规格	32

表 2.1.8 改进型 13Cr 马氏体不锈钢油管（110ksi 钢级）的硬度测试结果（HRC）

象限	外			平均	中			平均	内			平均
Ⅰ	28.5	28.8	28.9	28.7	29.7	29.2	29.3	29.4	29.3	28.8	29.2	29.1
Ⅱ	28.1	28.6	29.1	28.6	28.7	29.4	29.4	29.2	29.0	29.0	28.9	29.0
Ⅲ	28.7	28.9	29.0	28.9	29.6	29.8	29.7	29.7	28.5	28.8	29.1	28.8
Ⅳ	28.1	28.7	28.6	28.5	29.6	29.6	29.1	29.3	29.0	29.2	29.3	29.2
相关厂标	≤32											

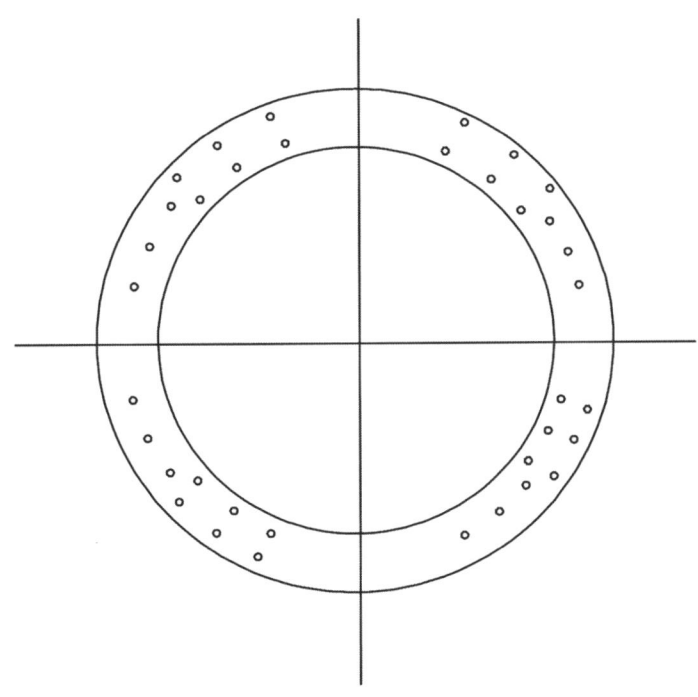

图 2.1.6 硬度测试点位置示意图

表 2.1.9 改进型 13Cr 马氏体不锈钢油管（110ksi 钢级）的冲击韧性的测试结果

材质	取样方向	试样尺寸（mm）	温度（℃）	冲击功（J）			
				1	2	3	平均
改进型 13Cr	纵向	10×5×55	0	114.45	121.35	113.31	116.37
塔里木油田技术协议			−10	≥63（全尺寸为140J，换算系数0.45）			

表 2.1.10 为改进型 13Cr 马氏体不锈钢油管的强度随温度的变化关系。可以看出，从 50℃ 到 200℃，改进型 13Cr 的屈服强度和抗拉强度分别衰减 70MPa、90MPa。

表 2.1.10 改进型 13Cr 马氏体不锈钢油管（110ksi 钢级）强度随温度的变化关系

参数	50℃	100℃	150℃	200℃
屈服强度（MPa）	790	760	730	720
抗拉强度（MPa）	870	820	790	780

2.1.2.4 抗腐蚀性能

图 2.1.7 为 JFE 钢管公司给出的在 20%NaCl 溶液中，改进型 13Cr 马氏体不锈钢油管的 CO_2 腐蚀试验结果。根据 JFE 关于马氏体不锈钢在 CO_2+Cl^- 环境

中的腐蚀速率适用性指标（≤0.127mm/a），改进型 13Cr 马氏体不锈钢油管的推荐使用温度不应超过 160℃。图 2.1.8 为改进型 13Cr 马氏体不锈钢 C 环试样

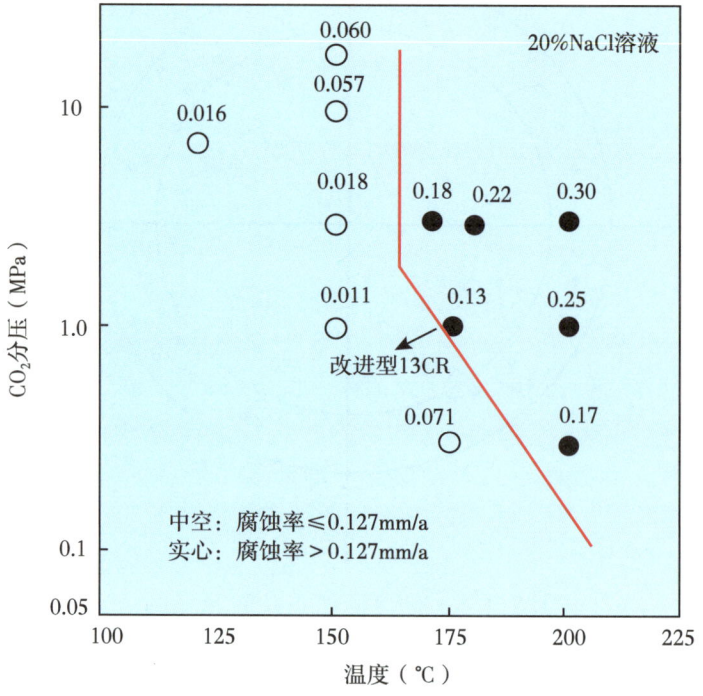

图 2.1.7　改进型 13Cr 的 CO_2 腐蚀试验结果

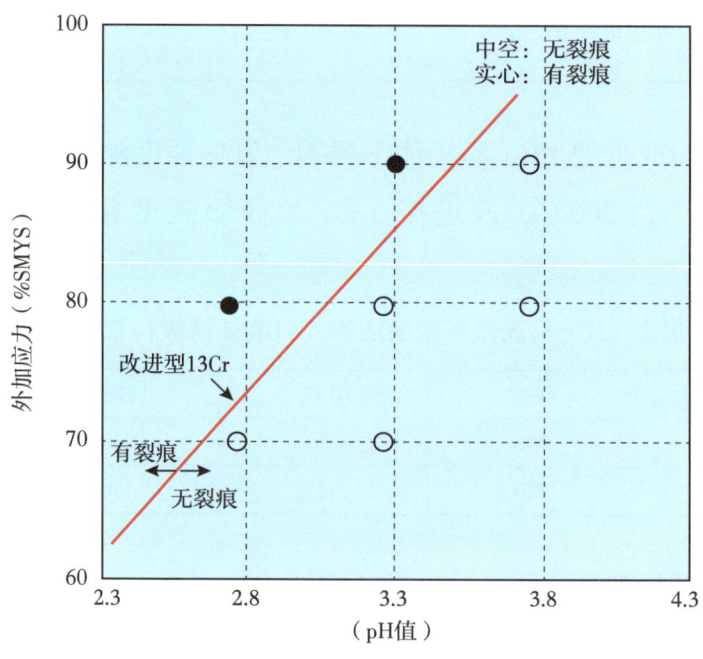

图 2.1.8　改进型 13Cr 不锈钢 C 环试样 SSC 试验结果

SSC 试验结果（实验溶液为 5%NaCl+0.5%CH₃COOH；气体为 10%H₂S+90% CO₂），由于 Cr13 型马氏体不锈钢推荐使用的临界 pH 值不低于 3.5，改进型 13Cr 油管的适用 H₂S 分压不超过 0.01MPa。

2.1.3 超级 13Cr

2.1.3.1 化学成分

表 2.1.11 为超级 13Cr 马氏体不锈钢油管的化学成分要求。由表可见，超级 13Cr 马氏体不锈钢油管同样采用超低碳设计，但 Mo 含量提高到 2%（质量分数）左右，Ni 含量提高到 5%（质量分数）左右，也称为超级Ⅱ型 13Cr 马氏体不锈钢油管。

表 2.1.11　超级 13Cr 马氏体不锈钢油管的化学成分要求

单位：%（质量分数）

C	Mn	P	S	Si	Cr		Mo		Ni		Cu
最高	最高	最高	最高	最高	最低	最高	最低	最高	最低	最高	最高
0.04	0.60	0.020	0.010	0.50	12.0	14.0	1.80	2.50	4.50	5.50	—

2.1.3.2 组织

图 2.1.9 为超级 13Cr 马氏体不锈钢管材的显微组织。可以看出，超级 13Cr 为回火马氏体组织［图 2.1.9（a）］，但马氏体条束之间或原始奥氏体晶

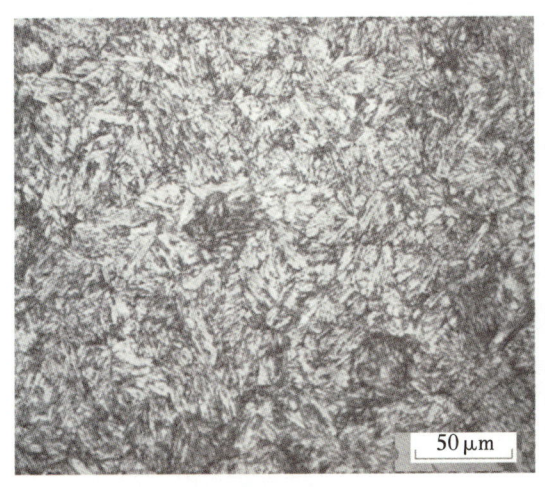

（a）金相组织　　　　　　　　　　（b）TEM 组织

图 2.1.9　超级 13Cr 马氏体不锈钢管材的显微组织

界处存在少量的残余奥氏体［图 2.1.9（b）］。

2.1.3.3 力学性能

表 2.1.12 为超级 13Cr 马氏体不锈钢油管（110ksi 钢级）的力学性能要求。可以看出，超级 13Cr 和改进型 13Cr 在力学性能要求上基本没有差别。表 2.1.13 为 ϕ88.90mm×7.34mm 超级 13Cr 不锈钢油管管体（110ksi 钢级）的硬度测试结果；表 2.1.14 为其冲击性能试验结果，由表可知，超级 13Cr 马氏体不锈钢油管半尺寸试样的 -40℃ 冲击韧性值高达 70.0J，具有极其优越的低温韧性。

表 2.1.12 超级 13Cr 马氏体不锈钢油管（110ksi 钢级）的力学性能要求（室温）

屈服强度（MPa）		抗拉强度（MPa）	延伸率	硬度（HRC）
最小	最大	最小	（%）	最大
758	896	827	API 规格	32

表 2.1.13 超级 13Cr 马氏体不锈钢油管（110ksi 钢级）的硬度测试结果

象限	位置	洛氏硬度 HRC			
		1	2	3	平均值
Ⅰ	内	27.0	30.5	29.0	28.8
	中	30.0	31.0	30.0	30.3
	外	30.0	29.5	30.5	30.0
Ⅱ	内	31.5	32.5	32.0	32
	中	30.0	32.5	30.5	31
	外	29.0	30.0	30.0	29.7
Ⅲ	内	31.0	31.0	32.0	31.3
	中	31.0	32.0	31.5	31.5
	外	31.0	31.0	31.5	31.2
Ⅳ	内	31.5	31.5	32.0	31.7
	中	32.5	31.5	31.0	31.7
	外	31.5	30.5	30.5	30.8
相关厂标		≤32			

表 2.1.14 超级 13Cr 马氏体不锈钢油管（110ksi 钢级）的冲击韧性的测试结果

材质	试样类型	试验温度（℃）	KV_8	平均值（J）
超级 13Cr	10mm×5mm×55mm 纵向 V 形	−40	70.0	70.0
			70.0	
			70.0	
			96.0	
			92.0	
塔里木油田技术协议		−10	—	≥63(全尺寸为 140J，换算系数 0.45)

表 2.1.15 为超级 13Cr 马氏体不锈钢油管的强度随温度的变化关系。可以看出，从 50℃ 到 200℃，超级 13Cr 的屈服强度和抗拉强度分别衰减 50MPa、100MPa，相比于改进型 13Cr，由于合金元素 Mo 的含量较高，超级 13Cr 的屈服强度衰减幅度较小。

表 2.1.15 超级 13Cr 马氏体不锈钢油管（110ksi 钢级）强度随温度的变化

参数	50℃	100℃	150℃	200℃
屈服强度（MPa）	750	730	710	700
抗拉强度（MPa）	890	850	810	790

2.1.3.4 抗腐蚀性能

表 2.1.16 为不同腐蚀条件下超级 13Cr 马氏体不锈钢 CO_2、CO_2/H_2S 均匀腐蚀速率计算结果。可以看出，在 CO_2 腐蚀环境中，随着温度的升高，其均匀腐蚀速率呈稍微上升趋势，但均远小于不锈钢的均匀腐蚀速率判据 0.127mm/a；在 H_2S、CO_2 共存条件下，超级 13Cr 均匀腐蚀速率变化不大，并且随着 Cl^- 浓度的增加，均匀腐蚀速率呈下降趋势，这可能是因为随着 Cl^- 浓度增加，溶液中盐度增大，H_2S、CO_2 溶解度下降，导致超级 13Cr 均匀腐蚀速率下降。因此，从均匀腐蚀速率的大小可以看出，超级 13Cr 的 CO_2、CO_2/H_2S 腐蚀速率远小于油气田可接受的极限数值，其在工况环境的点蚀更应该值得关注。

表 2.1.16 超级 13Cr 马氏体不锈钢 CO_2、CO_2/H_2S 腐蚀
试验条件及均匀腐蚀速率计算结果

实验条件	CO_2 分压：2.5MPa Cl^-：80000 mg/L				CO_2 分压：2.5MPa H_2S 分压：1MPa 温度：140℃	
	60℃ （条件1）	100℃ （条件2）	140℃ （条件3）	180℃ （条件4）	Cl^-：80000mg/L （条件5）	Cl^-：160000mg/L （条件6）
均匀腐蚀速率（mm/a）	0.0164	0.0298	0.0527	0.0773	0.0454	0.0386

图 2.1.10 为超级 13Cr 点蚀形貌的显微分析。可以看出，在 CO_2 腐蚀环境中，超级 13Cr 的点蚀比较轻微，随温度升高，点蚀倾向性增强，运用聚焦法测量点蚀深度，均小于 5μm。在 H_2S/CO_2 腐蚀环境中，由于 H_2S 腐蚀性气体的存在，点蚀倾向性明显增大，当 Cl^- 浓度为 160000 mg/L 时，试样表面已经出现明显的点蚀形貌 [图 2.1.10（f）]，其最大点蚀深度可达 28μm。

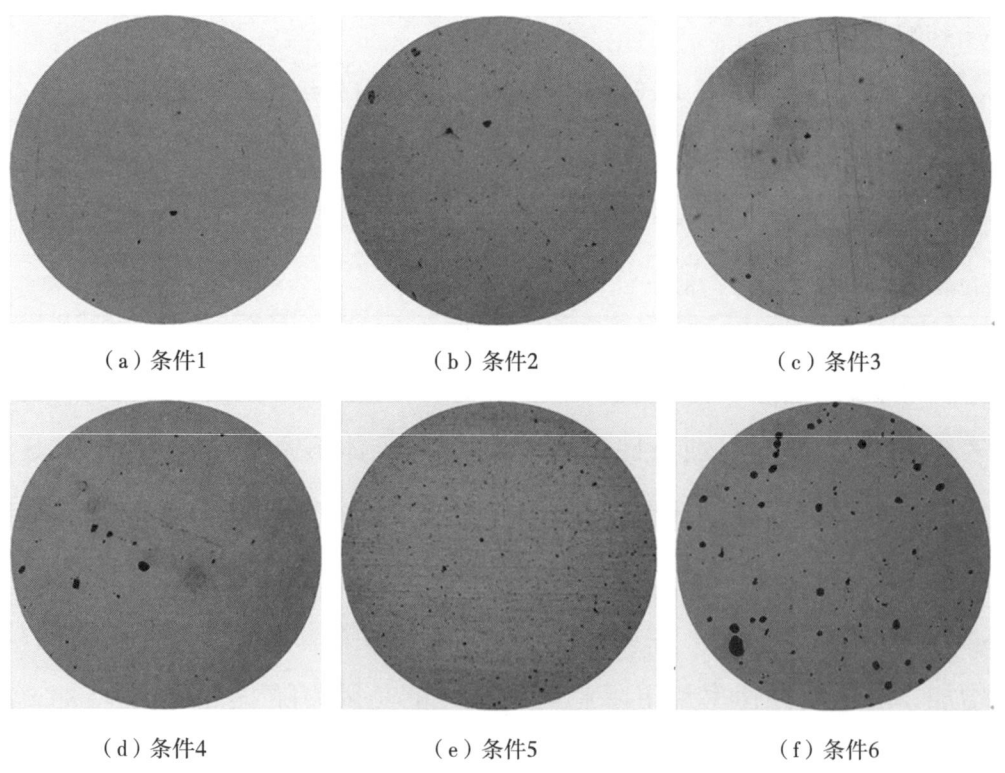

(a) 条件1　　　　(b) 条件2　　　　(c) 条件3

(d) 条件4　　　　(e) 条件5　　　　(f) 条件6

图 2.1.10　超级 13Cr 点蚀形貌的金相显微分析 100×

图 2.1.11 为不同条件下超级 13Cr 点蚀电位的测量结果。相比于 API 13Cr，超级 13Cr 点蚀电位要高 0.25V [图 2.1.11（a）]，这主要是由于超级 13Cr 有较高的 Mo、Ni 含量，Mo、Ni 的加入，能够阻滞电化学腐蚀的阳极过程，促进超级 13Cr 的钝化，在钢的表面上形成了富钼的氧化膜，这种含有 Cr、Mo 元素的氧化膜，具有高的稳定性，能有效地抑制因 Cl^- 侵入而产生的点蚀，提高超级 13Cr 的钝化和再钝化能力；图 2.1.11（b）为温度变化超级 13Cr 点蚀电位的影响，可以看出，随着温度的升高，超级 13Cr 点蚀电位下降。这是因为随着温度升高，Cl^- 活性增强，更容易与钝化膜中的阳离子结合形成可溶性氯化物，导致钝化膜的破坏；在 3.5%NaCl、10%NaCl、20%NaCl 溶液中，超级 13Cr 的点蚀点位分别为 0.076V（SCE）、0.04V（SCE）、-0.058V（SCE）（图 2.1.11c），随着 Cl^- 浓度的增加，点蚀电位下降。这主要是因为当介质中含有活性 Cl^- 时，Cl^- 优先选择性地吸附在钝化膜上，与钝化膜中的阳离子结合形成可溶性氯化物，使超级 13Cr 的点蚀敏感性增强，促进点蚀的发生；图 2.1.11（d）为超级 13Cr 在不同气氛条件下点蚀点位的测量结果。从中可

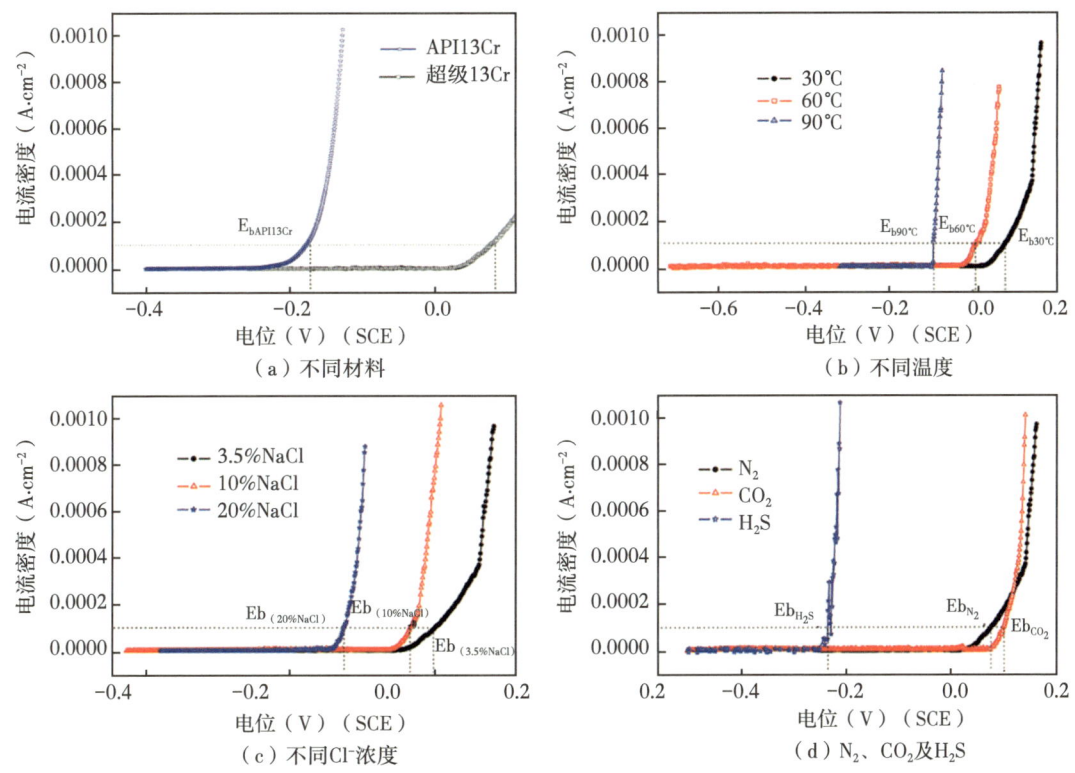

图 2.1.11　不同条件下超级 13Cr 的点蚀电位

以看出，在 N_2、CO_2、H_2S 中超级 13Cr 的点蚀点位分别为 0.076V（SCE）、0.1V（SCE）、-0.236V（SCE），H_2S 的存在，显著降低了超级 13Cr 的点蚀电位。H_2S 溶于水电离生成 H^+、HS^- 及 S^{2-}，而 H_2S、HS^- 及 S^{2-} 在电极表面具有极强的吸附性，同样可与钝化膜中的金属元素生成可溶性的腐蚀产物，促使钝化膜溶解，导致点蚀的发生和发展。而 CO_2 对超级 13Cr 点蚀电位的影响不大，这也是 13Cr 马氏体不锈钢在 CO_2 腐蚀控制方面得到广泛的应用，而在 H_2S 腐蚀控制方面的应用则受到一定限制的主要原因。

综合超级 13Cr 在 CO_2 及 CO_2/H_2S 腐蚀环境中的抗均匀腐蚀、点蚀及 SCC 性能，结合国外的研究成果，超级 13Cr 马氏体不锈钢适用于 CO_2（含微量 H_2S）环境中的腐蚀控制，其适用 CO_2 分压不超过 10MPa，温度不超过 180℃，H_2S 分压不超过 0.01MPa。

2.1.4 基于 13Cr 改进的其他不锈钢油管

2.1.4.1 15Cr 油管

2.1.4.1.1 化学成分

表 2.1.17 为 15Cr 马氏体不锈钢油管的化学成分要求。由表可见，在 15Cr 马氏体不锈钢研发过程中，同样采用超低碳设计。相比于超级 13Cr 的合金成分，15Cr 由于含 Cr 量增加到 15%（质量分数）左右，需相应提高 Ni 含量 [Ni 含量提高到 6.5%（质量分数）左右]，以便在淬火态获得马氏体组织。由于具有较高的合金成分含量，并且可以通过热处理达到组织强化，15Cr 马氏体不锈钢油管的最低屈服强度可达 125ksi 钢级以上，也称为高强 15Cr 马氏体不锈钢油管。

表 2.1.17　15Cr 马氏体不锈钢油管的化学成分要求

单位：%（质量分数）

C	Mn	P	S	Si	Cr		Mo		Ni		Cu
最高	最高	最高	最高	最高	最低	最高	最低	最高	最低	最高	最高
0.04	0.60	0.020	0.005	0.50	14.0	16.0	1.80	2.50	6.00	7.00	1.50

2.1.4.1.2 组织

图 2.1.12 为 15Cr 马氏体不锈钢的显微组织。由图可以看出，15Cr 不锈钢

主要为回火马氏体组织,并且在 F 条束之间出现少量高 C 片状残余奥氏体相。片状组织的存在有益于提高材料的韧性。但在苛刻腐蚀条件下(酸化液的鲜酸腐蚀),马氏体不锈钢可能处于活化态,双相组织的存在可能会促进点蚀的萌生及扩展,在一定程度上降低材料的耐蚀性(选择性腐蚀)。

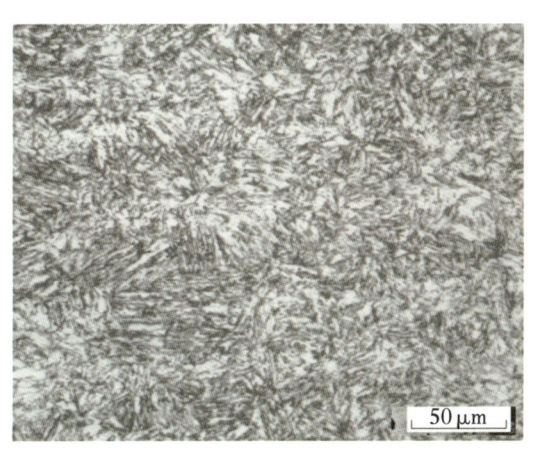
(a)金相组织

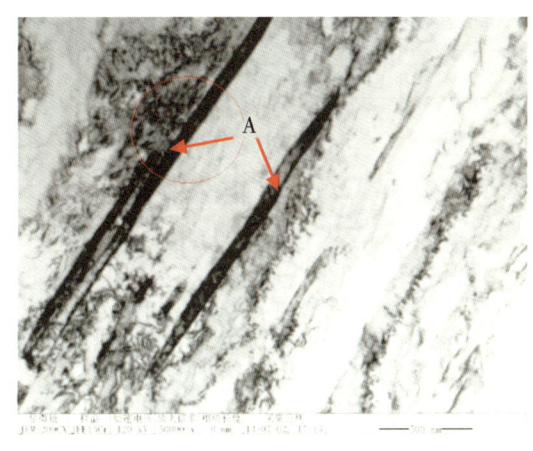
(b)TEM组织

图 2.1.12　超级 13Cr 马氏体不锈钢管材的显微组织

2.1.4.1.3　机械性能

表 2.1.18 为 15Cr 马氏体不锈钢油管(125ksi 钢级)的机械性能要求,相比于 13Cr 马氏体不锈钢,15Cr 不锈钢油管的强度等级很容易达到 125ksi 钢级以上,以满足高温高压井对管材的强度要求。表 2.1.19 为 15Cr 不锈钢油管管体(125ksi 钢级)的硬度测试结果,由表可知,由于合金元素含量较高,强度较大,15Cr 不锈钢油管管体硬度均高于 31HRC。表 2.1.20 为 15Cr 不锈钢油管冲击韧性测试结果,由表可知,相比于超级 13Cr 马氏体不锈钢油管,由于强度升高,15Cr 马氏体不锈钢油管的冲击韧性略有降低,但其半尺寸试样的 -40℃冲击韧性值仍高达 60.3J,低温韧性较好。

表 2.1.18　15Cr 马氏体不锈钢油管(110ksi 钢级)的力学性能要求(室温)

屈服强度(MPa)		抗拉强度(MPa)	延伸率	硬度(HRC)
最小	最大	最小	(%)	最大
862	1034	931	API 规格	37

表 2.1.19 15Cr 马氏体不锈钢油套管管体硬度

材料	钢级（ksi）	编号	硬度外壁（HRC）		硬度内壁（HRC）	
			试验值	平均值	试验值	平均值
15Cr	125	1	32.0	32.0	31.0	31.5
		2	31.5		32.5	
		3	32.0		31.5	
相关厂标			≤37			

表 2.1.20 15Cr 马氏体不锈钢油管冲击性能实验结果

材质	试样类型	试验温度（℃）	KV8（J）-40℃时	平均值（J）
15Cr	10mm×7.5mm×55mm 纵向 V 形	-40	58	60.3
			60	
			63	

图 2.1.13 为 15Cr 马氏体不锈钢油管的强度随温度的变化关系。可以看出，相比于 22Cr 和 25Cr 双相不锈钢，从 50℃到 200℃，15Cr 的屈服强度衰减不超过 100MPa，衰减幅度远低于双相不锈钢管材。

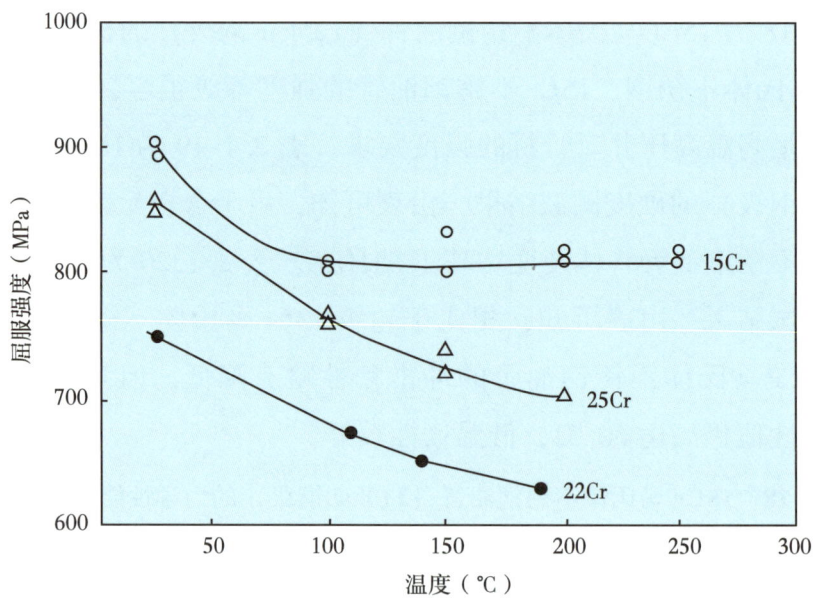

图 2.1.13 15Cr 马氏体不锈钢及双相不锈钢的屈服强度随温度的变化关系

2.1.4.1.4 抗腐蚀性能

图 2.1.14 为 JFE 钢管公司给出的在 20%NaCl 溶液中，15Cr 马氏体不锈钢的 CO_2 腐蚀试验结果。相比于 13Cr 马氏体不锈钢，由于 15Cr 马氏体不锈钢的合金元素含量较高（特别是 Cr、Mo 合金元素含量），在高温高压 CO_2+Cl^- 环境中具有良好的耐蚀性，其临界使用温度为 200℃。图 2.1.15 为 15Cr 马氏体不锈钢的 A 法和 C 环法 SSC 试验结果（实验溶液为 5%NaCl+0.5%CH_3COOH；气体为 10%H_2S+90%CO_2），尽管 15Cr 马氏体不锈钢的屈服强度有所升高（125ksi 钢级），硬度增大，但由于耐蚀性增强，其推荐使用的 H_2S 分压不超过 0.01MPa（适用的临界 pH 值不低于 3.5）。

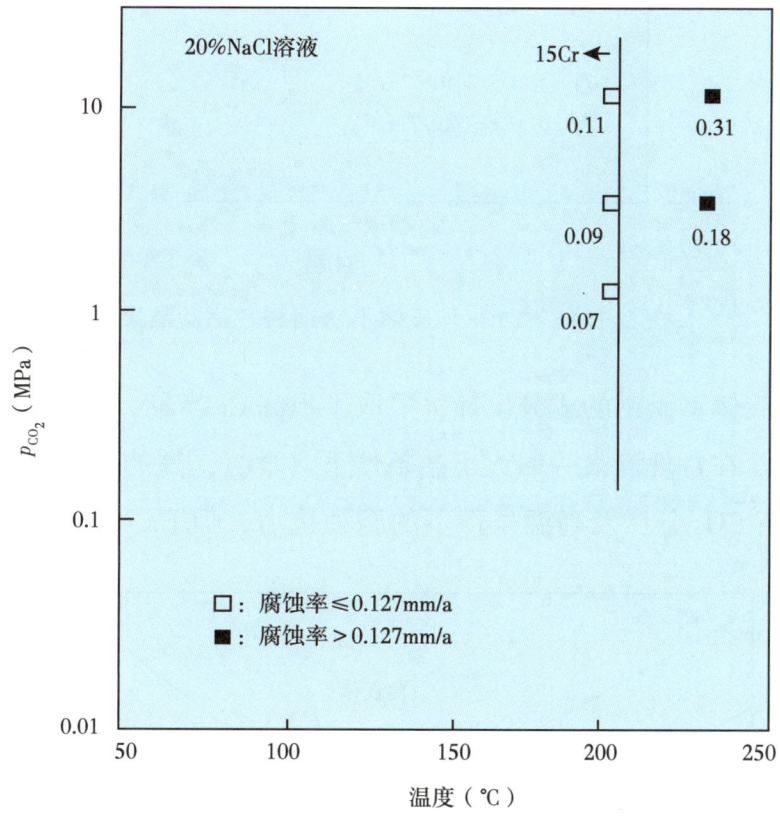

图 2.1.14　15Cr 马氏体不锈钢 CO_2 腐蚀试验结果

2.1.4.2　17Cr 油管

2.1.4.2.1　化学成分

表 2.1.21 列出 JFE 钢管公司 17Cr 马氏体不锈钢油管的化学成分[6]。在 17Cr 马氏体不锈钢的成分设计上，为了在淬火态获得以马氏体为主的组织，相

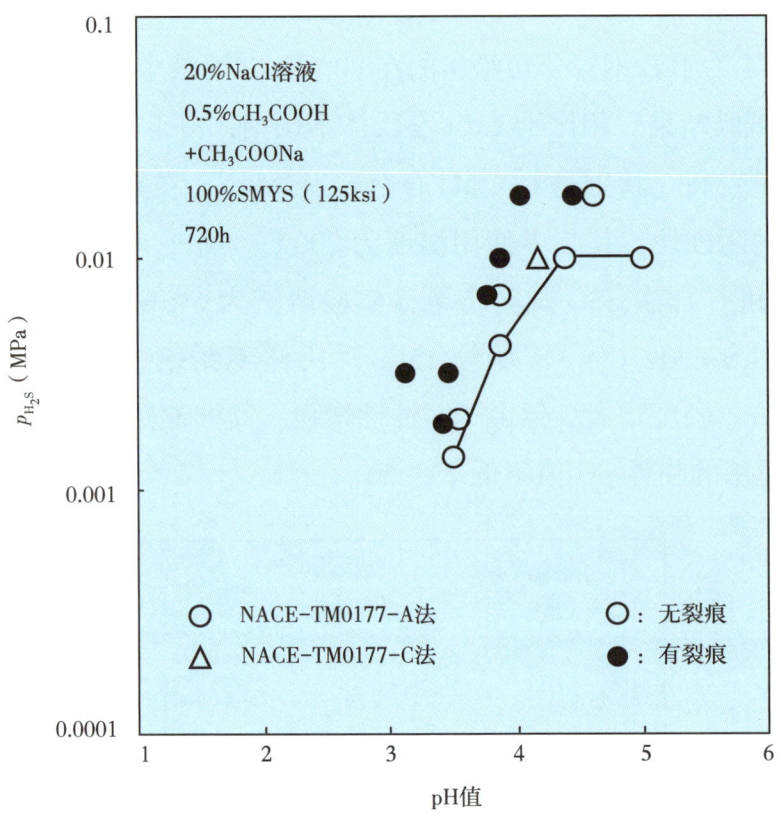

图 2.1.15 15Cr 马氏体不锈钢 SSC 试验结果

比于 15Cr 马氏体不锈钢的成分设计，采取了提高 Cr 当量，降低 Ni 当量的措施（图 2.1.16）。在常规淬火—回火工艺条件下（QT），高的 Cr 含量尽管有助于提高材料在高 CO_2 分压及高温条件下的腐蚀抗力，但 Cr 及铁素体稳定化元素

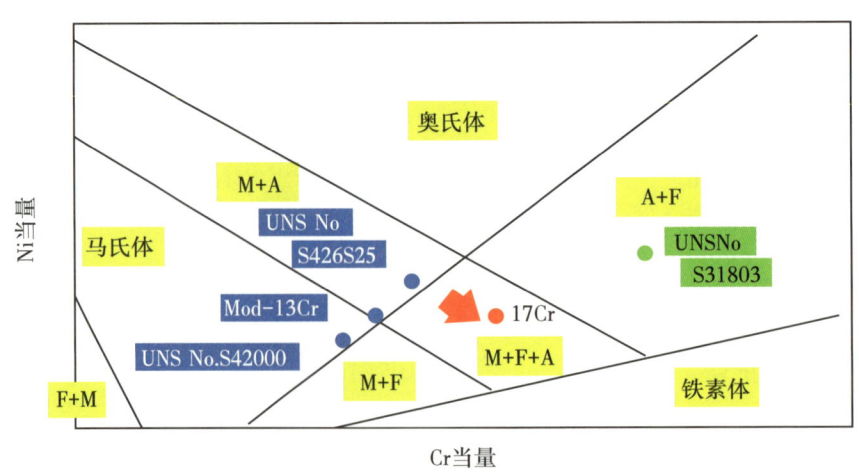

图 2.1.16 17Cr 马氏体不锈钢合金设计示意图

含量越高,马氏体转变温度越低,以致降到室温及零度以下。一些高Cr钢(如UNSNo.S31803及No.S31260奥氏体—铁素体双相不锈钢),在常规QT条件下,就不会出现马氏体转变。图2.1.17(a)为0.03C-6Ni-2Mo-1Cu钢[当Cr含量为15%(质量分数)时,即UNS No.S42625的基本化学成分]的屈服强度随Cr含量的变化关系,当Cr含量超过15%(质量分数)时,出现奥氏体相,材料强度急剧下降,对应于图2.1.16中M+A到A+F转变区域。因此,17Cr的合金成分设计以获得大部分马氏体为目标,从而使材料具有高强度[图2.1.17(b)],尽管在基体组织中不可避免会出现一定量的铁素体和不超过10%的奥氏体。17Cr最优化合金成分应位于图2.1.16中的M+F+A区。

表2.1.21 17Cr马氏体不锈钢的化学成分   单位:%(质量分数)

材料	C	Si	Mn	Cr	Ni	Mo	Cu	W
17Cr	0.03	0.2	0.37	16.5	3.9	2.4	1.0	1.0

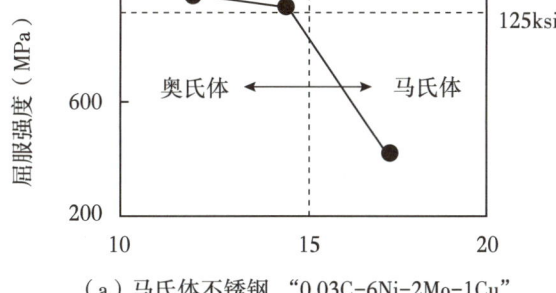
(a)马氏体不锈钢"0.03C-6Ni-2Mo-1Cu"
(UNS No.S42625)屈服强度随Cr含量的变化关系

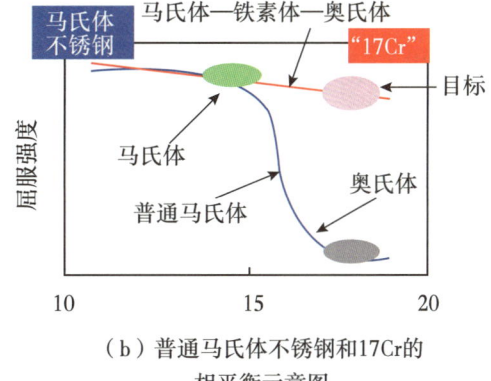
(b)普通马氏体不锈钢和17Cr的相平衡示意图

图2.1.17 17Cr马氏体不锈钢合金设计基础

2.1.4.2.2 组织

图2.1.18为17Cr的金相显微组织,图中亮颜色的相为铁素体,含量为20%~50%;较暗颜色的相为马氏体相,少量奥氏体相处于马氏体相中,其含量一般不超过10%(体积分数)[4]。

2.1.4.2.3 机械性能

表2.1.22为φ88.90mm×7.34mm 17Cr马氏体不锈钢油管管体(110ksi和125ksi钢级)的拉伸性能的测试结果。

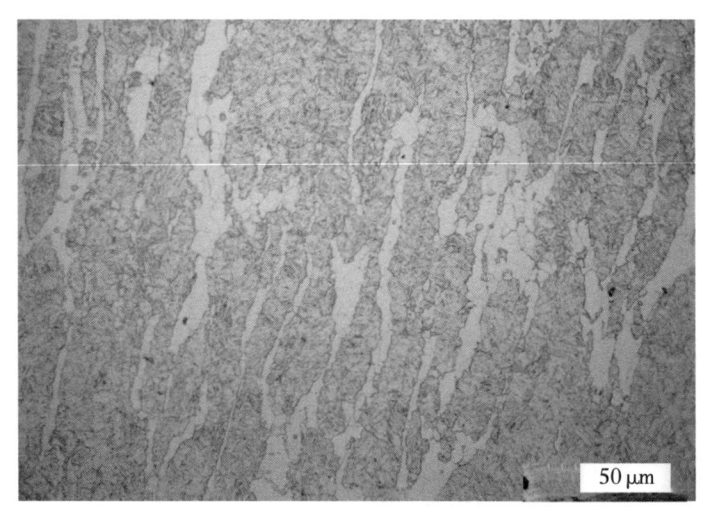

图 2.1.18　17Cr 马氏体不锈钢管材的金相显微组织

表 2.1.22　马氏体不锈钢油管管体拉伸性能

钢级 （ksi）	材料	条形试样宽度 （mm）	屈服强度 （MPa）	抗拉强度 R_m （MPa）	伸长率 （%）
110	17Cr	38.0	857	1014	25
	相关标准		758~896	≥827	≥12
125	17Cr		925	1052	25
	相关厂标		862~1034	≥931	≥11

另外，马氏体不锈钢管材中的马氏体相和铁素体相的平衡问题对其机械性能有着显著的影响。普通 13Cr、超级 13Cr 及 15Cr 无缝管在制管过程中（穿孔）都是在单相奥氏体相区进行热加工，以保持良好的热加工性能。而对于 17Cr 来说，在再热炉高温条件及热轧过程，都不可避免出现铁素体。图 2.1.19 定性描述马氏体基微观组织中铁素体含量与热加工性能之间的关系[4]。由于无缝管生产过程中，应力主要集中在铁素体相，因此，适当的调整铁素体含量能够使热加工更容易进行，并且可以避免出现一些不必要的麻烦。当铁素体含量低于 10% 时，在制管过程中，经常可以检测到表面缺陷；相反，当 17Cr 含有大量铁素体时，屈服强度下降，热加工更容易进行。

由于 17Cr 马氏体不锈钢的适用温度高，一般对其高温强度有一定的要求。图 2.1.20 为 15Cr、17Cr、22Cr 双相不锈钢（室温屈服强度为 125ksi 钢级）的

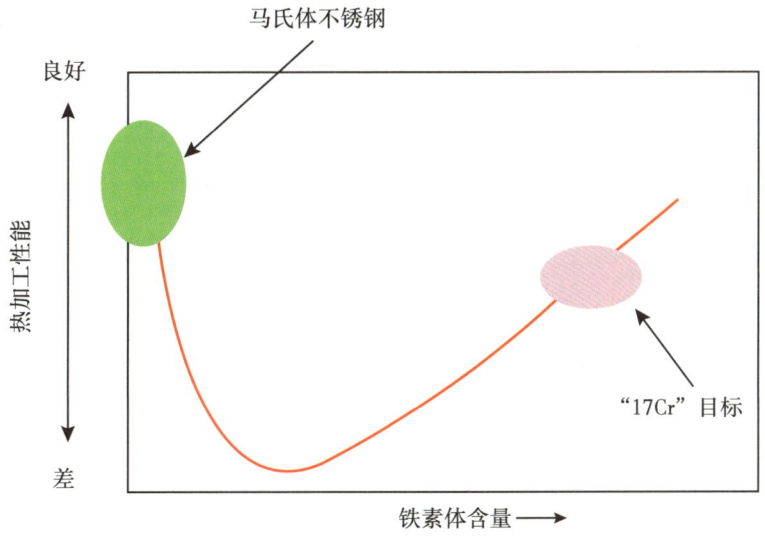

图 2.1.19 普通马氏体不锈钢和 17Cr 热加工性能与铁素体含量示意图

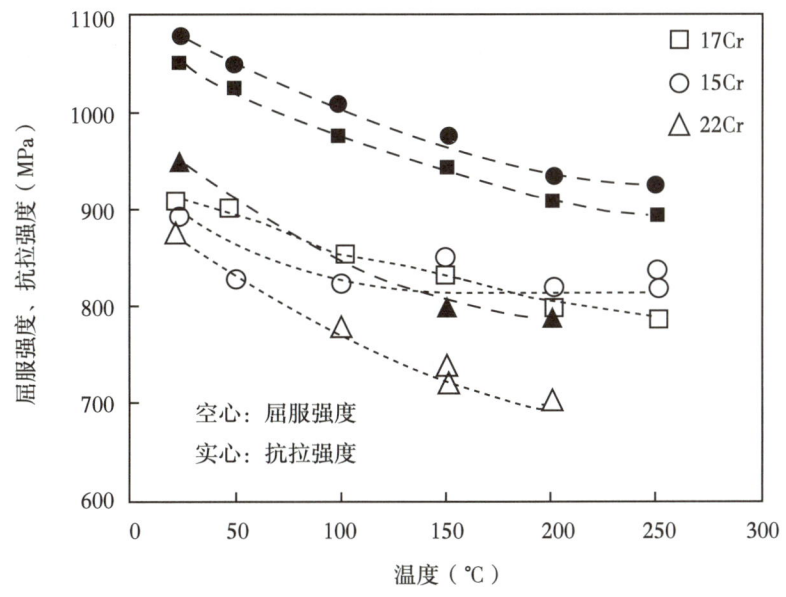

图 2.1.20 马氏体及双相不锈钢的屈服强度、抗拉强度随温度的变化关系

高温屈服强度、抗拉强度随温度的变化关系[4]。随着温度升高，三种材料的屈服强度下降。从室温到 200℃，15Cr、17Cr 的屈服强度下降约 100MPa（相比来说，15Cr 屈服强度下降最小）；而奥氏体—铁素体基的 22Cr 双相不锈钢的屈服强度下降约 200MPa。区别在于两类材料的微观组织不同：奥氏体—铁素体 22Cr 双相不锈钢主要靠冷拉伸应变来提高强度，温度升高，应变得以释放，强度降低；相比之下，15Cr、17Cr 主要为马氏体组织，屈服强度随温度下降

较为适中。图2.1.21为新型17Cr夏比冲击实验测试结果[4]。可以看出,半尺寸17Cr轴向冲击试样(10mm×5mm试样)在-60℃以上的冲击功都超过50J。

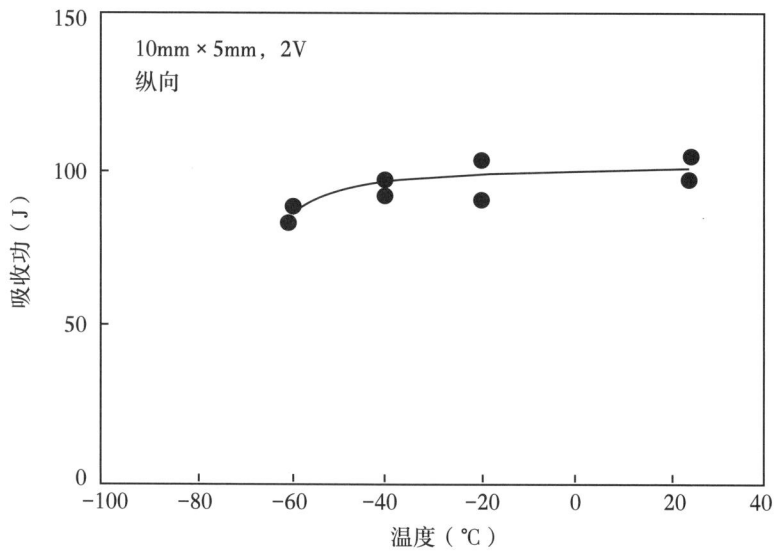

图2.1.21 半尺寸17Cr冲击试样夏比冲击试验结果

2.1.4.2.4 抗腐蚀性能

JFE钢管公司Ishiguro等系统研究了110ksi、125ksi钢级17Cr马氏体不锈钢在深井、超深井高温高压苛刻环境中的抗CO_2腐蚀性能、抗SSC(含微量H_2S)性能[4]。

图2.1.22为马氏体不锈钢在20%NaCl溶液、CO_2分压为10MPa环境中的抗腐蚀性能及适用条件(均匀腐蚀速率判据为≤0.127mm/a)。可以看出,17Cr的临界使用温度为230℃。

图2.1.23为模拟地层水(CO_2饱和的20%NaCl溶液;25℃)和凝析水(CO_2饱和的0.165%NaCl溶液;25℃)腐蚀条件下,超级13Cr、15Cr和17Cr的点蚀电位测量结果($100\mu A/cm^2$电流密度对应的电位)。从超级13Cr、15Cr和17Cr,点蚀电位逐渐升高。图2.1.24为超级13Cr、15Cr和17Cr在20%NaCl溶液中的点蚀电位随点蚀指数(定义为Cr+3Mo+16N)的变化关系。同样,随着点蚀指数增大,点蚀电位增大,这种现象可以理解为点蚀指数越大,钝化膜稳定性越高[4]。

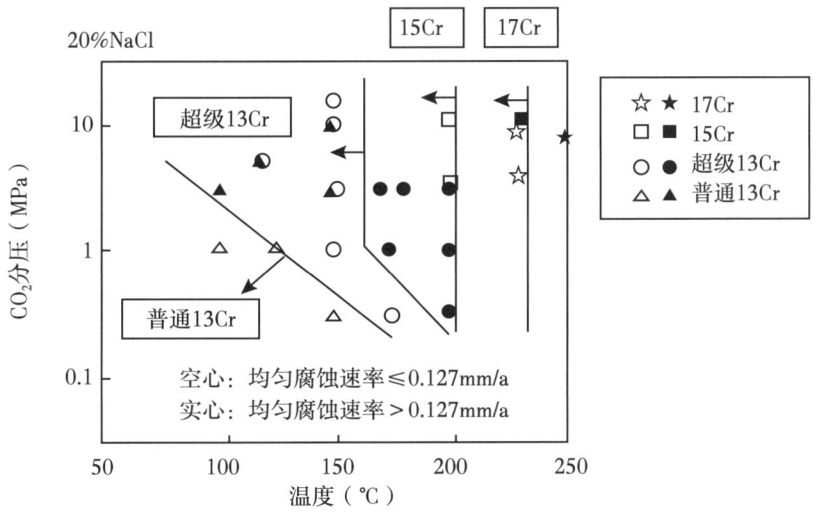

图 2.1.22 马氏体不锈钢的抗 CO_2 腐蚀性能

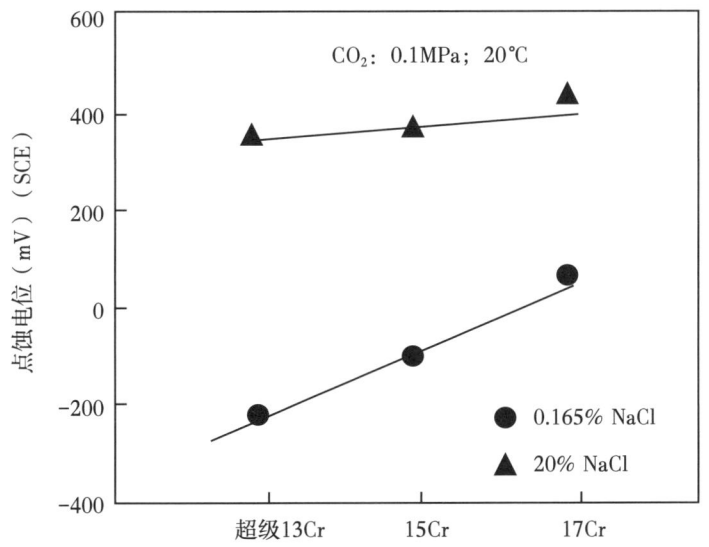

图 2.1.23 25℃条件下模拟地层水（CO_2 饱和的 20%NaCl 溶液）和凝析水
（CO_2 饱和的 0.165%NaCl 溶液）中的点蚀电位测量结果

图 2.1.25（a）为 125ksi 钢级 17Cr 的 SSC 实验结果（SSC 试验参照 NACE 0177—2005 标准进行，实验条件为 18%～20%NaCl 溶液，pH 值为 2.8～4.5（通过添加 0.5%CH_3COOH+CH_3COONa 溶液，通入 1atm 的混合气体获得，其中 H_2S 分压为 0.001～0.03MPa，CO_2 为载气），加载应力为材料 90%的实际屈服强度，试验时间为 720h），在同一张图上叠加了 125ksi 钢级 15Cr 的 SSC 应用窗口（适用条件范围）[4]。相比之下，17Cr 扩展了在低 pH 值和高 H_2S 分压

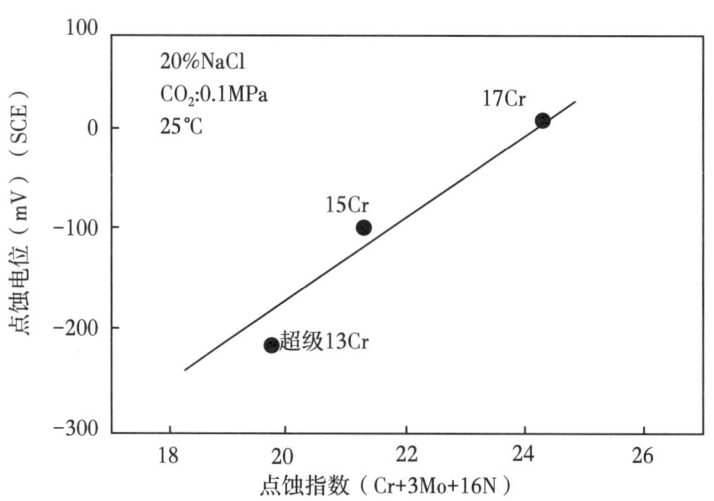

图 2.1.24　25℃条件下模拟地层水（CO_2 饱和的 20%NaCl 溶液）中的点蚀电位随点蚀指数的变化关系

下的应用极限。图 2.1.25（b）中给出了 110ksi 钢级、125ksi 钢级 17Cr 的抗 SSC 性能对比分析，110ksi 钢级的应用边界比 125ksi 钢级有了进一步的扩展。125ksi 钢级 17Cr 的应用临界 pH 值为 4.0（H_2S 分压为 0.01MPa）；而 110si 钢级 17Cr 的应用临界 pH 值为 3.7（H_2S 分压为 0.01MPa）。

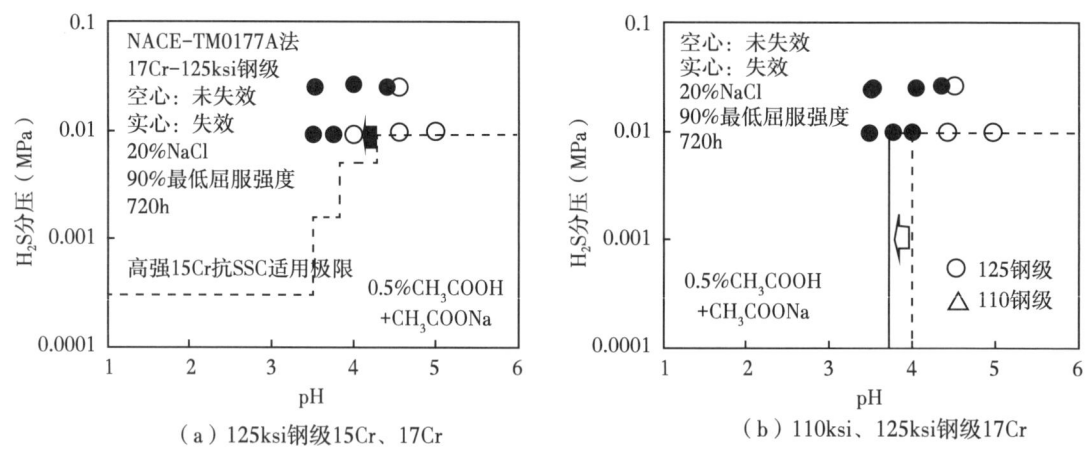

图 2.1.25　25℃，20%NaCl 溶液中新型 17Cr 的 SSC 实验结果

综上，从 CO_2 腐蚀抗力—酸性（SSC）抗力—屈服强度三维坐标图上（图 2.1.26）可以看出，相比于其他马氏体不锈钢，在 10MPa 的 CO_2 分压条件下，17Cr 石油管的最高使用温度极限为 230℃；在临界 H_2S 分压条件下（0.01MPa），125ksi 钢级 17Cr 石油管的适用抗 SSC 的 pH 值≥4.0，而 110ksi

钢级 17Cr 石油管的适用抗 SSC 的 pH 值≥3.7。

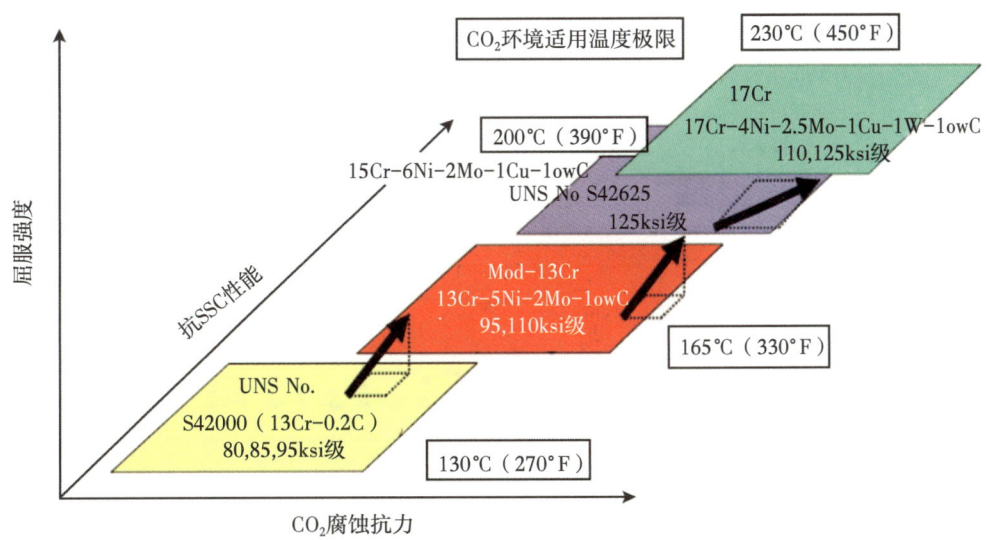

图 2.1.26　马氏体不锈钢在 CO_2 腐蚀抗力—酸性（SSC）抗力—屈服强度三维坐标图上的适用性示意图

2.2　13Cr 油管在 HPHT 油气井开发中的应用

2.2.1　应用概况

马氏体不锈钢系列油管在油管中的使用量已占全部耐蚀合金钢的一半。据川崎公司 13Cr 及超级 13Cr 油井管销售记录资料（图 2.2.1），供应量总体上逐年增加，例如 13Cr 油井管的销售量自 1984 年的 177t，快速增加到 2000 年的 53718t。目前，在我国一些高温高压含 CO_2 油气田，在所有油管的使用数量上，马氏体不锈钢系列油套管已经超过 20%，所占金额百分比超过 40%。

国外对马氏体不锈钢管材研究较多的国家是日本（如 JFE、NKK 等）以及阿根廷的 Tenaris 钢管公司等，在马氏体不锈钢系列油套管的开发和应用方面做了大量的工作，如 JFE 钢管公司近二十年相继推出含 CO_2 潮湿环境用普通 13Cr（JFE-13Cr-80、JFE-13Cr-85、JFE-13Cr-95）、高温含 CO_2 潮湿环境用超级Ⅰ型 13Cr（JFE-HP1-13Cr-95、JFE-HP1-13Cr-110）、高温含 CO_2 潮湿

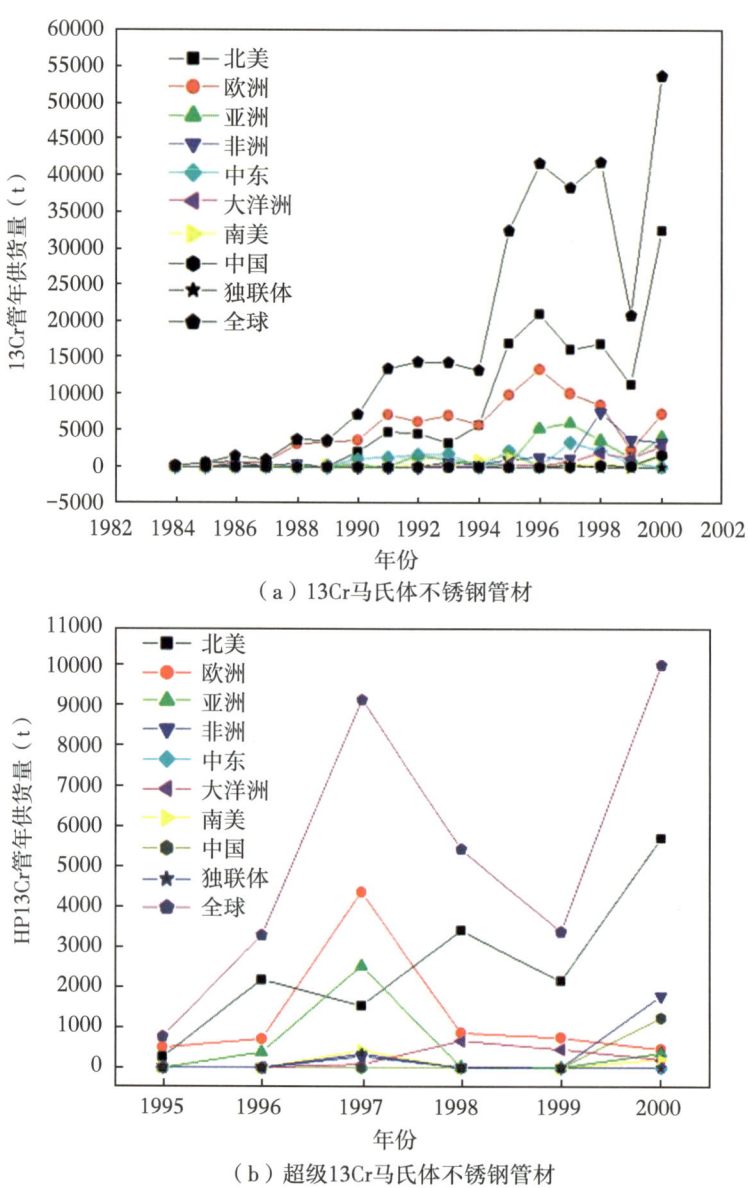

(a）13Cr马氏体不锈钢管材

(b）超级13Cr马氏体不锈钢管材

图2.2.1 JFE（川崎制铁）13Cr及超级13Cr马氏体不锈钢油井管销售记录

环境用超级Ⅱ型13Cr（JFE-HP2-13Cr-95、JFE-HP2-13Cr-110）、高温含CO_2潮湿环境用高强15Cr（JFE-UHP-15Cr-125）及超高温含CO_2潮湿环境用新型17Cr（JFE-UHP-17Cr-110、JFE-UHP-17Cr-110）系列马氏体不锈钢油套管。普通13Cr及超级13Cr马氏体不锈钢管材已在欧洲、北海、美国、北美及其他地区广泛使用，高强15Cr及新型17Cr马氏体不锈钢油套管也在墨西哥湾等高温高压和超高温高压油气井得到了初步应用，以解决开采过程中CO_2腐蚀问题。

与国外相比，我国抗 CO_2 马氏体不锈钢油套管的研发工作起步晚，但是近十年来已经取得了显著的成就。宝山钢铁股份有限公司对马氏体不锈钢系列油套管的国产化做出了突出贡献，近年来相继推出了普通 13Cr（BG L80-13Cr、BG 95-13Cr、BG 13Cr110）、改进型 13Cr（BG 13Cr110U）、超级 13Cr（BT-S13Cr110）、高强 15Cr（BG 15Cr-125）及新型 17Cr（BG 17Cr-125）系列马氏体不锈钢油套管，普通 13Cr 和超级 13Cr 马氏体不锈钢油套管已经在塔里木、长庆、胜利、文昌和东方等油田进行了应用，高强 15Cr 及新型 17Cr 马氏体不锈钢油套管也在试用阶段，有力保障了我国高温高压含 CO_2 油气井的顺利开发。

2.2.2 工况条件

CO_2 溶于水对钢铁具有腐蚀性，这早已被人们所认识，油气工业中通常也称为甜腐蚀（Sweet Corrosion）。在油气钻采过程中，CO_2 腐蚀问题日益严重，特别是 70 年代以来，随着深层含 CO_2 油气层的开发（表 2.2.1 为国内某高温高压气田不同区块的气井 CO_2 含量），回注 CO_2 强化采油工艺的应用，CO_2 腐蚀越来越引起人们的重视。干燥纯净的 CO_2 气体是没有腐蚀性或腐蚀非常轻微的，但含有一定水分的 CO_2 气体腐蚀性较强。油气田中，绝对干的环境是没有的，油气中所含水分的凝析、地层产出水及盐类电解质的存在等都使油气中含水是不可避免的。另外，由于回注 CO_2 气体强化采油，往往是采用 CO_2 和 H_2O 交替注入井中，因此，地面和井下的金属设备受 CO_2 腐蚀严重。国内外 CO_2 腐蚀的实例很多，如美国 Mississipi 的 little Greek 油田在进行 CO_2 的 EOR 现场试验时发现，在未采取抑制 CO_2 腐蚀措施时，生产井的管壁不到 5 个月即腐蚀穿孔，折算成腐蚀速率相当于 12.5mm/a。美国的另一个 sacroc 油田进行 CO_2 的 EOR 采油，井口虽然用了 AISI 410 不锈钢材料，但仍遭到 CO_2 严重腐蚀。其他一些国家富含 CO_2 油气的生产设备也遭 CO_2 严重腐蚀，如 Nigeria 的 okopok 油田，现场条件为 p_{CO_2} 小于 0.02MPa，温度为 58℃，设备穿孔率为 3.3mm/a。我国石油工业生产中，CO_2 腐蚀问题也很严重，华北油田采油三厂馏 58 断块富含 CO_2 气体，自 1984 年 7 月，仅 14 个月时间，就有 3 口日产原油 100~400t，天然气 1000m³ 的高产油井因油层套管严重腐蚀而相继报废，造成直接经济损失达 150 万元。吉林油田万五井于 1985 年 8 月投产，产量为 $2\times10^4 m^3/d$，投产不到三年，由于油管被 CO_2 腐蚀得千疮百孔，致使 800m 油管掉到井下。中坝油田须二气藏不含 H_2S，只含 $0.54\% CO_2$，但从气井中起出的油管却被腐蚀穿孔。四川油田、长庆油田以及南海涠 103 油田也都因严重的 CO_2 腐蚀而造成巨大的经济损失。

表 2.2.1 国内某高温高压气田不同区块的气井 CO_2 含量及环境数据

区块	井深（m）	井口温度（℃）	井底温度（℃）	井口压力（MPa）	井底压力（MPa）	CO_2 含量（%）	Cl^- 浓度（10^4 mg/L）
1	7091	70	147	95	119	1.78	15.5
2	6050	76	137	78	111	4.86	11.8
3	6240	62	105	46	75	0.74	11.6
4	7600	100	167	90	115	0.84	4.79

在钢中加入铬可以提高管材的强度，能够生成以铬的氧化物为主的腐蚀产物膜附着在钢表面，降低膜的导电性。低温条件下，即便是少量的铬也可以起到明显的改善作用。在高温条件下，这一效果会被弱化，铬钢的腐蚀速率可能会高于碳钢。在 20 世纪 80—90 年代，9Cr 材料被广泛使用。但是，在近十几年里，13Cr 不锈钢的出现并以略微的成本优势而逐渐替代 9Cr，导致 9Cr 油管的使用率降低。在含二氧化碳，少量或不含硫化氢和少量氯化物的低温—中等温度条件下（低于 150℃），13Cr 成为标准的油管材料，由此，L80 13Cr 也纳入 API 规范。这种可以有效防止 13Cr 钢被持续腐蚀的钝化膜，会被高流速或者冲蚀固体颗粒破坏。图 2.2.2 为 API 13Cr 钢管的局部腐蚀。在图中，当流速比较高时，由于有少量细砂存在，在油管的较低端出现腐蚀加剧的现象。这种半保护性膜一般为橙色的沉积物。腐蚀坑的直径大约为¼in。

在高温条件下（高出 150℃），可以勉强使用 API 13Cr 油管。图 2.2.3 为碳钢和各种含铬钢的常见腐蚀速率，可以看出，在二氧化碳分压为 3MPa、氯化钠含量为 5%（质量分数）的工况条件下，在高温下，随温度升高碳钢腐蚀速率会降低，而 API 13Cr 的腐蚀速率会提高，甚至可能会超过碳钢。另外，

图 2.2.2　被腐蚀的 API 13Cr 油管

Blackburn 在总压 13.8MPa、150℃储层（二氧化碳含量 2.7%、硫化氢含量 61.56mg/m³ 和氯化物含量 $1.12×10^5$mg/L）条件下开展了动态高温高压釜试验研究，点蚀试验结果表明碳钢的初始腐蚀速率较高，为 2mm/a，之后快速降至 0.1075mm/a；通过对比，发现 API 13Cr 的初始腐蚀速率很低，但是在 30 天后升高至大约 1.5mm/a。

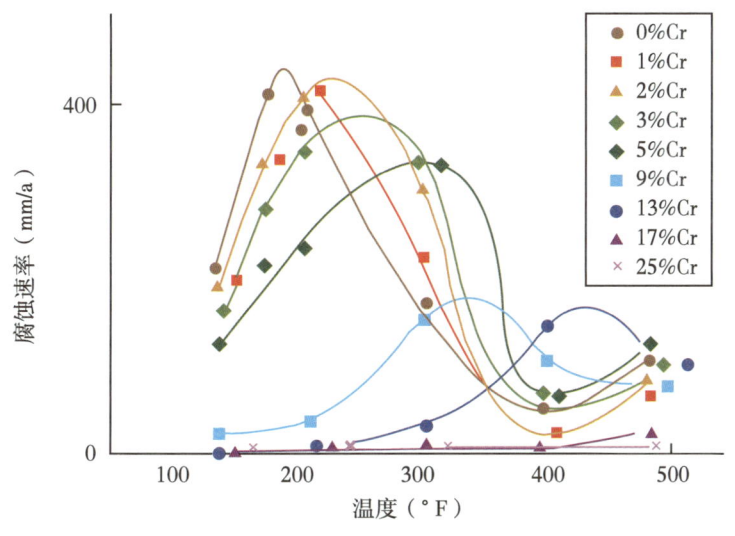

图 2.2.3　腐蚀速度与铬含量之间的函数关系（住友金属公司）

近十几年来，鉴于 API 13Cr 在使用中的局限，超级马氏体 13Cr 材料已经进入油管市场。超级 13Cr 合金和提高了高温下耐二氧化碳腐蚀性能，并提高了耐硫化氢腐蚀能力。该类合金是由普通 API SPEC 5CT 13%Cr 钢发展而来的，加入了 Ni、Mo、Cu 等合金元素。相比于普通 13Cr 不锈钢来说，该类材料具有高强度、低温韧性及改进的抗腐蚀性能的综合特点。在超级 13Cr 马氏体不锈钢中，将 C 含量减少到 0.03% 左右以抑制基体中的 Cr 元素析出成铬的碳化物；添加 5%（质量分数）的 Ni 来获得单相马氏体；同时在钢材中加入微量的合金元素（例如 Mo、Ti、Nb、V 等），Mo 元素起到细化晶粒、提高材料的 SSC 和局部腐蚀抗力，而 Ti、Nb、V 等强碳化物形成元素的加入有利于形成弥散分布的碳化物颗粒及高密度的位错结，对位错起到钉扎作用，降低了超级 13Cr 材料的 SSC 敏感性。经过改进的超级 13Cr 马氏体不锈钢在直到 180℃ 的高温 CO_2 腐蚀环境中仍具有良好的均匀和局部腐蚀抗力，同时具有一定的抗 H_2S 应力腐蚀开裂的能力。Kimura 等人研究认为超级 13Cr 在温度为 160℃，二氧化碳分压为 10MPa，氯化钠含量为 20%（质量分数）的静态的环境中使用具有显著的效果；而近年来研发的 15Cr 油管在相同条件下，最高工作温度可达 200℃。

2.2.3 生产厂家简介

2.2.3.1 宝山钢铁股份有限公司

宝山钢铁股份有限公司（简称宝钢股份）是中国最大、最现代化的钢铁联合企业。《世界钢铁业指南》评定宝钢股份在世界钢铁行业的综合竞争力为前三名，认为也是未来最具发展潜力的钢铁企业。

宝钢股份拥有 50 年的钢管制造经验，包括中小口径热轧无缝管、特种合金无缝钢管、冷轧和冷拔无缝钢管、中大口径高频电阻焊管、大口径直缝埋弧焊管等产品，集科研、产品开发、加工检验、产品销售于一体，实行从炼铁、炼钢（转炉、电炉）、管坯（或热轧钢卷）到制管及管加工的一贯制质量管理，具有特大型钢铁联合企业综合生产的规模化优势，目前已成为中国包括无缝、焊管的大型精品钢管研发生产基地。

宝钢股份拥有 5 条无缝钢管制管机组和 2 条焊管制管机组，并配套 10 条管加工产线，产品包含油井管、管线管、锅炉管、机械管、一般管等品种大类，外径规格覆盖 5~1422mm，目前年总产能为 $220×10^4$t（其中无缝管为 $160×10^4$t，焊管为 $60×10^4$t）。针对油套管领域，能够生产从碳钢、合金钢、马氏体不锈钢

（13Cr 系列、15Cr 等）、双相不锈钢、奥氏体不锈钢、镍基合金和钛合金在内的全系列油管产品。宝钢能够生产油管产品规格如表2.2.2所示。

表2.2.2 宝钢油管规格一览表

外径		壁厚		管端形式	外径		壁厚		管端形式
in	mm	in	mm		in	mm	in	mm	
2.375	60.32	0.167	4.24	不加厚	4.000	101.60	0.226	5.74	不加厚
		0.190	4.83	不加厚、加厚			0.262	6.65	不加厚、加厚
		0.254	6.45	不加厚、加厚			0.330	8.38	不加厚
		0.295	7.49	不加厚			0.415	10.54	不加厚
		0.336	8.53	不加厚、加厚			0.500	12.70	不加厚
							0.610	15.49	不加厚
2.875	73.02	0.217	5.51	不加厚、加厚					
		0.276	7.01	不加厚、加厚					
		0.308	7.82	不加厚、加厚			0.271	6.88	不加厚、加厚
		0.340	8.64	不加厚、加厚			0.290	7.37	不加厚
		0.392	9.96	不加厚			0.337	8.56	不加厚
		0.440	11.18	不加厚	4.500	114.30	0.380	9.65	不加厚
3.500	88.90	0.216	5.49	不加厚			0.430	10.92	不加厚
		0.254	6.45	不加厚、加厚			0.500	12.70	不加厚
		0.289	7.34	不加厚			0.560	14.22	不加厚
		0.375	9.52	不加厚、加厚			0.630	16.00	不加厚
		0.430	10.92	不加厚					
		0.476	12.09	不加厚					
		0.510	12.95	不加厚					
		0.530	13.46	不加厚					

目前，宝钢从事13Cr系列油管生产主要有以下产线。

（1）140无缝钢管产线。

1985年投产，主体设备从德国和日本引进，为宝钢一期工程建设项目；产品外径21.3~194.46mm；设计产能50×10^4t，历史最高产量达84×10^4t。为宝钢最主要的无缝钢管制造产线，产品覆盖油井管、管线管、锅炉管、机械结构管、一般管等。

（2）AR114烟台鲁宝产线。

Accu—Roll机组于1992年建成投产，设计产能6×10^4t无缝钢管，后期产

能扩展到 $12×10^4$t，历史最高产能达 $34×10^4$t。主要产品有：普通管线管、结构管、高压锅炉管。

（3）PQF460 烟台宝钢产线。

2008 年开始建设，2013 年 2 月二期正式投产，设计产能 $50×10^4$t/a，是中大口径（$\phi240～460$mm）的 460PQF 连轧管机组。机组走高端路线，技术参数先进。重点产品为高钢级抗硫套管、高抗挤毁套管、13Cr 系列套管、气瓶管。

2.2.3.2　JFE 钢铁株式会社

JFE 钢铁株式会社从事钢铁生产已有将近一百年的历史，通过提供本公司独自的技术为钢铁业做出了贡献。后接连铸机的氧气顶吹和底吹系统控制式转炉就是一个典型的例子，该设备就是由 JFE 钢铁最初推广至钢铁业领域的。JFE 从 1971 年即开始生产油井管（OCTG），至今为止累积了广泛的专业知识和经验，使本公司能为购买 JFE 油井钢管的客户提供最佳信用度和满意度的产品服务。

2.2.3.2.1　钢管生产

在钢管生产过程中 JFE 钢铁展示了其技术优势。用曼内斯曼穿孔机轧制 13Cr 钢管首次在 JFE 钢铁生产成功。

2.2.3.2.2　质量保证体系

JFE 钢铁生产的所有油井管都经过无损检验，即采用涡流、电磁、超声波以及/或磁粉检验方法对其内外部进行探伤。这些对产品的质量要求在本公司严格的质量管理和质量保证体系中起着相当重要的作用。

2.2.3.2.3　研究和开发

JFE 钢铁以拥有可对新产品及现有产品进行评价的大规模的实验设施和设备。以此为后盾而孕育出众多的研究和开发的成果，表 2.2.3 为 JFE 生产的油井管系列产品。JFE 钢铁对其所有的管材产品从高炉到轧管的每道工序都用先进的超声波、电磁探伤系统和其他无损检验设备进行生产检查，由此来保证稳定的产品高质量，管材生产只是 JFE 钢铁整套钢铁制造技能的一部分。这意味着 JFE 钢铁的管材产品生产自始至终都是在由同一制造厂家负责质量和性能管理的情况下进行的。

表 2.2.3　油井管系列产品

管柱类型	尺寸（in）	机型	备注
油管	2⅜~7	小口径无缝	螺纹和接箍 可加厚端部
套管	4½~7	小口径无缝	螺纹和接箍
	7~16	中口径无缝	
	7⅝~26	ERW	平端
导管	16	中口径无缝	平端（未焊接接头）
	16~26	ERW	
	20 及以上	UOE	

2.2.3.2.4　生产流程

（1）无缝管轧机。

无缝管材是采用芯棒式无缝管轧机或顶头式轧管机制法生产而成的。前者的制法用于生产直径小于 7in 的小口径钢管，而后者的制法则用于生产直径大于 7in 的中口径钢管。但不论采用哪种轧机，每一个加热的钢坯都是在穿孔机上从中心穿孔，然后将穿过孔的钢坯运到芯棒式无缝管轧机上或是顶头式轧管机上，在插有芯棒或顶头的状态下进行滚轧，芯棒或顶头取出后，经滚轧的壳模需要重新进行加热，然后在张力减径机或定径机上轧制出所需外径和壁厚。JFE 钢铁还通过采用涡流、超声波、电磁和磁通探伤装置等先进的设备对产品进行试验和彻底的检验，以确保稳定的高质量。

（2）电阻焊管（ERW）机。

电阻焊管由钢带卷所制而成。知多制造所使用 12¾in 及以上的机型；京浜制造所使用 8in 及以上的机型来制造 ERW 油井管。这些电阻焊管机使用高频电阻焊机以增进焊缝质量。而焊接后的焊缝热处理系统则有助于获得更良好的金相组织。

表 2.2.4 为 JFE 钢铁生产的 API 和 JFE 系列油管尺寸规格；表 2.2.5 为 JFE 钢铁生产的 API 和 JFE 系列马氏体不锈钢油管的力学性能。

表 2.2.4 API 和 JFE 系列油管表

外径	公称重量			壁厚	内径	通径
(in) (mm)	螺纹和接箍		平端 (lb/ft)	(in) (mm)	(in)	(in)
	不加厚（NUE）(lb/ft)	外加厚（EUE）(lb/ft)				
2⅜ (60.32)	4.00	—	3.94	0.167 (4.24)	2.041	1.947
	4.60	4.70	4.44	0.190 (4.83)	1.995	1.901
	5.80	5.95	5.76	0.254 (6.45)	1.867	1.773
	6.60	—	6.56	0.295 (7.49)	1.785	1.691
	7.35	7.45	7.32	0.336 (8.53)	1.703	1.609
2⅞ (73.02)	6.40	6.50	6.17	0.217 (5.51)	2.441	2.347
	7.80	7.90	7.67	0.276 (7.01)	2.323	2.229
	8.60	8.70	8.45	0.308 (7.82)	2.259	2.165
	9.35	9.45	9.21	0.340 (8.64)	2.195	2.101
	10.50	—	10.40	0.392 (9.96)	2.091	1.997
	11.50	—	11.45	0.440 (11.18)	1.995	1.901
3½ (88.90)	7.70	—	7.58	0.216 (5.49)	3.068	2.943
	9.20	9.30	8.81	0.254 (6.45)	2.992	2.867
	10.20	—	9.92	0.289 (7.34)	2.922	2.797
	12.70	12.95	12.53	0.375 (9.52)	2.750	2.625
	14.30	—	14.11	0.430 (10.92)	2.640	2.515
	15.50	—	15.39	0.476 (12.09)	2.548	2.423
	17.00	—	16.83	0.530 (13.46)	2.440	2.315
4 (101.60)	9.50	—	9.12	0.226 (5.74)	3.548	3.423
	10.70	11.00	10.47	0.262 (6.65)	3.476	3.351
	13.20	—	12.95	0.330 (8.38)	3.340	3.215
	16.10	—	15.90	0.415 (10.54)	3.170	3.045
	18.90	—	18.71	0.500 (12.70)	3.000	2.875
	22.20	—	22.11	0.610 (15.49)	2.780	2.655
4½ (114.30)	12.60	12.75	12.25	0.271 (6.88)	3.958	3.833
	15.20	—	15.00	0.337 (8.56)	3.826	3.701
	17.00	—	16.77	0.380 (9.65)	3.740	3.615
	18.90	—	18.71	0.430 (10.92)	3.640	3.515
	21.50	—	21.38	0.500 (12.70)	3.500	3.375
	23.70	—	23.59	0.560 (14.22)	3.380	3.255
	26.10	—	26.06	0.630 (16.00)	3.240	3.115

表 2.2.5　API 和 JFE 系列马氏体不锈钢油管的力学性能

钢级	屈服强度		抗拉强度
	最小 psi（MPa）	最大 psi（MPa）	最小 psi（MPa）
JFE-13CR-80	80000（552）	95000（655）	95000（655）
JFE-13CR-85	85000（586）	100000（689）	100000（689）
JFE-13CR-95	95000（655）	110000（758）	105000（724）
JFE-HP1-13CR-95	95000（655）	110000（758）	105000（724）
JFE-HP1-13CR-110	110000（758）	130000（896）	120000（827）
JFE-HP2-13CR-95	95000（655）	110000（758）	105000（724）
JFE-HP2-13CR-110	110000（758）	130000（896）	120000（827）
JFE-UHP-15CR-125	125000（862）	150000（1034）	135000（931）

参 考 文 献

[1] Mannan S, Patel S. A new high strength corrosion resistant alloy for oil and gas applications [C]. 63th NACE Annual Conference, Nea Orleana, Louisana, March 16-20, 2008. Houston：Omnipress, 2008.

[2] Aberle D, Agarwal D C. High performance corrosion resistant stainless steels and nickel alloys for oil& gas applications [C]. 63th NACE Annual Conference, Nea Orleana, Louisana, March 16-20, 2008. Houston：Omnipress, 2008.

[3] Scarberry R C, Graver D L, Stephens C D. Alloying for corrosion control [J]. Materials Protection, 1967, 6（6）：55-57.

[4] ISHIGURO Y, SUZUKI T, MIYATA Y, et al. Enhanced Corrosion-Resistant Stainless Steel OCTG of 17Cr for Sweet and Sour Environments [C]. 68th NACE Annual Conference, Orlando, Florida, June 4-7, 2013. Houston：Omnipress, 2013.

3 超级 13Cr 油管评价与选择

超级 13Cr 油管在塔里木油田的应用并非一帆风顺。就马氏体不锈钢材质来说，一般认为其对氯离子的抗性不足，容易在盐水环境中产生点蚀，因此早期应用时塔里木油田的关注点集中在产出流体中的腐蚀。对于某些较为苛刻的井况，多个生产厂家和国际咨询机构甚至认为超级 13Cr 材质也难以适应。然而，多年的实践经验表明，超级 13Cr 材质在非酸性环境（不含 H_2S）中，即使含有较高的 CO_2 和氯离子，也足以胜任超出文献公认的极限服役条件。实际上，在腐蚀环境中服役的并非一般概念意义上的材质，而是通过工业化手段生产出来的产品，所以在应用过程中，终端用户和研究机构应该更加关注产品在设计和生产过程中得到的特性（如材质本身的理化和力学性能波动、几何结构、缺陷、表面状态等）与实际服役环境（对于油管，包括产出流体、其他入井流体和污染物、载荷造成的应力状态、温度、压力等）的匹配关系。第 3 章主要介绍塔里木油田在应用 13Cr 材质油管方面在前期如何进行材料的评价和选择，并对高温高压完井材质选择流程进行了简要说明；第 4 章介绍超级 13Cr 油气在塔里木油田的应用情况，重点总结了在特殊工况下的失效模式和原因。这两章旨在为石油天然气行业的材料工程师和腐蚀工程师提供相应的指南，避免用错材质而产生严重后果，完井工程师也可作为参考，针对性的工艺优化能够大幅提升高温高压井总体的安全性和经济性。

3.1 塔里木油田高温高压深井服役工况

塔里木油田经过近 30 多年的发展，年油气生产能力 $3050×10^4t$，成为我国陆上第三大油气田和西气东输主力气源地，累计发现和探明轮南、塔中 4、克拉2、哈拉哈塘、克深2、大北3等31个大中型油气田。

塔里木油田井深一般在5000m以上,最深超过8000m,是东部油田平均井深的两倍多,属于深层、超深层油田。由于埋藏深、温度高、压力高、流体相态变化及渗流规律复杂、地质环境恶劣及其深井特征,导致油田的勘探开发难度极大,每口井的开发成本很高,一旦由于物理、化学及电化学腐蚀原因造成油管穿孔或断裂,经济损失将十分巨大。而油田现有的工况环境又具有井下温度和压力高、介质腐蚀性强等特点,将不可避免地造成油管的破坏。

表3.1.1和表3.1.2中列出了塔里木油田具有代表性区块的油气井井下工况环境,从中可以看出,油套管井下服役工况环境具有高温、高压、高Cl^-的CO_2或CO_2+H_2S腐蚀特点。例如牙哈23凝析气田、克拉2气田及轮南油田等仅含CO_2,而塔中I号气田、东河塘油田及轮古油田等区块不仅含有CO_2,也含有一定量的H_2S腐蚀性气体。

表3.1.1 克拉苏不同区块气藏温度、压力及中深分布情况

区块名称	地层温度（℃）	地层压力（MPa）	最深井深（m）	平均井深（m）	井口温度（℃）	井口压力（MPa）	CO_2分压（MPa）	单井最高日产气量（m³/d）
克拉	100	55	4246	4074	79.9	38.26	0.07~0.96	3576700
克深	152~188	113~130	7580~8038	6800~7000	90.0	9400~10100	0.86~2.56	1134714
牙哈	136	56	5920	5645	87.0	35.80	0.27~0.56	439452
大北	119~145	86~119	7090	6312	87.0	94.31	0.30~0.50	652830

表3.1.2 塔里木油田各区块（除克拉苏外）的油套管服役工况环境

油气田	腐蚀组分含量			地层	
	CO_2（MPa）	H_2S（kPa）	Cl^-（10^4mg/L）	温度（℃）	压力（MPa）
桑南凝析气田	0.32~3.46		10.36~12.73	115~123	53~59
迪那凝析气田	0.16~0.53		0.10~7.23	118~139	102~111
轮南油田	0.05~9.44		8.32~14.80	123~129	49~52
解放渠东油田	0.08~2.38		11.34~14.97	119~126	60~62
塔中4油田	0.2~16.6		4.45~25.80	105~116	25~40

续表

油气田	腐蚀组分含量			地层	
	CO_2（MPa）	H_2S（kPa）	Cl^-（10^4mg/L）	温度（℃）	压力（MPa）
塔中16油田	0.29~4.44		4.07~19.45	110~117	37~44
塔中10油田	0.46~8.14		0.18~6.02	106~117	45~51
哈得逊油田	0.88~6.08		8.17~18.22	108~116	52~55
塔中1号气田	2.49~4.21	0.57~1351.43	0.37~8.49	128~134	51~63
东河塘油田	0.38~24.92	0.18~6.42	5.89~15.17	140~143	42~65
轮古油田	0.15~11.79	0.04~37.42	6.68~13.56	123~130	58~62
和田河油田	0.08~1.68	0.01~0.11	5.47	70	24
塔中6气田	0.83~3.75	1.02~18.18	6.86~7.30	109~119	42~46

随着塔里木油田开发向纵深发展，深井、超深井不断涌现。通常来说，井深增大意味着温度、压力升高。高温高压井一般指温度超过300~350℉（149~177℃），压力超过10000psi（69MPa）的油气井[1]。高温高压井的不断涌现致使勘探开发难度逐渐增大，钻井问题明显增多，汽油管控的选材和防护带来突出问题[2]。目前，塔里木油田的深井、超深井已经达到高温高压井的钻完井水平，除柯克亚凝析气田、和田河及阿克气田外，其他气田、凝析气田均为高压气田，且主要集中在克拉苏地区，包括克拉、牙哈、克深、大北等区块，而这些区块也理所当然地成为油管柱的选材和防护的重点和难点。

3.1.1 深井、超深井高温高压地层水 CO_2 腐蚀工况

表3.1.1为克拉苏不同区块气藏温度、压力及井深等参数的分布情况，图3.1.1及表3.1.3为部分高温高压井井深、井底温度、CO_2含量、地层水矿化度和Cl^-浓度等的统计结果。可以看出，随着井深深度加深，压力增加、温度升高（塔里木油田新开发库车山前的克深9和克深13井区，井深在7600m以上；井底压力超过130MPa；井底温度183~204℃），井况越来越苛刻，工况越来越复杂。这些环境介质特点对油管构成了非常苛刻的腐蚀环境。

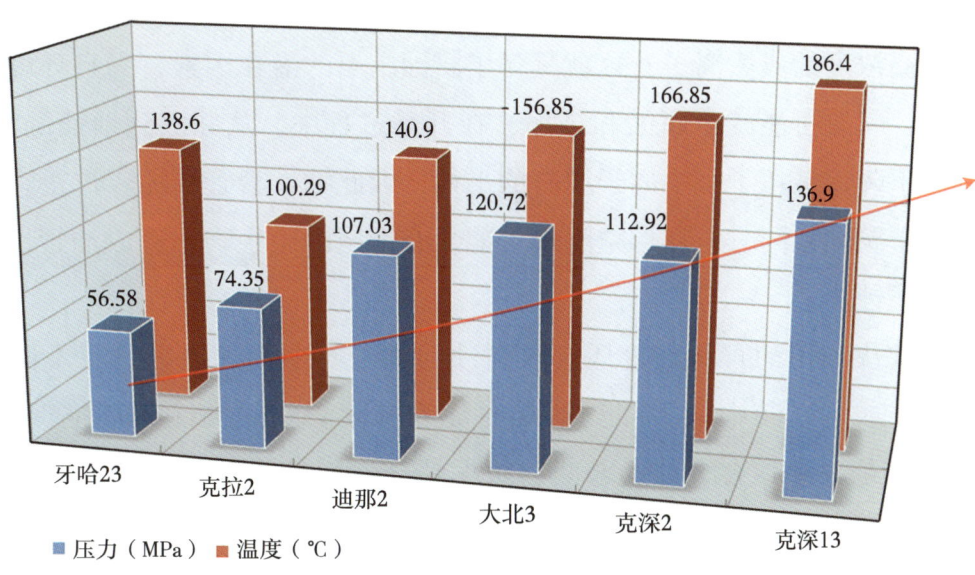

图 3.1.1　克拉苏不同区块气藏温度、压力及中深分布图

表 3.1.3　部分高温高压井 CO_2 含量、地层水矿化度和 Cl^- 浓度等的统计结果

序号	井号	温度（℃）	压力（MPa）	CO_2 (%)（摩尔分数）	CO_2 (MPa)	Cl^- (mg/L)	总矿化度 (mg/L)
1	DN2-6	130	106	0.97	1.02	120000	—
2	DN2-8	135	104	0.50	0.52	70100	116000
3	KeS201	156	116	0.77	0.89	50500	76938
4	DX-1	144	86	2.60	2.24	—	—
5	DB101-1	129	95	0.52	0.49	89400	151500
6	KeS2-1-5	159	115	—	—	—	—
7	KeS2-2-3	171	122	0.98	1.19	—	—

3.1.2　深井、超深井高温高压完井液/环空保护液腐蚀工况

在油套环空加入完井液的主要作用为降低油管柱和套管柱之间的压差，提高油气井在生产过程中的安全性，同时对套管内壁和油管外壁提供一定的保护作用。但在油田钻井、生产过程中，由于密封等问题而使环空介质中有 CO_2、H_2S、SRB 及 Cl^- 等各种腐蚀因素[3]。$CO_2+H_2S+Cl^-$ 不仅会造成套管和油管严重的均匀腐蚀和局部腐蚀，还极有可能诱发 H_2S 应力开裂（SSC）、H_2S 应力腐

蚀开裂（SCC）及不锈钢材料的 Cl⁻ 应力腐蚀开裂；环空介质通常具有较高的矿化度和高浓度的成垢离子，这就具备了腐蚀结垢的潜在因素，一旦环境条件发生改变，就有可能产生腐蚀和结垢，在开采过程中，从井底到地面的温度、压力逐渐下降，破坏了水中离子原有的平衡，因此油、套管结垢较严重，导致严重的垢下腐蚀；同时，环形空间也可能含有一定的微生物，造成油管、套管的微生物腐蚀。

为了解决油田油管和套管环空内腐蚀问题，各个油气田采用了不同的环形空间保护技术，其中最为广泛的是向油管和套管空间内注入环空保护液。环空保护液是一种具有缓蚀、杀菌、防垢综合性能的化学保护液，可改善环形空间水质，抑制 SRB 的生长，不仅减少套管内表面及油管外表面的腐蚀问题，而且能够减轻套管头或封隔器承受的油藏压力，降低油管与环空之间的压差。其防护机理主要有两个方面：一是前期预膜，预膜的目的就是用环空保护液使之在金属表面上生成一层保护膜，在金属表面与环空水之间形成隔离带，同时阻止腐蚀反应的进行。二是改善介质条件，其主要目的就是形成抑制细菌生长的环境，使细菌无法适应变化较大的某种环境，同时杀死细菌或使其生长繁殖受到抑制。

近十几年来，塔里木油田在克拉苏不同区块的高温高压井主要采用 Weigh 系列环空保护液。但由于井底温度、压力高，管柱长度大，封隔器及管柱螺纹连接存在泄漏等问题，地层水和 CO_2 侵入环空，腐蚀环境较为苛刻；另外，Weigh 系列环空保护液中主要加入钝化膜型缓蚀剂，其对最初的井身结构（碳钢油管外壁和碳钢套管内壁）具有良好的保护作用，但随着 13Cr 马氏体不锈钢油管在高温高压井的应用，钝化膜型缓蚀剂在高温高压条件下对不锈钢管柱的作用机理尚不明确，加之井下复杂的力学条件，导致 13Cr 马氏体不锈钢油管发生不同程度的均匀腐蚀、局部腐蚀，甚至应力腐蚀开裂。

3.1.3 苛刻酸化液（极低 pH 值）腐蚀工况

随着国内外对油气资源需求的日益增长，各大油田在油气井投产之前，一般都要对储层（产层）进行改造，使油气产量提高到远远高于自喷条件下可能达到的产量水平。目前，普遍的做法是采取酸化压裂，而使用频率最高的酸化体系以 HCl 为主要成分。塔里木油田由于地层高压的原因，在高温高压气井均采用改造—完井一体化管柱，针对地层流体中 CO_2 腐蚀选择的不锈钢油管同时会遭受来自酸化液的腐蚀。由于注入酸化液（鲜酸）的 pH 值极低，不锈钢表面不存在钝化膜，为活性表面，电化学腐蚀速率极大。有研究表明：对于马氏体不锈钢油管（API 13Cr、改进型 13Cr、超级 13Cr 及 15Cr），在鲜酸溶液中的腐蚀速率高达 350~600mm/a（80℃）。关于马氏体不锈钢油管在 HCl 及 HCl+HF（土酸）酸化液中的腐蚀控制，国内外普遍采用缓蚀剂配加增效剂的方法来降低材料腐蚀。合理使用与马氏体不锈钢油管匹配的酸化缓蚀剂组合（缓蚀剂+增效剂），可使其腐蚀速率降低到 25mm/a 以下，且不出现明显点蚀[4-6]。

表 3.1.4 为塔里木油田部分高温高压井用的酸化液成分，图 3.1.2 为超级 13Cr 在酸化液中腐蚀的微观形貌。从中可以看出，尽管在酸化工艺上采取相应措施，如降低酸液浓度（主体酸中的 HCl 浓度从 15%降低到 9%或 8%），增大酸化缓蚀剂加量（如 TG201 缓蚀剂浓度从 4.5%增加到 5.1%），大排量前置液注入来冷却井下管柱温度，但腐蚀环境仍非常苛刻。超级 13Cr 马氏体不锈钢在 120℃的腐蚀速率高达 20mm/a，并且局部腐蚀严重。尽管实际酸化作业时间较短（2h 左右），但酸化压裂工况环境仍然给超级 13Cr 不动管柱的使用带来严重威胁。

表 3.1.4　塔里木油田部分高温高压井用的酸化液成分

序号	井号	酸液成分
1	DN2-6	前置酸 1：15%HCl+3%HAc+4.5%TG201
2	DN2-8	前置酸 2：10（DN2-6），20（DN2-8）%HCl+3%TG201
		主体酸 1：15%HCl+1.5%HF+3%HAc+3%TG201
		主体酸 2：10%HCl+1%HF+3%HAc+3%TG201
3	KeS201	稠化酸：12%HCl+1%HF+5.1%TG201
		前置酸：9%HCl+3%HAc+5.1%TG201
		主体酸：9%HCl+3%HAc+2%HF+5.1%TG201
		暂堵酸：12%HCl+3%KMS-6

续表

序号	井号	酸液成分
4	DX-1	前置酸：8%HCl+4.5%TG201 主体酸：8%HCl+3% HAc +1.5%HFc+4.5%TG201 后置酸：前置酸：清水＝1:1
5	KeS2-1-5	前置酸：9%HCl+3%HAc+5.1%TG201
6	KeS2-2-3	主体酸：9%HCl+3% HAc +2%HFc+5.1%TG201 后置酸：前置酸：清水＝1:1

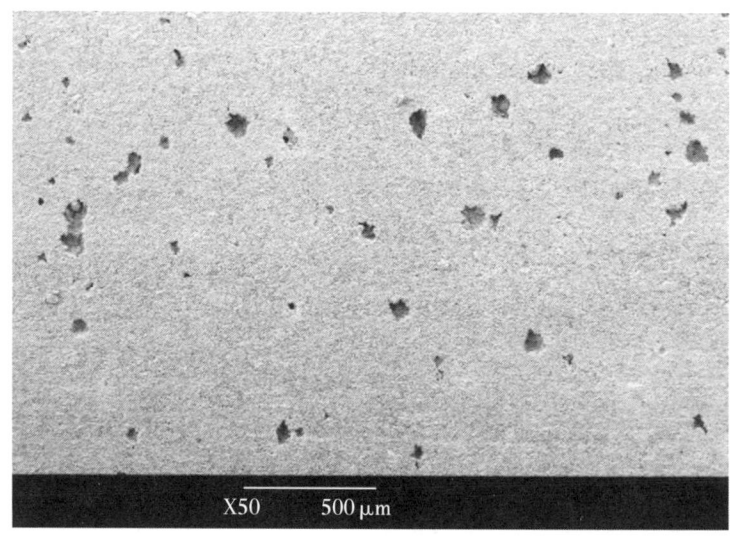

图 3.1.2　超级 13Cr 在酸化液中腐蚀的微观形貌

10%HCl + 1.5%HF +3 %HAc + 5.1%TG201 缓蚀剂；120℃

3.1.4　高温高压复杂服役工况

塔里木油田高温高压井井下管柱力学及受力状况非常复杂，也增加了油管材质的应用难度。其主要影响包括下列所述几个方面。

3.1.4.1　金属材料强度下降

随着井深增大，温度升高，金属材料的屈服强度会随之递减，在 180℃ 时，超级 13Cr 的屈服强度相比于室温下降 8~10 个百分点。

3.1.4.2 热载荷

完井及生产过程中的温差效应致使油管柱承受相应的载荷。例如，7000m 的超深井，压裂时由于冷液体的注入使管柱相对于初始状态（封隔器坐封完毕后的状态）缩短 8.6m，在油管柱上产生的附加拉力为 440kN；生产时地层热流体产出，可使管柱相对于初始状态伸长 4.2m，在封隔器上会附加 230kN 的压缩载荷。

3.1.4.3 动态载荷

高温深井中油管柱呈弯曲状态（图3.1.3），生产过程中油气水的流动会导致管柱振动，在高流速下振动会更加明显；生产过程中的每次开关井，管柱都会产生一次脉动。上述工况，均会在管柱力学校核的静力学基础上附加相应的动态载荷，使管柱受力更加苛刻；而动态载荷还可能会造成气密封螺纹的应力松弛，从而影响密封效果。

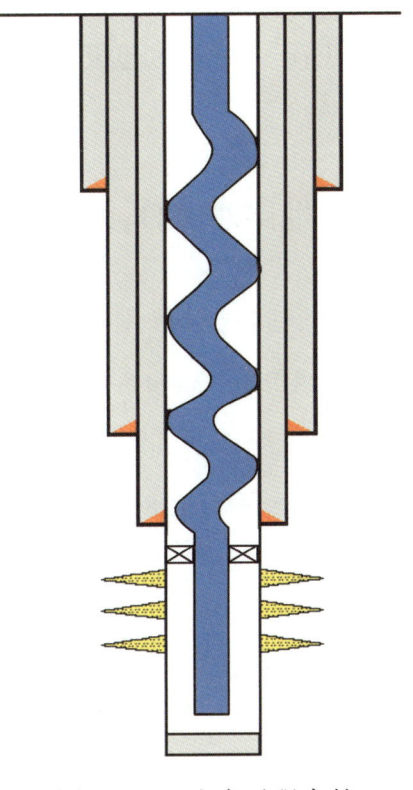

图 3.1.3　生产过程中的管柱振动示意图

3.2 超级 13Cr 油管生产工况下适应性评价

超级 13Cr 马氏体不锈钢具有较高的强度和良好的抗 CO_2 腐蚀性能，在一些 CO_2 含量较高的高温高压油气井中的应用不断增加。关于 13Cr 马氏体不锈钢的适用性，ISO15156-3 进行了说明，在不含 H_2S 或 H_2S 分压不高于 10kPa 时，13Cr 马氏体不锈钢可用于任何温度和 Cl^- 浓度条件而不发生硫化物应力开裂[7]。但是，ISO 标准主要从硫化物应力开裂角度对材料的使用条件进行了规定，没有考虑材料的腐蚀失重和局部腐蚀，此外，标准中也没有针对应力腐蚀开裂（SCC）进行相应的阐述，因此对材料的腐蚀性能研究应该结合实际服役环境进行。本节以克深区块为例,简要介绍塔里木油田针对高温高压气田的具体生产工况,开展的超级 13Cr 马氏体不锈钢在地层流体中的抗腐蚀性能评价工作。

3.2.1 地层水 CO_2 环境中的抗腐蚀性能

评价试验材料选用 110ksi 钢级超级 13Cr 马氏体不锈钢油管,试样尺寸为 50mm×10mm×3mm,最终打磨为 1200# 水砂纸,表面粗糙度不大于 1.6μm。地层水 CO_2 腐蚀评价试验条件为模拟塔里木油田克深区块苛刻生产工况腐蚀条件（Cl^- 含量为 128g/L）,详见表 3.2.1。试验设备选用高温高压磁力驱动反应釜。

表 3.2.1 地层水 CO_2 腐蚀评价试验条件

地层水（g/L）	\multicolumn{6}{c}{$NaHCO_3$: 0.26；Na_2SO_4: 0.636；$CaCl_2$: 23.06；$MgCl_2$: 2.221；NaCl: 173.958；KCl: 12.646}
温度（℃）	50	100	160	180	200	220
CO_2 分压（MPa）	2.40	3.20	3.84	4.16	4.48	4.8
流速（m/s）	\multicolumn{6}{c}{0}
时间（h）	\multicolumn{6}{c}{360}

图 3.2.1 为地层水 CO_2 腐蚀试验后,超级 13Cr 试样表面的宏观腐蚀形貌。从中可以看出,在较低温度条件下,试样表面光洁如初,均匀腐蚀及局部腐蚀轻微 [图 3.2.1(a, b)];当温度超过 160℃,超级 13Cr 试样已不见金属光泽,表面覆盖一层腐蚀产物膜或盐类沉积膜。图 3.2.2 为温度对超级 13Cr 管柱材质腐蚀速率的影响关系。可以看出,随着温度升高,高合金完井管柱材质的均匀腐蚀速率呈增大趋势。在温度超过 180℃ 后,腐蚀速率显著增大。

图 3.2.3 为超级 13Cr 试样表面的微观腐蚀形貌。从中可以看出,在较高温度条件下,试样表面腐蚀较为严重 [图 3.2.3（a, b）],180℃ 时试样表面已经出现较为明显的局部腐蚀。在更高温度条件下,超级 13Cr 试样表面均匀腐蚀非常严重 [图 3.2.3（c, d）],腐蚀产物出现结晶化趋势。

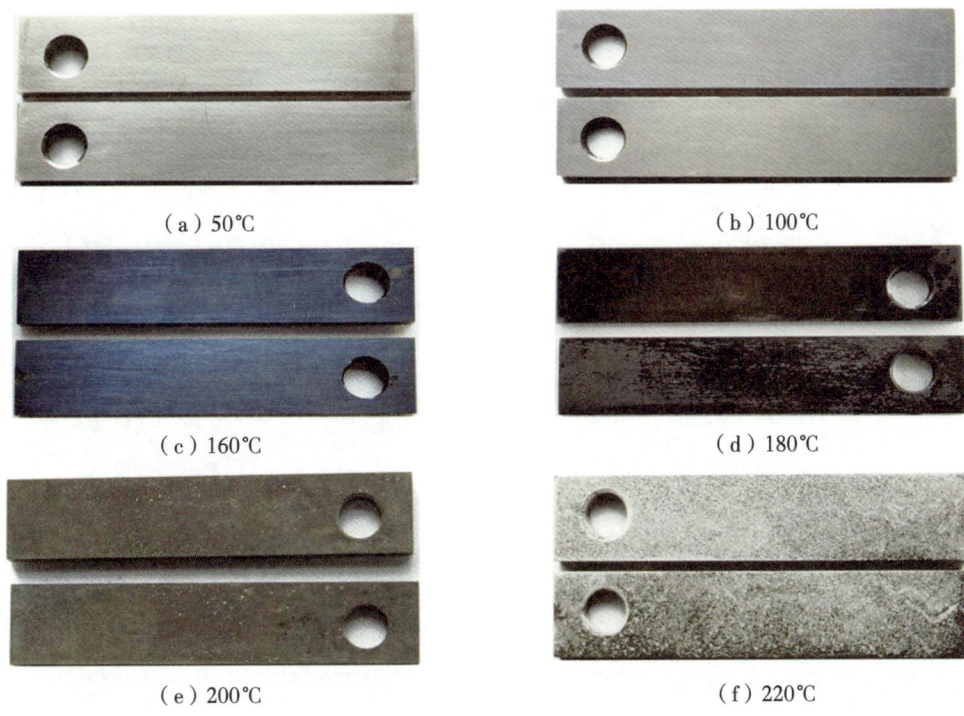

图 3.2.1 地层水 CO_2 腐蚀试验后超级 13Cr 试样表面宏观腐蚀形貌

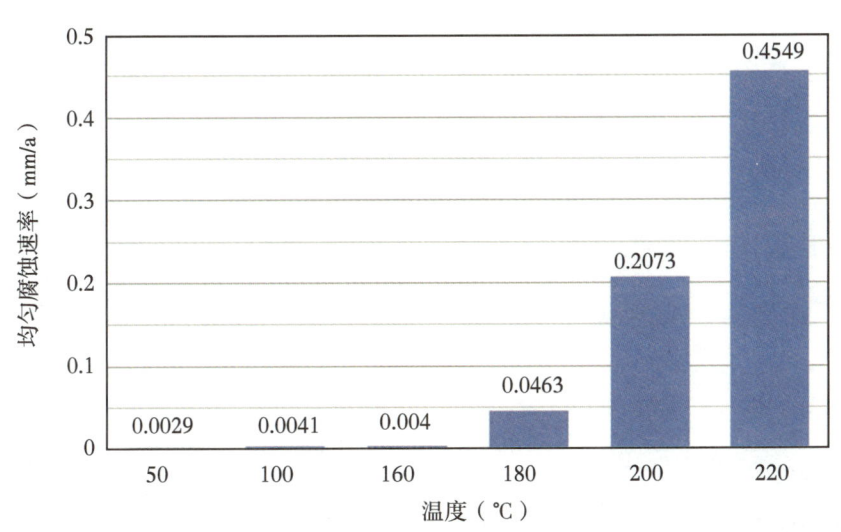

图 3.2.2 温度对超级 13Cr 腐蚀速率的影响

图 3.2.4 和图 3.2.5 为去除表面腐蚀产物膜后，超级 13Cr 试样的表面和横截面微观腐蚀形貌。图 3.2.6 为运用金相显微聚焦法对试样表面点蚀深度的分析结果。可以看出，超级 13Cr 在 180℃ 出现明显点蚀现象，随温度升高，在

图 3.2.3　超级 13Cr 试样表面的微观腐蚀形貌

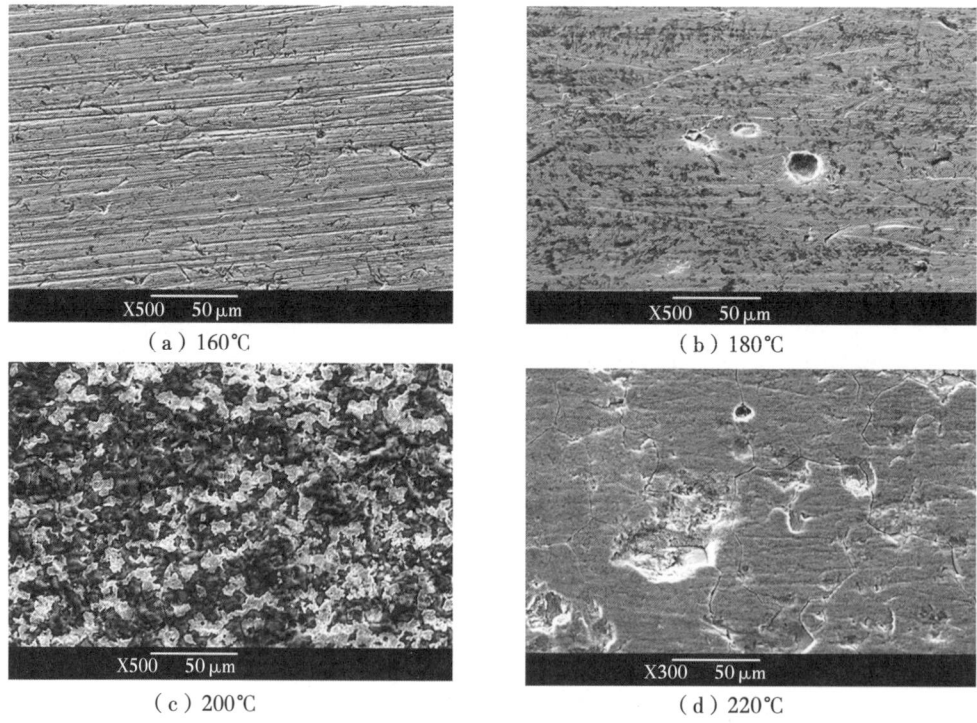

图 3.2.4　去除表面腐蚀产物膜后超级 13Cr 试样的表面微观腐蚀形貌

200℃时点蚀深达到极大值点（点蚀最为严重），当温度进一步升高，其均匀腐蚀速率显著增大，点蚀深度呈下降趋势，其腐蚀形态以均匀腐蚀为主。

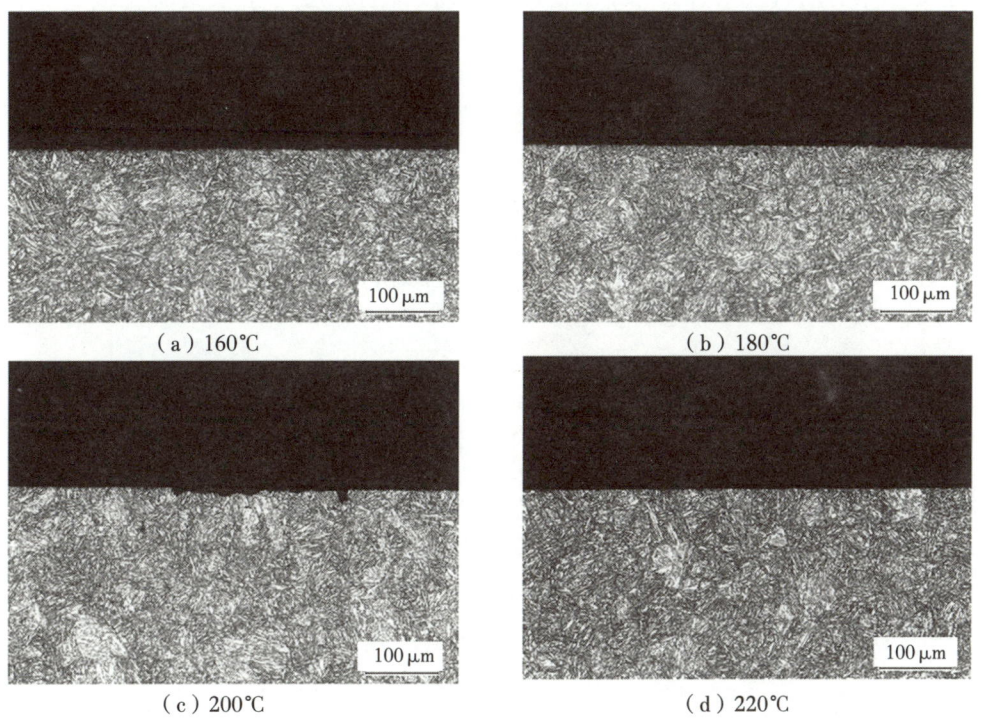

图 3.2.5　去除表面腐蚀产物膜后超级 13Cr 试样的横截面微观腐蚀形貌

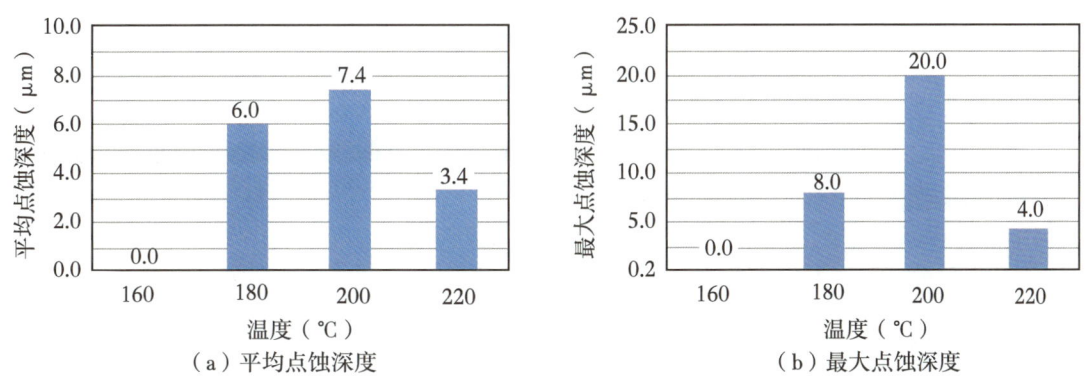

图 3.2.6　不同温度条件下超级 13Cr 的平均点蚀深度和最大点蚀深度对比分析

不锈钢良好的耐蚀性在于其表面存在致密的、保护性好的非晶态钝化膜。一般而言，不锈钢表面的钝化膜厚度一般为 1~3nm，并且具有双极性离子选择性透过特征，即内层膜主要为 Cr 的氧化物（如 Cr_2O_3），属于 p 型半导体特征，具有阴离子选择性；外层主要为 Cr 的氢氧化物［如 $Cr(OH)_3$］及 Fe 的氧化物等，属于 n 型半导体特征，具有阳离子选择性（图 3.2.7）[8]。不锈钢钝化膜的双极性结构能够有效阻止溶液中的离子的侵蚀，提高材料的耐蚀性。这也是马氏体不锈钢在含 CO_2+Cl^- 油气田得到广泛应用的主要原因。

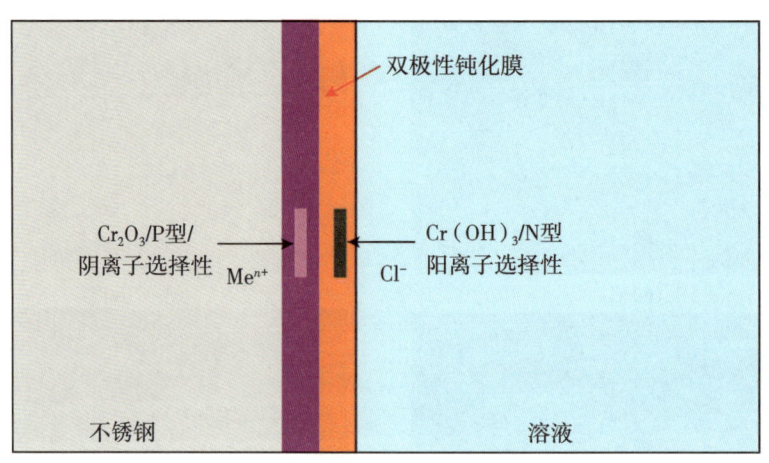

图 3.2.7　不锈钢双极性钝化膜结构示意图

但当温度升高，不锈钢钝化膜厚度增大，腐蚀产物出现结晶化，保护性显著降低。图 3.2.8 为 90d 腐蚀试验后（CO_2 分压为 4.32 MPa，地层水腐蚀介质成分见表 3.2.1，温度为 190℃），超级 13Cr 试样的横截面腐蚀形貌，表 3.2.2 及图 3.2.9 为钝化膜（腐蚀产物膜）的 EDS 面扫和点分析结果。可以看出，尽管超级 13Cr 试样表面的钝化膜（腐蚀产物膜）仍然分为两层，但厚度显著增大（最大厚度超过 90μm 以上），并且出现龟裂现象和结晶化。由于 Cr 与 Fe 的质量分数

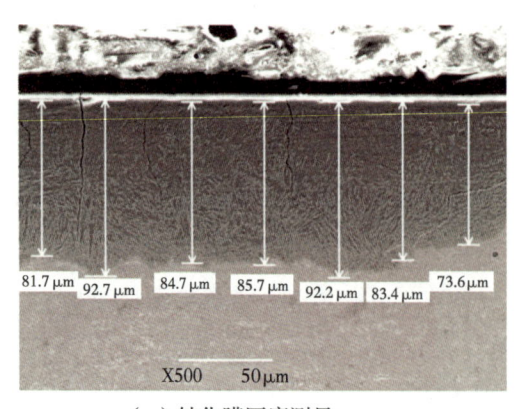

（a）钝化膜厚度测量

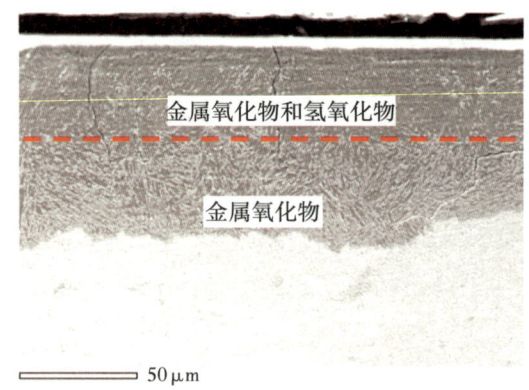

（b）钝化膜组成

图 3.2.8　超级 13Cr 试样的横截面腐蚀形貌

CO_2 分压 4.32MPa；温度 190℃；90d

比是衡量膜钝化性能的重要指标，随着质量分数比的增加，不锈钢的钝性不断增高，保护性增强；但钝化膜的 EDS 分析结果表明，其内层、外层中的 Fe 含量普遍较高。在高温条件下，超级 13Cr 的钝化性能较差，耐 CO_2 蚀性能较低。

图 3.2.10 为超级 13Cr 试样表面钝化膜的 XPS 全元素分析结果，图 3.2.11 为其 Cr、O、Fe、Mo 元素的 XPS 谱拟合结果，结合各元素结合能试验数据与标准数据的对比结果（表 3.2.3），可知试样表面钝化膜的主要成分为 Cr_2O_3、FeOOH 和 MoO_2。因此，高温 CO_2 腐蚀条件下，超级 13Cr 钝化膜的外层为金属氧化物和氢氧化膜，内层为金属氧化物。上述钝化膜的结构特征及成分变化，导致超级 13Cr 马氏体不锈钢在高温 CO_2 环境中耐蚀性显著降低。

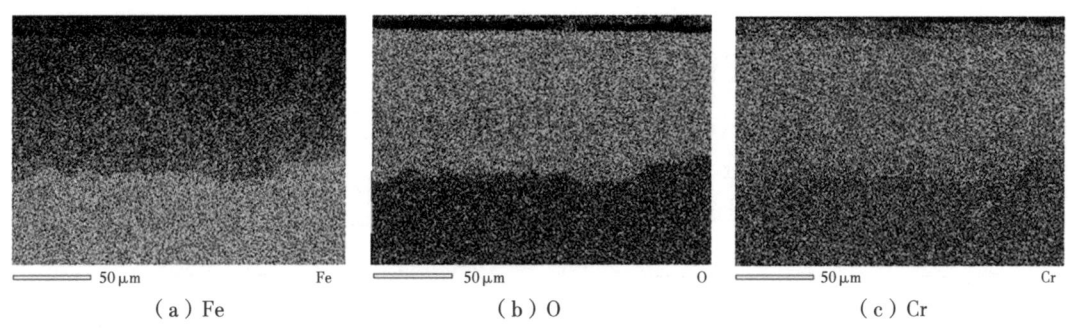

图 3.2.9　钝化膜的 EDS 面扫分析结果

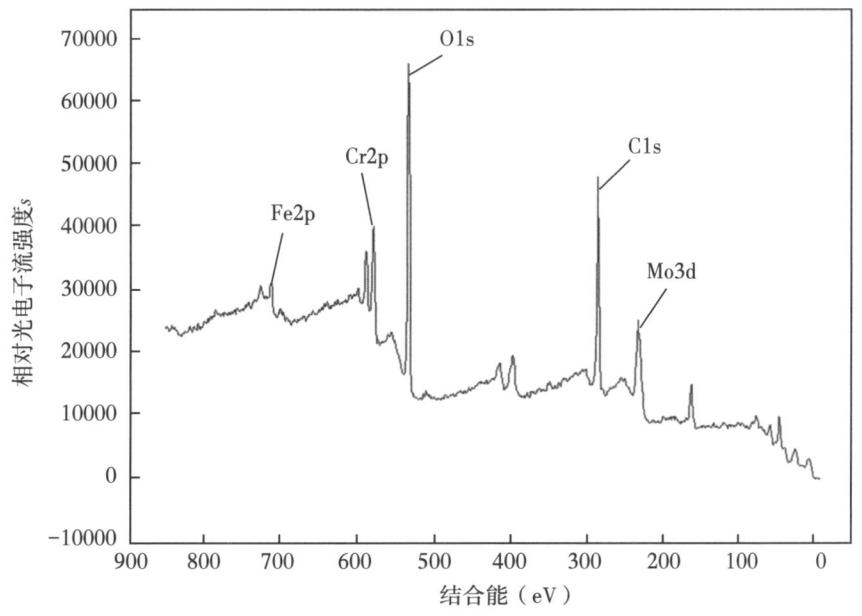

图 3.2.10　超级 13Cr 试样表面钝化膜全元素分析图

表 3.2.2 钝化膜的 EDS 点分析结果　　　　单位：%（质量分数）

元素	外层	内层
O	67.93	49.65
Cr	20.84	17.59
Fe	6.13	23.32

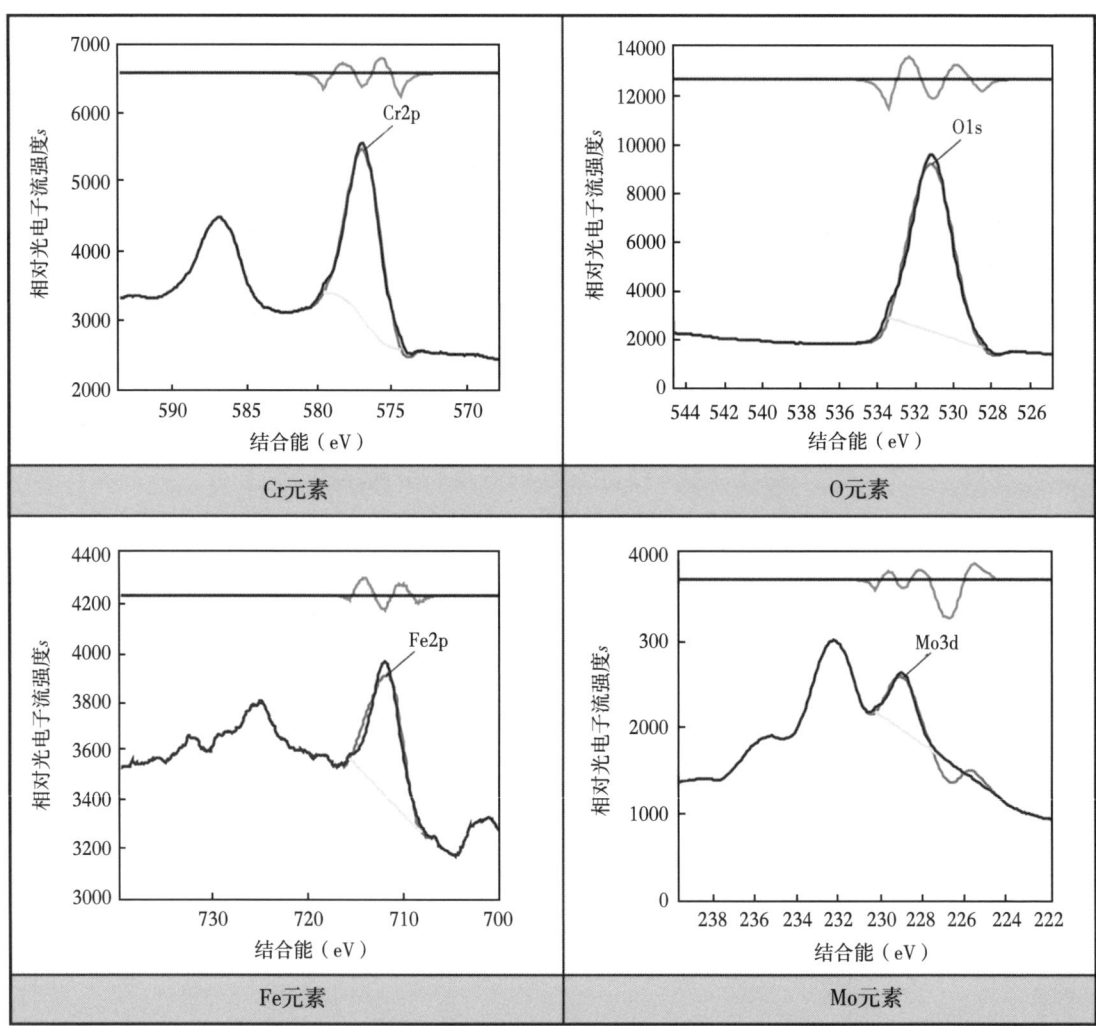

图 3.2.11　超级 13Cr 表面钝化膜中 Cr、O、Fe、Mo 元素 XPS 图谱拟合结果

表 3.2.3 钝化膜中各元素的结合能试验数据与标准数据的对比（eV）

标准数据	Cr 的化合物结合能	Cr_2O_3 576.9/576.8	$Cr(OH)_3$ 577.3	CrO_2 576.3	CrO_3 578.3/579.8	CrOOH 577.0
	Mo 的化合物结合能	MoO_2 229.3/232.0	MoO_3 232.6	—	—	—
	Fe 的化合物结合能	Fe_2O_3 710.9/710.8	FeO 709.4	Fe_3O_4 708.2/710.4	FeOOH 711.8/711.3	$FeCO_3$ 709.6
试验数据		Cr 2p 576.83	O 1s 531.09	Fe 2p 711.59	Mo 3d 228.84	—

3.2.2 抗应力腐蚀开裂（SCC）性能

应力腐蚀开裂（SCC）是特定材料在特定腐蚀介质和特定拉伸应力或参与应力作用下经过一定时间而发生的延迟脆性断裂现象（图 3.2.12）。超级 13Cr 马氏体不锈钢油管在使用过程中，受到高温、高压 CO_2 和地层水中 Cl^- 的共同作用，存在发生应力腐蚀的可能性。

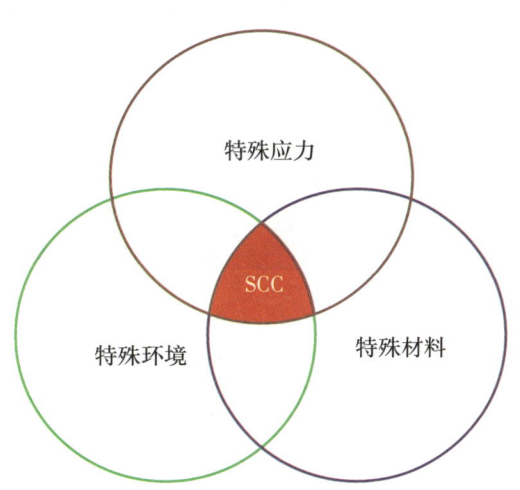

图 3.2.12 应力腐蚀开裂（SCC）三要素

评价试验材料选用 110ksi 钢级超级 13Cr 马氏体不锈钢油管。测试试样采用四点弯曲光滑试样（试样尺寸为 115mm×15mm×5mm，用砂纸人工将试件表面抛光，最高砂纸粒度为 600 井，终极划痕与试件的长边平行）。表 3.2.4 为 SCC 评价试验具体条件，试验设备选用高温高压磁力驱动反应釜。

表 3.2.4 SCC 评价试验具体条件

序号	温度（℃）	CO_2 分压（MPa）	介质成分（g/L）	测试试样	载荷 YS_{min}（%）	试验周期（d）
1	150	3.68	$NaHCO_3$：0.26；Na_2SO_4：0.636；$CaCl_2$：23.06；$MgCl_2$：2.221；NaCl：173.958；KCl：12.646	四点弯曲	80	30
2	170	4		四点弯曲	85	30
3	200	4.48			90	

30 天试验结束后，所有四点弯曲试样均没有发生开裂。图 3.2.13 为试验结束后试样的宏观腐蚀形貌，从图中可以看出，四点弯曲标准试样在腐蚀介质中 30 天没有发生应力腐蚀开裂，在模拟地层水 CO_2 腐蚀环境中具有良好的抗 SCC 性能。

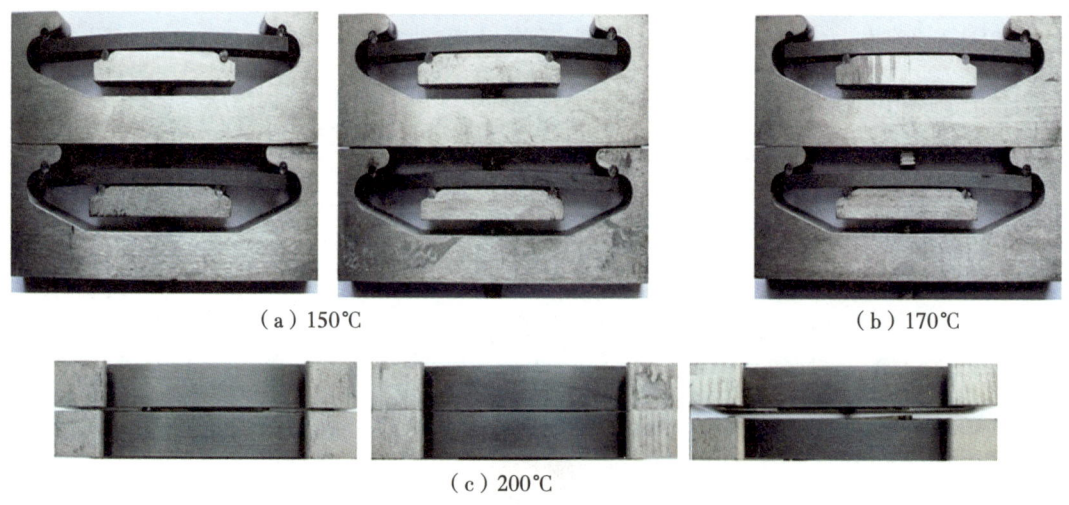

（a）150℃　　　（b）170℃

（c）200℃

图 3.2.13 四点弯曲标准试样试验后侧面及正面腐蚀形貌

3.2.3　超级 13Cr 油管在塔里木高压气井地层流体中的适应性

关于油套管用材料在腐蚀速率较低环境中的评价（如生产工况的 CO_2、CO_2/H_2S、封隔液或环空保护液中的腐蚀），NACE SP 0775—2013 标准对其腐蚀程度有明确规定（表 3.2.5）[9]，但要求过于严格；JFE 公司认为，井下设备可接受的极限均匀腐蚀速率应不大于 0.127mm/a[10]，挪威国家石油公司把该极限值减小 0.1mm/a[11]。图 3.2.14 和图 3.2.15 为超级 13Cr 在不同

CO_2 分压和不同 Cl^- 浓度条件下的腐蚀速率评价结果（175℃），其腐蚀速率在油田可接受的范围之内。结合上述模拟塔里木油田克深区块的腐蚀评价结果，就均匀腐蚀速率和局部腐蚀严重程度来说，超级 13Cr 油管在目前高温高压气井使用的温度上限应不超过 180℃。标准的应力腐蚀试验评价认为，超级 13Cr 马氏体不锈钢油管在地层水环境中具有良好的抗开裂性能。实际上，轧制过程中产生的氧化皮是会影响应力腐蚀开裂的性能的，详细讨论请参见后续相关章节。

表 3.2.5　NACE SP 0775—2013 标准对均匀腐蚀程度的规定

分类	均匀腐蚀速率（mm/a）
轻度腐蚀	<0.025
中度腐蚀	0.025~0.1225
严重腐蚀	0.13~0.25
极严重腐蚀	>0.25

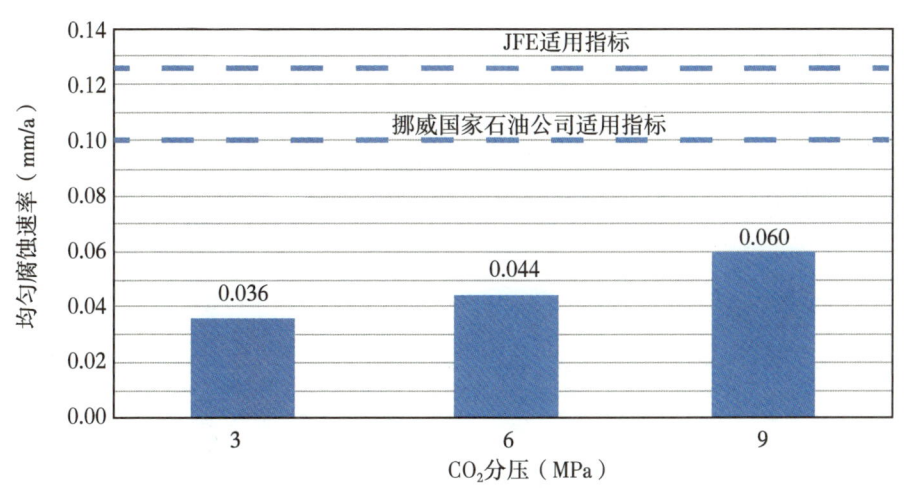

图 3.2.14　超级 13Cr 在不同 CO_2 分压下的腐蚀速率评价结果

（175℃，Cl^- 浓度 100g/L）

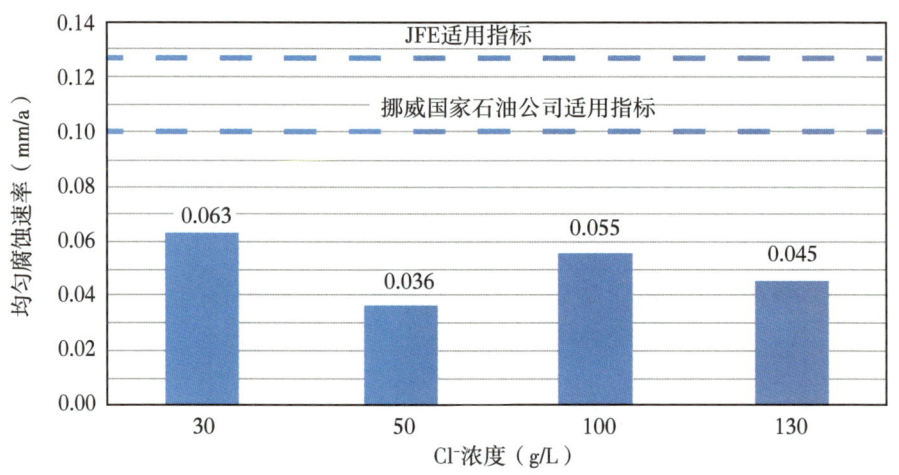

图 3.2.15 超级 13Cr 在不同 Cl⁻ 浓度条件下的腐蚀速率评价结果
（175℃，CO_2 分压 3MPa）

3.3 超级 13Cr 油管在特殊工况下的适应性评价

3.3.1 不同材质腐蚀/点蚀的比较

图 3.3.1 为超级 13Cr、15Cr、17Cr 马氏体不锈钢和 2205 双相不锈钢在高温条件下（试验条件见表 3.2.1）的腐蚀速率对比分析，图 3.3.2 为 200℃时

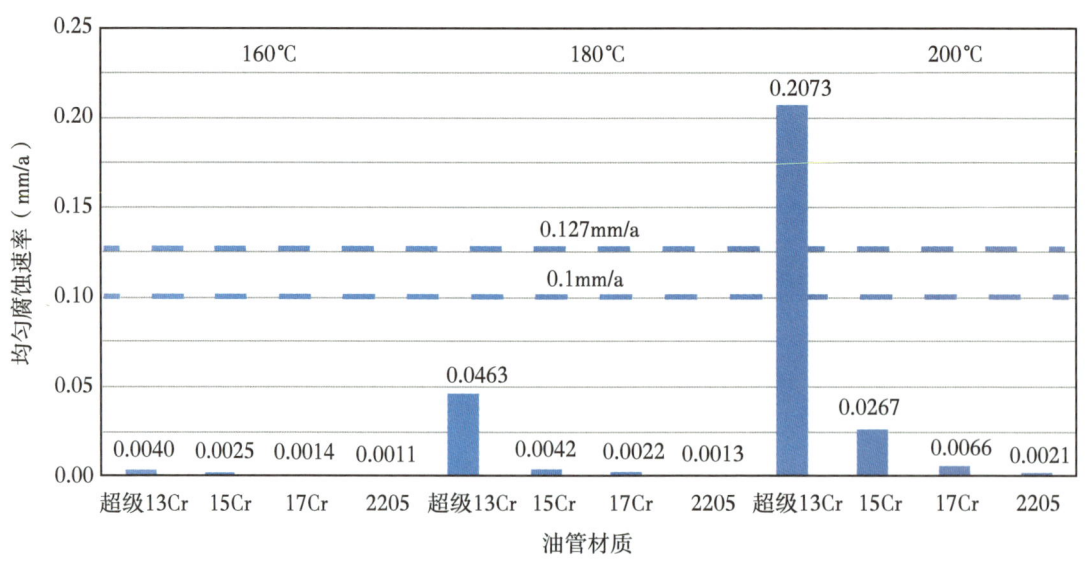

图 3.3.1 不锈钢油管材质在高温条件下的 CO_2 腐蚀速率对比分析

不锈钢试样的横截面微观腐蚀形貌。可以看出，在马氏体不锈钢中，15Cr、17Cr 马氏体不锈钢的合金元素含量高（尤其是 Cr 元素含量），钝化膜的热力学稳定性好，抗地层水 CO_2 腐蚀性能较超级 13Cr 更优，并且 200℃的高温高压地层水 CO_2 腐蚀环境中未出现明显点蚀现象。

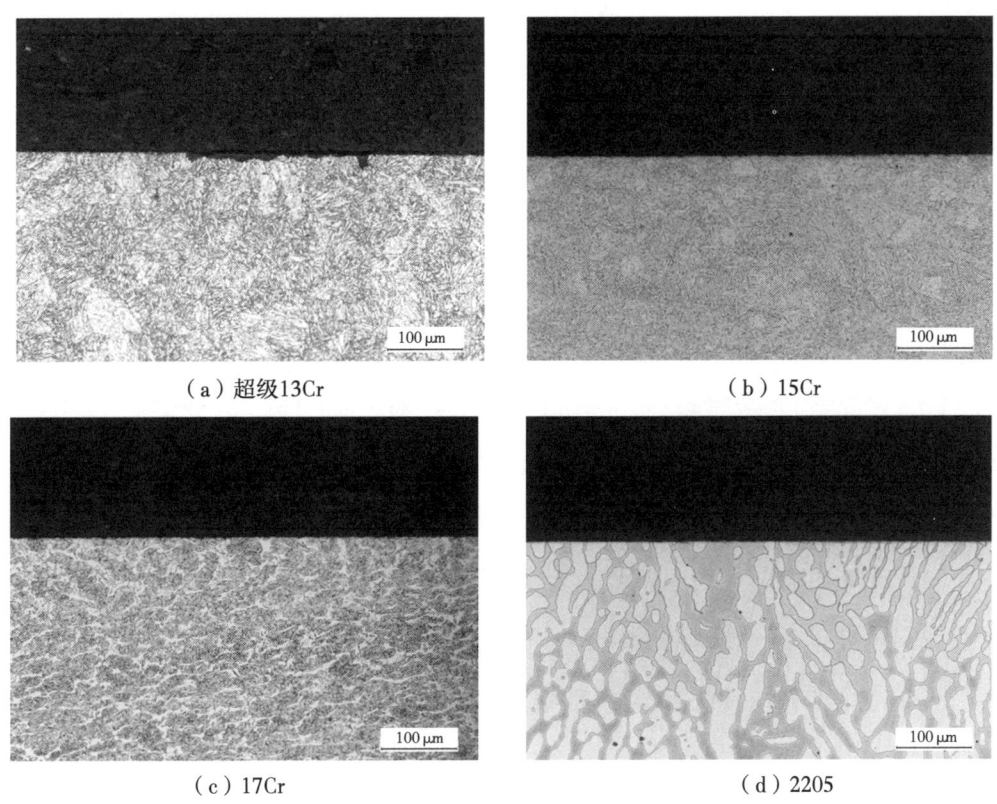

（a）超级13Cr　　　　　　　　　　（b）15Cr

（c）17Cr　　　　　　　　　　　　（d）2205

图 3.3.2　不锈钢试样的横截面微观腐蚀形貌（200℃）

3.3.2　酸化对超级 13Cr 油管的腐蚀

酸化是用酸液处理油气层，以恢复或增加油气层渗透率，从而提高油气的采收率。在地层或储层酸化处理中，通过岩石中现有的自然通道向岩石内泵入一种 pH 值较低的流体。酸液会溶解近井筒地层岩石的可溶性组分和原有钻井液/修井液所沉积下来的破坏性物质，从而为油气流动提供高渗透性通道[12]。但是，提高采收率的同时，伴随的一个很严重的问题出现，那就是由在井筒或其他实施该技术的设备中流动的酸液引起的腐蚀问题。在油气井酸化处理作业时，酸化液通常会直接与储存罐、酸化压裂设备、油气井下油管、套管等接触，而且腐蚀程度会随着地层越深温度越高而加剧。常用的酸液体系有盐酸和土酸（HCl与HF的混合溶液），尽管在酸化过程中添加了种类繁多的缓蚀剂，但由于酸化工艺的不匹配（比如，酸化缓蚀剂与管柱材质不匹配、酸化缓蚀剂与井下的高温环境不匹配），酸化施工仍可能对井下油套管柱产生严重的腐蚀，尤其是局部腐蚀，从而严重影响井下管柱的密封完整性和结构完整性。塔里木油田由于高温高压气井的完井工艺使用改造—完井一体化管柱，油管会依次经历酸液注入、残酸返排和后续生产工况，因此，不同于其他油田和油公司，针对生产工况的CO_2腐蚀选定的13Cr材质油管，在实际使用过程中，还会遭受来自酸液的腐蚀。本节针对塔里木高温高压气井的具体酸化工况环境，论述超级13Cr马氏体不锈钢油管在酸化压裂环境及全寿命周期内的抗腐蚀性能。

不锈钢表面存在一层致密的非晶态Cr_2O_3或$Cr(OH)_3$钝化膜，具有高的热力学稳定性，可以在环境介质和金属基体之间起到隔离作用，从而达到耐腐蚀目的。但是，在极低pH值条件下（比如鲜酸注入时），上述的表面钝化膜不再存在，为活性表面，电化学腐蚀速率极大。多种有关减小酸化作业中的腐蚀问题的技术已被提出，缓蚀剂由于具有用量少、施工工艺简单、不需要特殊的附加设备等优点而成为抑制酸化过程中酸液腐蚀的一种常用方法。国外研究表明马氏体不锈钢油管在80℃鲜酸溶液中的腐蚀速率高达350~600mm/a，合理使用与之匹配的酸化缓蚀剂（缓蚀剂+增效剂），可使其腐蚀速率降低到25mm/a以下，且未出现明显点蚀。

3.3.2.1 抗鲜酸腐蚀性能

3.3.2.1.1 超级13Cr在土酸酸化液体系中的腐蚀

评价试验材料选用110ksi钢级超级13Cr油管，试样尺寸为50mm×10mm×3mm，最终打磨为1200#水砂纸，表面粗糙度不大于1.6μm。试验介质为不添加其他助剂的模拟酸液（含缓蚀剂），详细试验条件见表3.3.1。实验过程及步骤参照SY/T 5405—1996《酸化用缓蚀剂性能试验方法及评价指标》标准执行，实际上，试验过程中，笔者发现这种酸液的腐蚀性极强，除C276材质外的其他高压釜内胆金属材质均可能会受到腐蚀而对试验介质产生污染，因此某些试验使用了内衬聚四氟乙烯的高压釜。

表 3.3.1 鲜酸腐蚀实验条件

温度（℃）	60	90	120	140	160	180
成分	10%HCl+1.5%HF+3%HAc+5.1%缓蚀剂（塔里木在用酸化体系）					
实验时间（h）	6					

图 3.3.3 为超级 13Cr 在不同温度鲜酸溶液中的均匀腐蚀速率对比分析。可以看出，随着鲜酸试验温度的提高，超级 13Cr 的均匀腐蚀速率增大。参照 SY/T 5405—2019《酸化用缓蚀剂性能试验方法及评价指标》标准关于腐蚀速率的评价指标（表 3.3.2），当温度不高于 120℃，酸化缓蚀剂的缓蚀效果均在一级标准范围内；当温度超过 120℃，酸化缓蚀剂的缓蚀效果均在三级标准范围以上。在塔里木高压气井酸化过程中，由于酸化管柱暴露于苛刻鲜酸腐蚀工况的时间很短（通常为 2h 左右，可能由于特殊原因有一定时间的延长），并在作业过程中采取大排量前置液注入，冷却井下管柱温度，井底温度一般不超过 120℃；而对于碳钢和不锈钢管柱，其可以接受的均匀腐蚀速率为小于 50.8mm/a[13]。因此，当温度不超过 120℃，酸化缓蚀剂与超级 13Cr 的匹配性较好，其均匀腐蚀在可接受的范围以内。

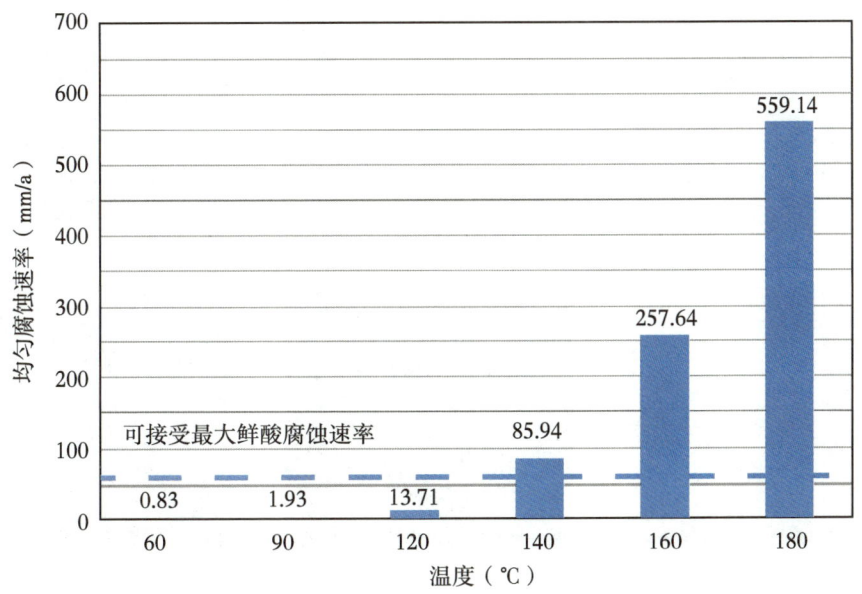

图 3.3.3 超级 13Cr 在不同温度鲜酸溶液中的均匀腐蚀速率对比分析

表 3.3.2 酸中缓蚀剂防腐蚀评价指标

温度(℃)	平均腐蚀速率					
	一级		二级		三级	
	g/(m²·h)	mm/a	g/(m²·h)	mm/a	g/(m²·h)	mm/a
60	2~3	2.25~3.37	>3~4	>3.37~4.49	>4~5	>4.49~5.62
90	3~4	3.37~4.49	>4~5	>4.49~5.62	>5~10	>5.62~11.23
120	10~20	11.23~22.46	>20~30	>22.46~33.69	>30~40	>33.69~44.92
140	30~40	33.69~44.92	>40~50	>44.92~56.15	>50~60	>56.15~67.38
160	70~80	78.62~89.85	>80~90	>89.85~101.08	>90~100	>101.08~112.31
180	70~80	78.62~89.85	>80~100	>89.85~112.31	>100~120	>112.31~134.77

图 3.3.4 为超级 13Cr 试样在不同温度鲜酸腐蚀试验后的宏观腐蚀形貌。可以看出，在温度低于 120℃，酸化缓蚀剂在试样表面成膜性良好，呈紫红色，均匀腐蚀很轻微；高于 120℃，缓蚀剂在试样表面成膜性差，腐蚀非常严重。图 3.3.5 为去除缓蚀剂吸附膜后超级 13Cr 试样的宏观腐蚀形貌。可以看出，在温度低于 120℃，超级 13Cr 试样表面腐蚀非常轻微，可见金属光泽；但随着鲜酸腐蚀试验温度的升高，均匀腐蚀及局部腐蚀严重程度增强，140℃时超级 13Cr 试样表面已呈暗灰色，不见金属光泽，而 160℃和 180℃时，试样表

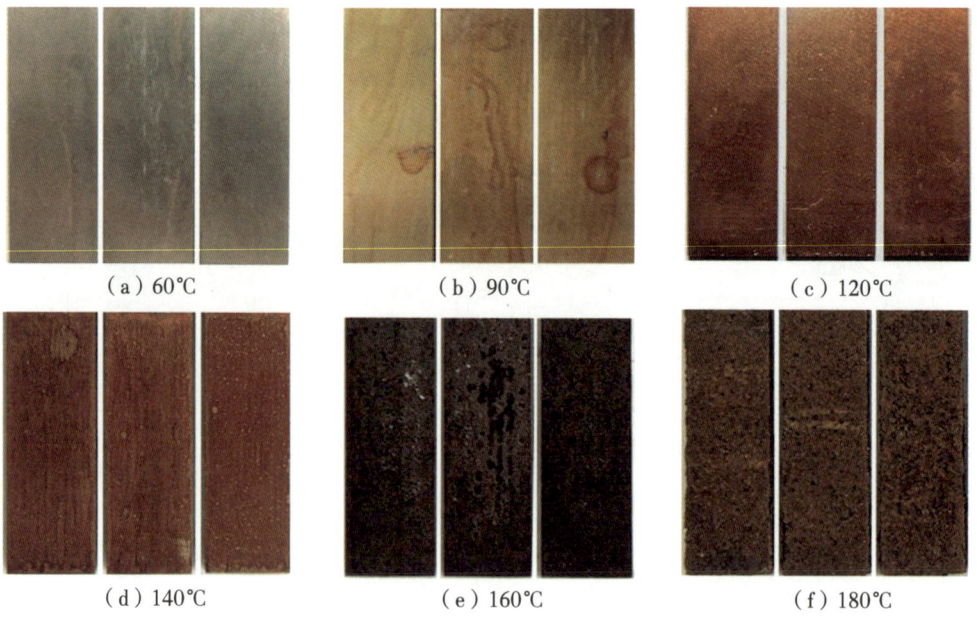

(a) 60℃　　　　　　(b) 90℃　　　　　　(c) 120℃

(d) 140℃　　　　　　(e) 160℃　　　　　　(f) 180℃

图 3.3.4 鲜酸试验后超级 13Cr 试样表面宏观形貌（去膜前）

面已经明显可见局部腐蚀。

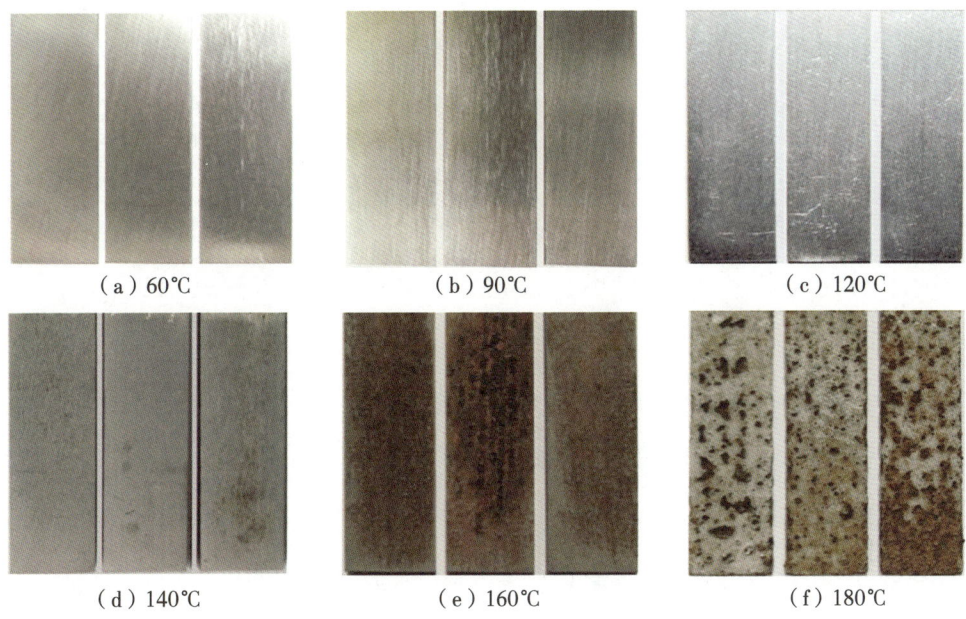

图3.3.5 鲜酸试验后超级13Cr试样表面宏观形貌（去膜后）

运用金相显微聚焦法测量试样表面的点蚀深度，超级13Cr的平均点蚀速率及最大点蚀速率随酸化温度的升高而显著增大，180℃的最大点蚀速率高达771.52mm/a。图3.3.6为超级13Cr在不同温度鲜酸溶液中的点蚀深度对比分

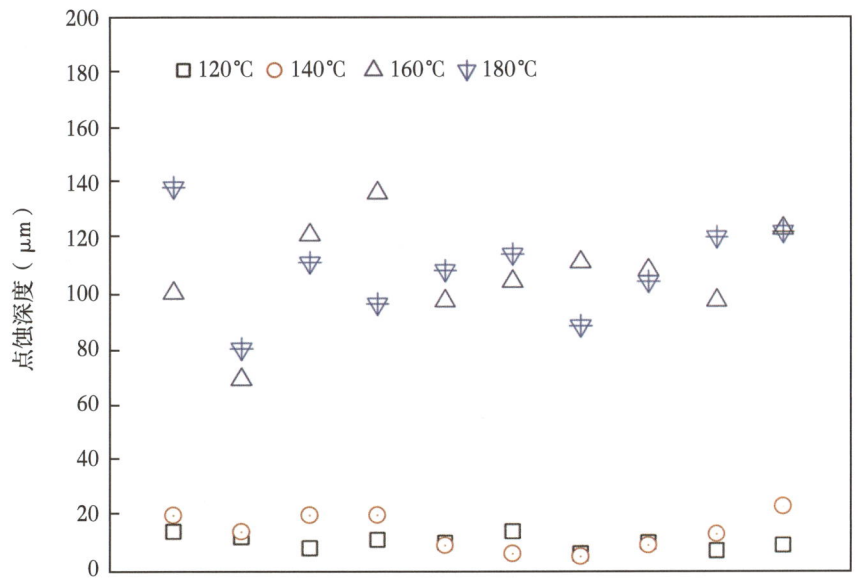

图3.3.6 超级13Cr在不同温度鲜酸溶液中的点蚀深度对比分析

析。如前所述，温度低于120℃，超级13Cr未点蚀相对轻微；高于120℃，超级13Cr出现明显点蚀现象；在120~140℃，超级13Cr点蚀增大趋势不太明显，但超过160℃，超级13Cr点蚀程度显著增大。

3.3.2.1.2 不锈钢油管材质在土酸酸化液体系中的耐蚀性对比分析

图3.3.7为改进型13Cr、超级13Cr、15Cr、17Cr马氏体不锈钢和2205双相不锈钢在120℃鲜酸溶液中（10%HCl + 1.5%HF + 3%HAc + 酸化缓蚀剂）的腐蚀速率对比分析。可以看出，改进型13Cr、超级13Cr、15Cr的腐蚀速率低于SY/T 5405—2019标准规定的一级标准或在该范围以内，与酸化缓蚀剂的匹配性良好。由于在鲜酸腐蚀环境中，不锈钢处于活化状态，并且Cr元素的化学活性高于Fe元素，其离子化倾向要高于Fe，所以合金元素Cr的含量越高，腐蚀速率越大（2205双相不锈钢的腐蚀速率高达38.25mm/a）。并且，17Cr、2205不锈钢均为两相或多相组织，由于铁素体相的Cr含量较高（Cr为稳定铁素体元素），在鲜酸溶液中发生了明显的铁素体相的选择性溶解腐蚀（图3.3.8）。由此，从腐蚀速率、局部腐蚀严重程度综合分析，17Cr、2205双相不锈钢抗低pH值酸化液的腐蚀性腐蚀性能相对较差。

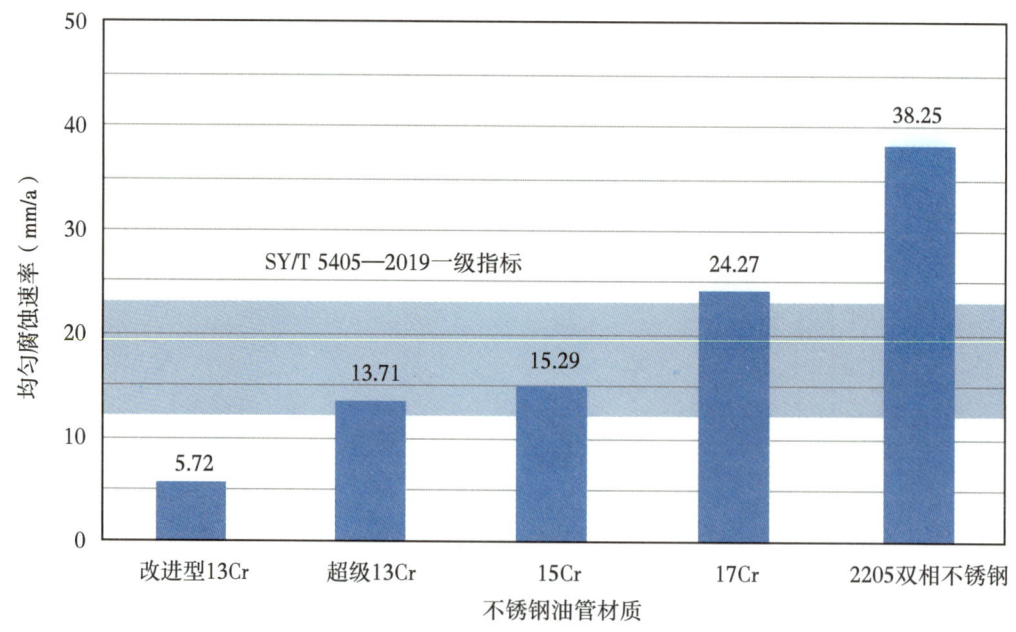

图3.3.7 不锈钢油管材质在120℃鲜酸溶液中的腐蚀速率对比分析

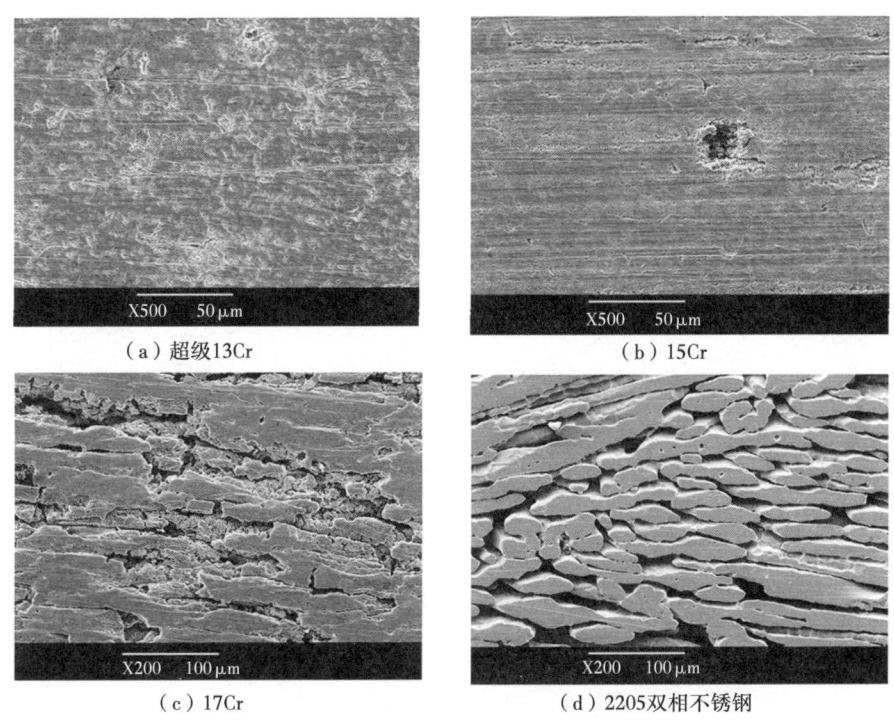

图3.3.8 不锈钢试样在120℃鲜酸溶液中的表面微观腐蚀形貌

3.3.2.1.3 酸化缓蚀剂作用机理分析

塔里木油田对于酸化管柱的腐蚀控制所采用酸化缓蚀剂组合为缓蚀剂(主剂)+增效剂(辅剂)所产生的协同缓蚀效应。图3.3.9为不同温度条件下,超级13Cr马氏体不锈钢在10%HCl+1.5%HF+3HAc及10%HCl+1.5%HF+3HAc+5.1%缓蚀剂(3.5%主剂+1.7%辅剂)溶液中的极化曲线对比分析;表3.3.3为添加缓蚀剂前后腐蚀电位、自腐蚀电流密度及Tafel斜率的变化关系,表中缓蚀效率η根据公式(3.3.1)计算。从中可以看出,添加缓蚀剂后,其对腐蚀过程的阴、阳极反应均起到阻滞作用,Tafel斜率增大,自腐蚀电流密度显著降低。但在较低温度,缓蚀剂对阳极阻滞较为明显,腐蚀电位显著正移,作用机理为"负催化效应"型(阴极型缓蚀剂和阳极型缓蚀剂统称为"负催化效应"型缓蚀剂);但温度升高,缓蚀剂的作用机理发生改变,其对阳极反应和阴极反应起到同等程度的抑制作用,腐蚀电位的变化很小,接近于零,为"几何覆盖效应"型(一般也称之为混合型缓蚀剂)。电化学测试的缓蚀剂的缓蚀效率均在90%以上,高温高压气井选用的酸化缓蚀剂与超级13Cr马氏体不锈钢完井管柱具有良好的匹配性。

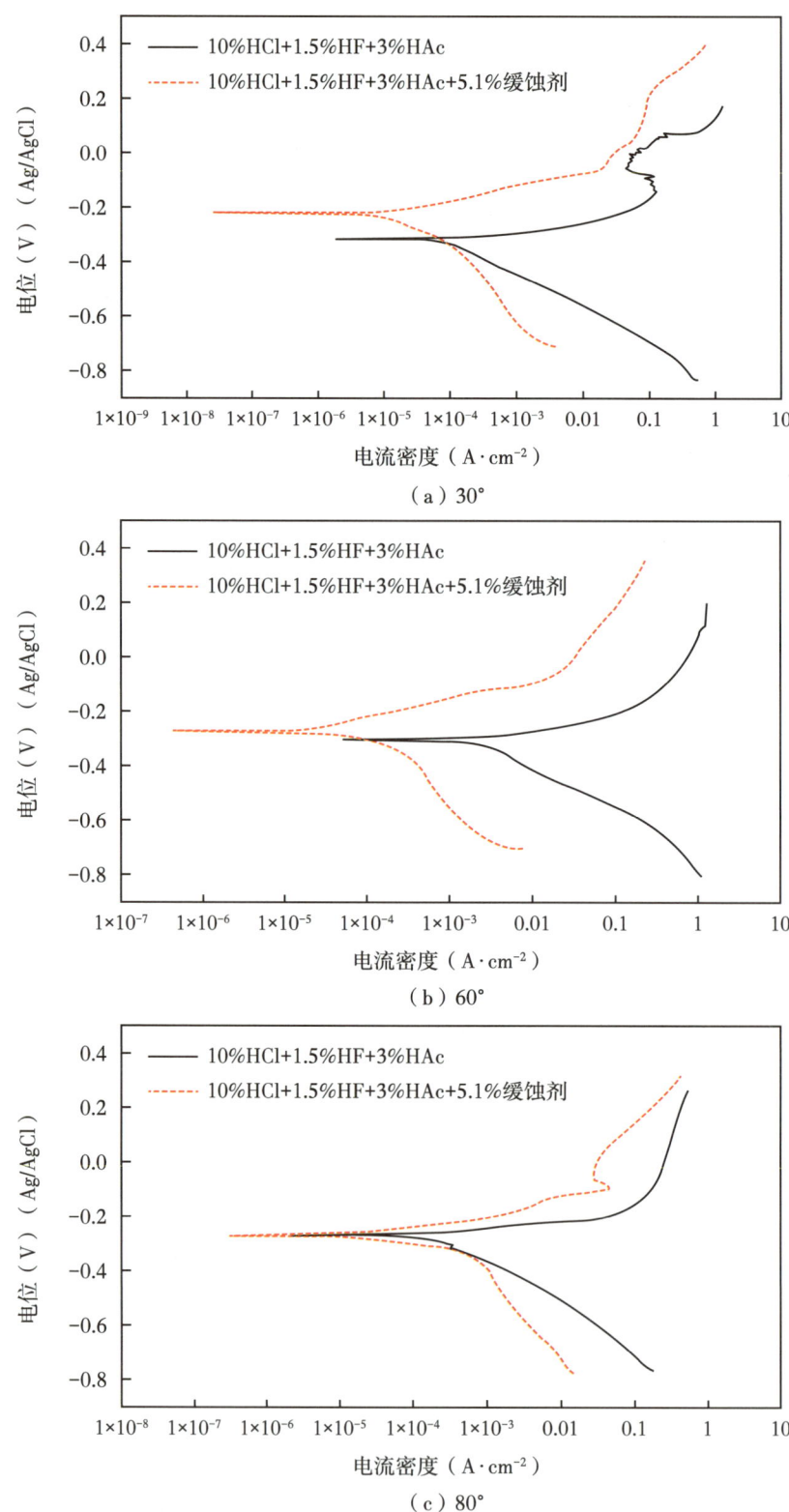

图 3.3.9 超级 13Cr 马氏体不锈钢在不同温度条件下的极化曲线

$$\eta = \frac{v_0 - v}{v_0} \times 100\% = \frac{I_{\text{corr}}^0 - I_{\text{corr}}}{I_{\text{corr}}^0} \times 100\% \qquad (3.3.1)$$

式中 v_0——未加缓蚀剂的金属腐蚀速度；

v——添加缓蚀剂后的金属腐蚀速度；

I_{corr}^0——未加缓蚀剂的金属的自腐蚀电流密度；

I_{corr}——添加缓蚀剂后金属的自腐蚀电流密度。

表 3.3.3 添加缓蚀剂前后超级 13Cr 马氏体不锈钢的腐蚀电位、自腐蚀电流密度及 Tafel 斜率

温度（℃）	溶液	$E_{\text{cor(Ag/AgCl)}}$（mV）	ΔE（mV）	i_{cor}（A/cm²）	b_a（V/dec）	b_c（V/dec）	η（%）
30	空白	−315	96	1.19×10⁻⁴	0.0331	−0.1247	90.5
	加药	−219		1.13×10⁻⁵	0.0588	−0.3194	
60	空白	−305	31	9.950×10⁻⁴	0.0411	−0.1280	93.9
	加药	−274		6.062×10⁻⁵	0.0980	−0.2826	
80	空白	−266	−3	1.18×10⁻³	0.0552	−0.2557	90.7
	加药	−269		1.09×10⁻⁴	0.0960	−0.2952	

图 3.3.10 为不同温度条件下，超级 13Cr 马氏体不锈钢在 10%HCl+1.5%HF+3HAc+5.1%缓蚀剂溶液中测得的 EIS 图谱及其等效电路，其中 R_s 为溶液电阻，C_{dl} 为整个金属电极表面/与溶液之间的双电层电容，n 为弥散系数，R_t、$R_{t\theta}$ 为反应转移电阻，R_L 是电感元件的电阻，L 是阳极极化溶解导致的感抗。根据曹楚南腐蚀电化学理论[14]，当缓蚀剂的缓蚀效率足够高时（η>90%），根据缓蚀剂的"几何覆盖效应"和"负催化效应"，金属电极在腐蚀电位下的 EIS 图谱主要表现为两种形式。（1）当缓蚀剂的作用是几何覆盖效应的情况下，整个金属表面好像是由两部分组成：一部分是被缓蚀性吸附粒子覆盖的部分，另一部分表面是未被吸附粒子覆盖的表面，由于缓蚀效率 η 即是缓蚀性吸附粒子的表面覆盖率 θ。若缓蚀剂的缓蚀效率很高，如 θ 的数值达到 90%以上，相应的阻抗谱在阻抗复平面上是一个简单的容抗弧。（2）在缓蚀剂的作用是负催化效应的情况下，若缓蚀效率足够高，金属电极在加有缓蚀剂的溶液中的阻抗谱应该有两个时间常数：在高频部分，有一个反应转移电阻 R_t 和电极界面

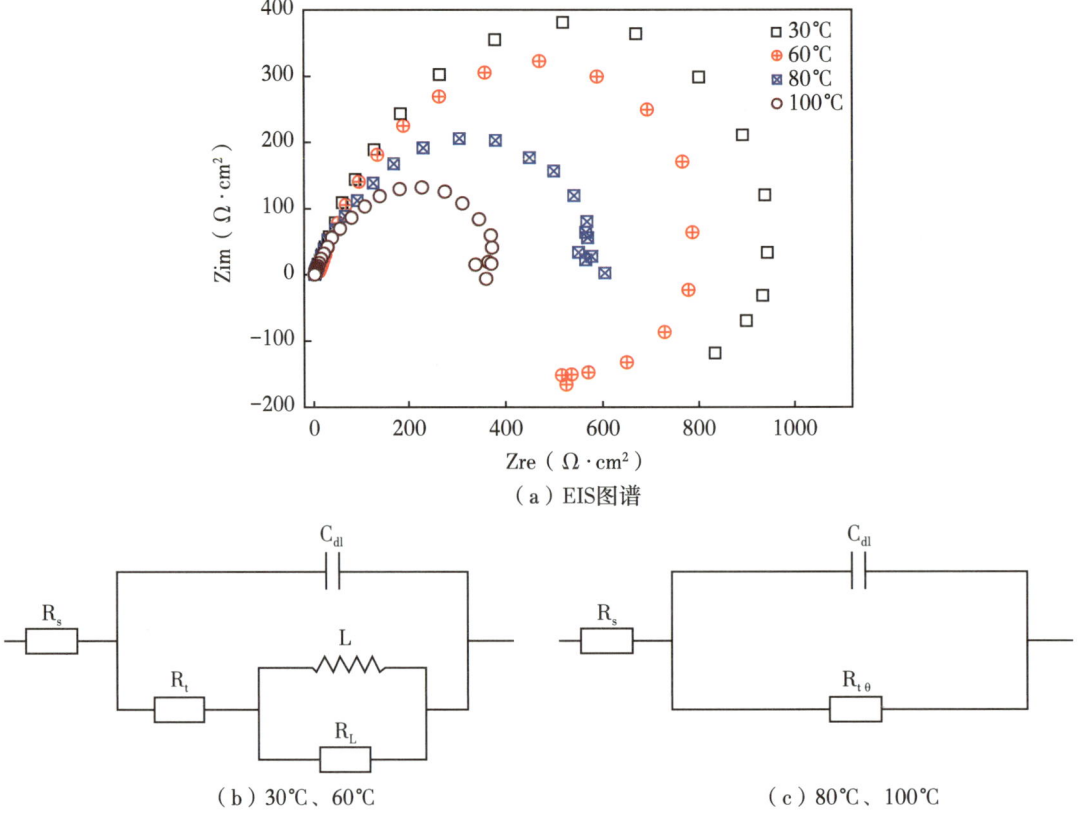

图 3.3.10 超级 13Cr 马氏体不锈钢在酸化液中（添加 5.1% 缓蚀剂）的 EIS 图谱及等效电路

电容组成的阻容弛豫过程的容抗弧。在低频部分，若 $B>0$ ［式（3.3.2）］，是一个感抗弧；若 $B<0$，则是一个容抗弧。这部分阻抗谱是由缓蚀粒子在电极表面的吸附—脱附过程所引起的。

$$B=m \cdot \frac{\mathrm{d}\theta}{\mathrm{d}E} \tag{3.3.2}$$

式中 B，m——常数；

$\mathrm{d}\theta$，$\mathrm{d}E$——覆盖率和电极电位的变化率。

从图 3.3.10 中可以看出，当温度低于 60℃，超级 13Cr 材料的 EIS 图谱含有两个时间常数，即高频区的容抗弧为反应转移电阻和电极界面电容组成的阻容弛豫过程；而低频区的感抗弧为缓蚀粒子在电极表面的吸附—脱附过程，该缓蚀剂的作用机理为"负催化效应型"；当温度高于 80℃，超级 13Cr 材料的

EIS 图谱仅为一个简单的容抗弧，含有一个时间常数，即反应转移电阻和电极界面电容组成的阻容弛豫过程，缓蚀剂的作用机理在高温条件下转为"几何覆盖效应型"，分析结果同极化曲线分析一致。

根据上述酸化缓蚀剂作用机理的电化学测试结果分析，在较低温度，缓蚀剂作用机理为"负催化效应"型，这主要是因为该组合缓蚀剂的主剂在较低温度条件下起主导作用，缓蚀剂分子吸附于阳极区（$\Delta E_{corr}>0$，为阳极性缓蚀剂），使阳极反应阻力增大，从而起到缓蚀作用；而在较高温度，缓蚀剂的作用机理为"几何覆盖效应"型，这主要是因为在高温条件下，组合缓蚀剂的增效剂（或称辅剂，一般含金属离子）的作用越来越明显，其在阴极区还原成膜，使阴极反应阻力也增大，起到降低金属腐蚀的作用。由于高温条件下，缓蚀剂主剂和增效剂使金属表面的阳极、阴极反应阻力均增大，添加缓蚀剂后，腐蚀电位变化不大（$\Delta E_{corr} \approx 0$），该缓蚀剂为混合性缓蚀剂，示意图如图 3.3.11 所示。

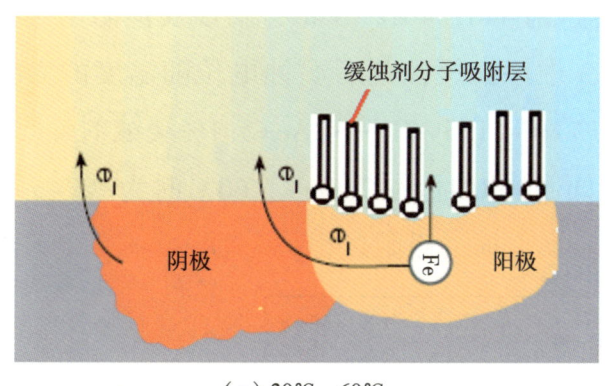

（a）30℃、60℃

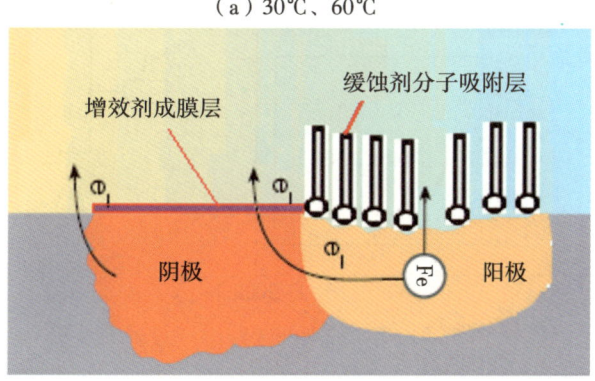

（b）80℃、100℃

图 3.3.11　不同温度条件下酸化缓蚀剂作用机理示意图

在较低温度条件下，酸化缓蚀剂加入后，$\Delta E_{cor}>0$，为阳极型缓蚀剂，m 应为负值，由图 3.3.10（a）可知，EIS 图谱在低频区出现感抗弧，因此 $B>0$。根据公式（3.3.2）可知 $d\theta/dE$ 为负值，即随着电位的升高，θ 值减小，缓蚀效率减小；电位降低，θ 值增大，促进缓蚀剂分子的吸附，缓蚀效率上升。图 3.3.12（a）为 30℃时，不同电极电位条件下（E_{cor}+50mV、E_{cor} 及 E_{cor}-50mV），超级 13Cr 马氏体不锈钢在 10%HCl+1.5%HF+3HAc+5.1%缓蚀剂溶液中的 EIS 图谱。E_{cor}+50mV、E_{cor} 电位下的等效电路如图 3.3.10（b）所示，E_{cor}-50mV 电位下的等效电路如图 3.3.12（b）所示（图中 R_c、C_c 分别对应于缓蚀剂吸附层的电阻和电容），其阻抗谱拟合结果见表 3.3.4，其中 R_p 为取 $\omega\to 0$ 的实部减去 $\omega\to\infty$ 的实部计算出的极化电阻。从中可以看出，电位升高 50mV，极大地促进了缓蚀剂粒子的脱附过程，R_p 的电阻从 152.3Ω·cm² 下降到仅为 0.349Ω·cm²，腐蚀反应阻力显著降低，缓蚀效率下降；而电位降低 50mV，低频区出现容抗弧，极大地促进了缓蚀剂粒子的吸附过程，R_p 的电阻从 152.3Ω·cm² 增高到 4487.46Ω·cm²，腐蚀反应阻力显著增大，缓蚀效率上升。结合表 3.3.3 中添加缓蚀剂后腐蚀电位随温度的变化关系，超级 13Cr 马氏体不锈钢在 10%HCl+1.5%HF+3HAc+5.1%缓蚀剂鲜酸溶液中的腐蚀电位随温度升高逐渐降低（30℃时为-219mV，60℃时为-274mV），温度升高将会促进缓蚀剂粒子在金属表面的吸附过程。

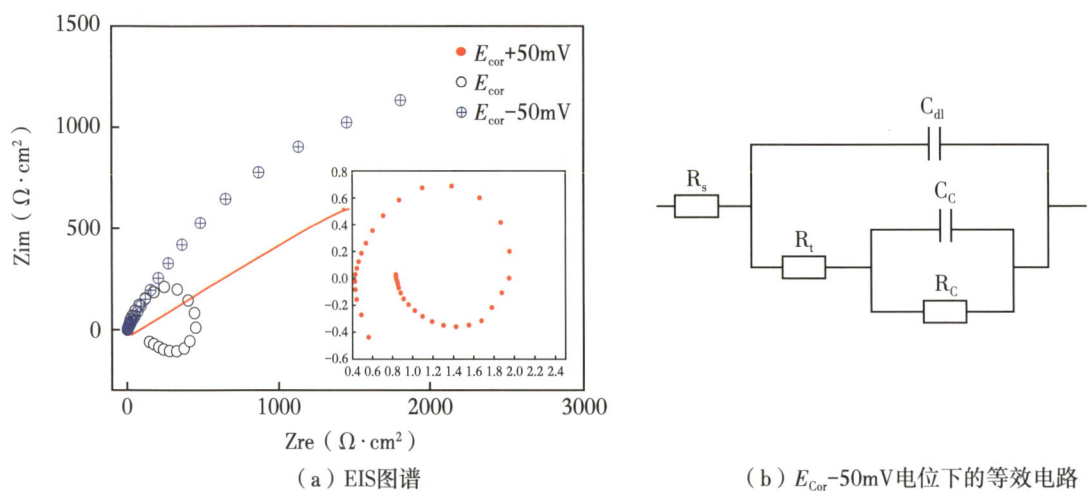

（a）EIS 图谱　　　　　　　　（b）E_{cor}-50mV 电位下的等效电路

图 3.3.12　不同电位条件下超级 13Cr 在酸化液中（添加 5.1%缓蚀剂）中的 EIS 图谱及等效电路（30℃）

综上分析，随着温度的升高，促进了缓蚀剂粒子在金属表面的吸附过程，同时该组合缓蚀剂中的增效剂作用越来越明显，其作用机理逐渐从"负催化效应型"转变为"几何覆盖效应型"，因此，在高温条件下该组合缓蚀剂仍具有良好的缓蚀效果。

表 3.3.4 不同电位条件下超级 13Cr 在酸化液中的 EIS 拟合结果
（添加 5.1%缓蚀剂，30℃）

电位	R_s ($\Omega \cdot cm^2$)	R_t ($\Omega \cdot cm^2$)	C_{dl} ($10^{-3}F/cm^2$)	n_{dl}	R_L ($\Omega \cdot cm^2$)	L (H/cm^2)	R_C ($\Omega \cdot cm^2$)	C_C ($10^{-5}F/cm^2$)	n_C	R_p ($\Omega \cdot cm^2$)
$E_{Cor}+50mV$	0.534	0.35	0.0004602	1.000	0.98	0.078				0.035
E_{Cor}	1.109	152.30	0.0002879	0.792	309.70	871.300				152.300
$E_{Cor}-50mV$	0.760	16.48	0.0010520	0.598			4471	7.784	0.8155	4487.460

3.3.2.2 全生命周期腐蚀性能

3.3.2.2.1 残酸对超级 13Cr 腐蚀的影响

酸化开始时会注入鲜酸，待酸液与地层充分反应之后，需要将用过的残酸返排出来。初期的残酸 pH 值较低，最低可能低至 2.8，同时，随残酸一同排出的还有酸化过程中产生的 CO_2，而残酸也会将地层中的热量带出来，导致管柱温度回升。为明确残酸返排对超级 13Cr 的腐蚀影响，设计了鲜酸酸化→残酸返排（不同温度、不同 CO_2 分压）的模拟试验。最初，为了试验的可重复性，尝试在室内制备残酸，但酸液与岩石样品的反应程度很难控制，而且反应之后的混合物不容易分离，最终决定从现场典型井进行残酸取样。在 KeS205 井的返排阶段，等时间间隔取了 10 个样品，本节试验所用为最早返排出来的 1#残酸样品（pH 值为 3.1），具体试验条件见表 3.3.5。

表 3.3.5 鲜酸—残酸腐蚀实验条件

序号	腐蚀环境	温度（℃）			
1	鲜酸试验	120			
		鲜酸成分	10%HCl + 1.5%HF + 3%HAc + 5.1%缓蚀剂		
		实验时间（h）	6		
2	残酸试验	温度（℃）	120	170	200
		残酸成分	Kes205 井取的 1#残酸样品（pH 值为 3.1）		
		实验时间（h）	72		
		CO_2 分压（MPa）	3.2	4	4.48

为了了解残酸对已经经过鲜酸腐蚀的超级13Cr材质的影响程度,设计了两组对比试验。一组是将试片依次浸入鲜酸和残酸(简称全程试验),计算残酸的腐蚀时会将鲜酸的影响扣除;另一组是将试片直接浸入残酸进行试验(简称独立残酸试验),考虑残酸对光滑试片的腐蚀。

图3.3.13为超级13Cr油管材质的鲜酸腐蚀速率和全程试验的残酸腐蚀速率(经鲜酸—残酸腐蚀后计算)的对比分析,图3.3.14为鲜酸腐蚀后和全程试验腐蚀后试样表面的微观腐蚀形貌。可以看出,超级13Cr油管材质在鲜酸中的腐蚀速率要远高于其在残酸中的腐蚀速率,并且不同温度条件下的残酸腐蚀试样表面均出现不同程度的局部腐蚀,残酸温度越高,局部腐蚀越为严重。

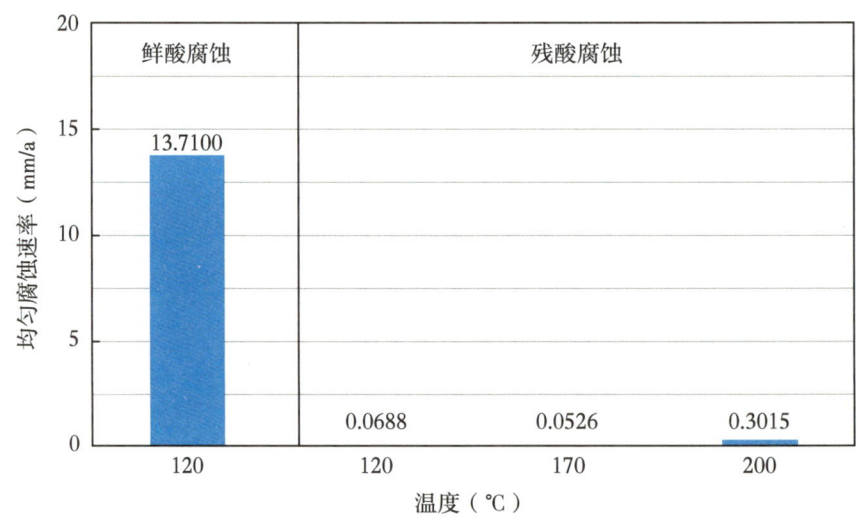

图3.3.13 超级13Cr油管材质的鲜酸腐蚀速率和残酸腐蚀速率
(经鲜酸—残酸腐蚀后计算)

图3.3.15为超级13Cr油管材质在不同温度独立残酸溶液中(未经鲜酸腐蚀)的腐蚀速率对比分析,图3.3.16是独立残酸腐蚀试验后试样表面的微观腐蚀形貌。可以看出,尽管残酸的pH值较低,但其腐蚀时间较短(现场低pH值残酸的返排时间不超过3天),在超级13Cr的适用温度范围内,其均匀腐蚀速率较低,且局部腐蚀轻微。因此,注入条件下的鲜酸腐蚀是造成超级13Cr管柱在酸化作业过程中发生严重均匀腐蚀和局部腐蚀的根本原因。

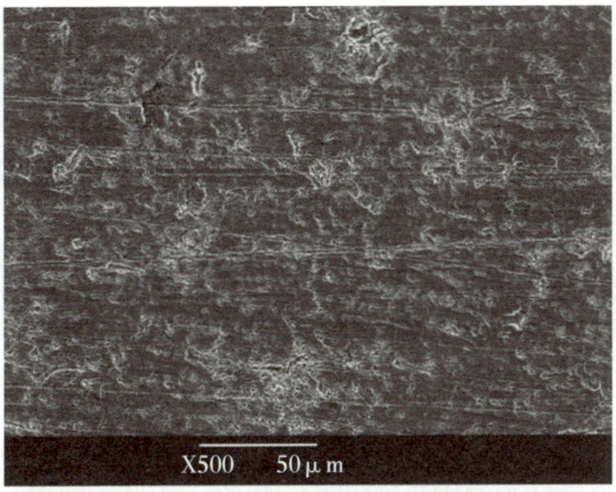

（a）鲜酸腐蚀后 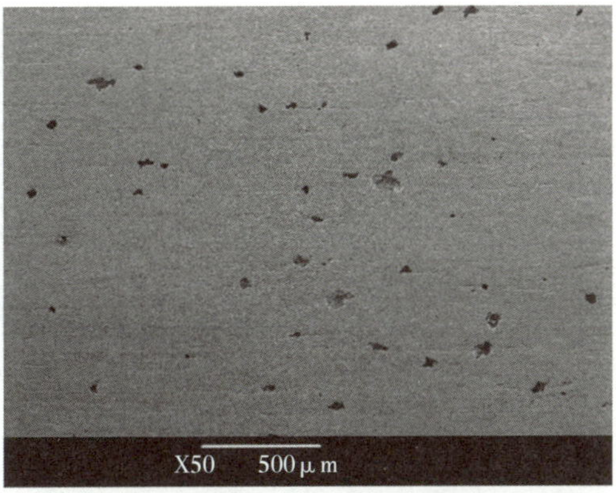　　　　　　　　　　（b）鲜酸，120℃残酸腐蚀后

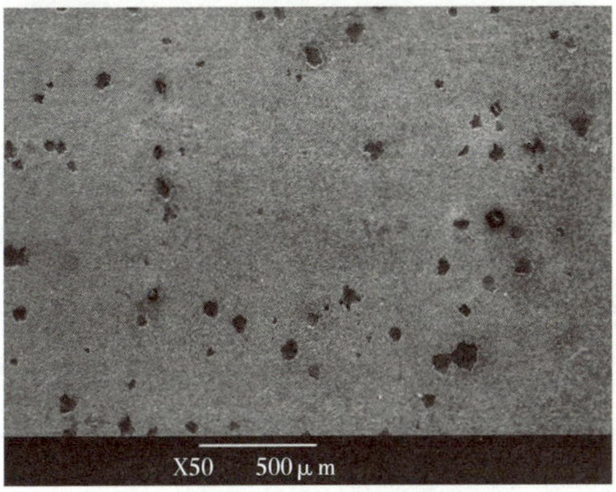

（c）鲜酸，170℃残酸腐蚀后 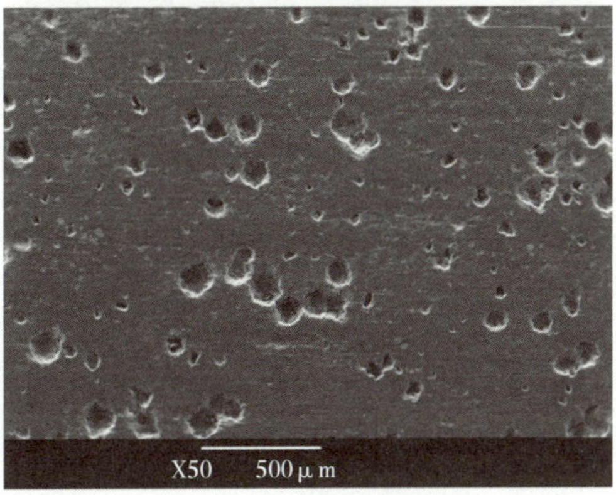　　　　　　　（d）鲜酸，200℃残酸腐蚀后

图 3.3.14　不锈钢试样在 120℃鲜酸溶液中的表面微观腐蚀形貌

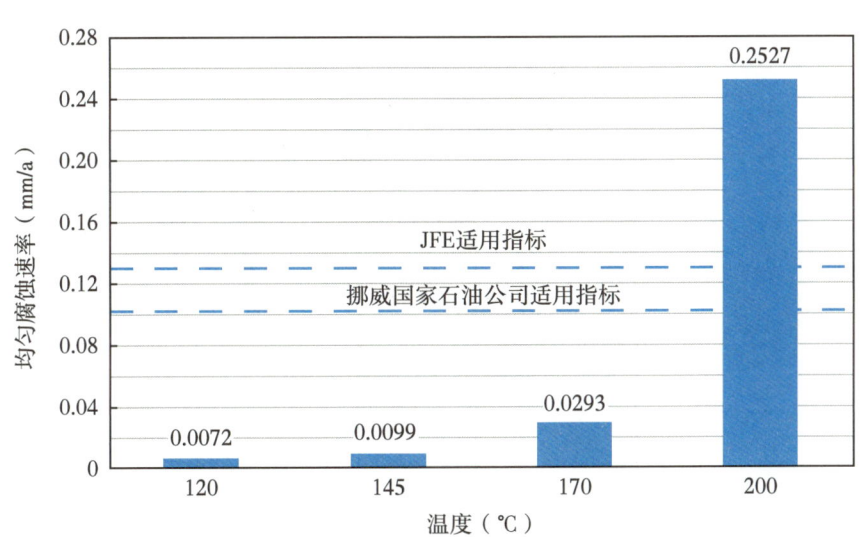

图 3.3.15　超级 13Cr 油管材质在不同温度独立残酸溶液中的腐蚀速率对比分析

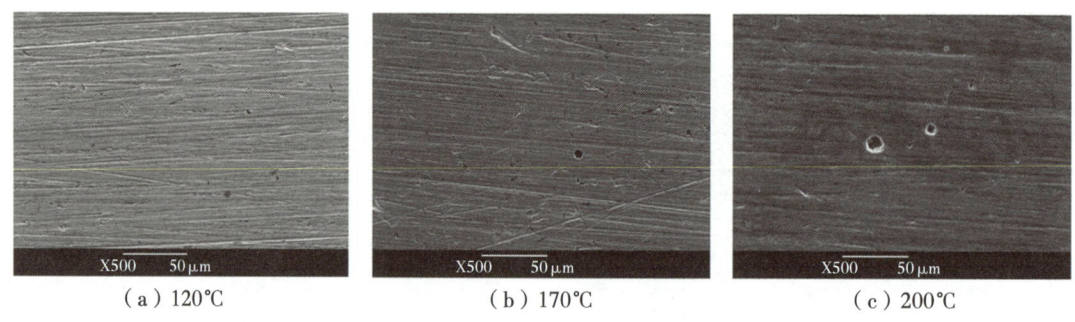

（a）120℃　　　　　　　（b）170℃　　　　　　　（c）200℃

图 3.3.16　独立残酸腐蚀试验后超级 13Cr 试样表面的微观腐蚀形貌

3.3.2.2.2　油管全生命过程实物试验

为验证超级 13Cr 油管在鲜酸酸化、残酸返排直至正常生产工况全过程中表现出来的腐蚀性能，设计了全尺寸实物模拟腐蚀试验。试验材料选用了内壁未经过机加工的 ϕ88.9mm×6.45mm 110ksi 钢级的超级 13Cr 油管，分为未喷砂处理和喷砂处理后的油管两个试验组（每组两根）。图 3.3.17 为试验装置示意图，图 3.3.18 为全尺寸腐蚀模拟实验流程图：试验用油管按标准扭矩上扣后，截取接箍两端管体各约 0.5m 长，在油管两端加工外螺纹以安装密封盖，并在密封盖内加入 O 形橡胶密封圈，用以防止试验过程中酸化液或漏气漏失；油管外部安装油浴箱，用硅油作为加热介质，在油浴箱与油管外壁连接处做密封处

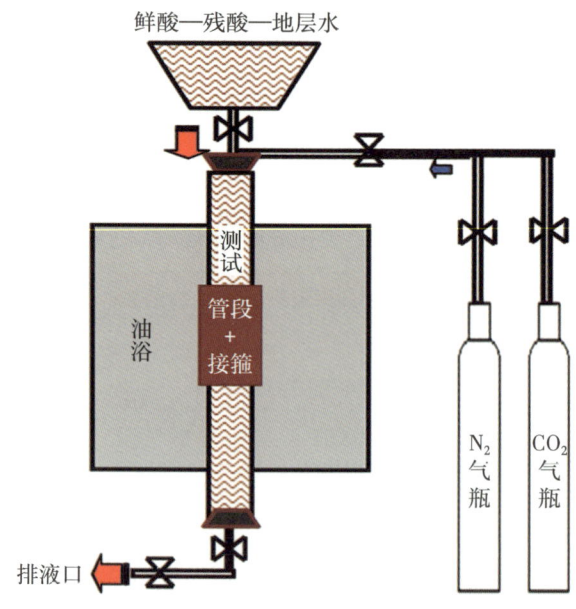

图 3.3.17　设备装置示意图

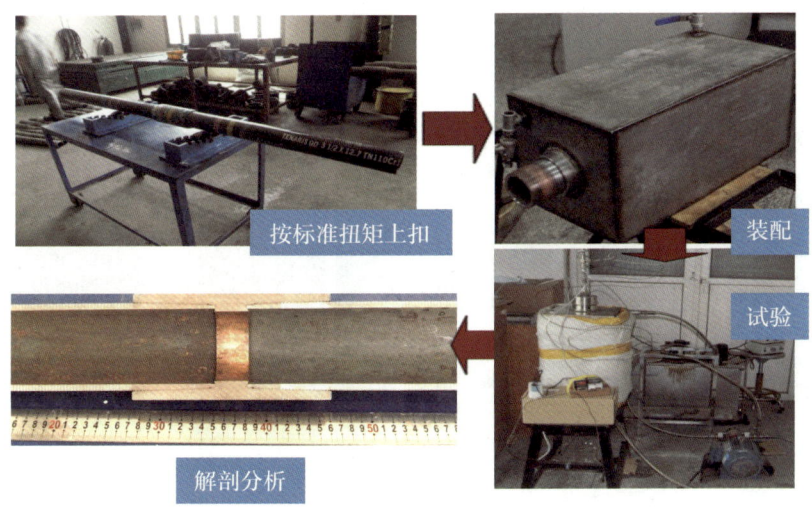

图 3.3.18　全尺寸腐蚀模拟实验流程图

理,防止硅油漏失;腐蚀评价试验流程模拟完井管柱酸化压裂→残酸返排→放喷求产腐蚀全过程(各阶段试验条件见表 3.3.5),经过 120℃鲜酸、170℃残酸和 30 天地层水 CO_2 腐蚀试验后,沿轴向剖解油管,对油管内表面及接头腐蚀状况进行分析。

表 3.3.6 为两种内表面状态超级 13Cr 油管的壁厚减薄量测量结果。由表可知,内表面未经喷砂处理的超级 13Cr 油管的壁厚减薄量较大。

表 3.3.6　超级 13Cr 油管壁厚减薄量测量结果

材料	原始内表面	内表面喷砂处理
平均减薄量(mm)	0.03	0.03
最大减薄量(mm)	0.09	0.07
小试样计算结果	0.023	

图 3.3.19 为两种内表面状态的超级 13Cr 油管纵向剖开后的宏观形貌。未经喷砂处理内表面的超级 13Cr 油管[图 3.3.19(a)]上部(A 区)有大量黄褐色沉积物覆盖,表面粗糙度很差,需进行进一步清洗去除附着物以判断内壁表面腐蚀情况;接箍处(B 区)明显有不内平现象,接箍内壁较油管内壁高出约 2mm,内壁表面镀铜层有轻微黑色腐蚀痕迹,油管与接箍连接处未做内倒角处理;下部油管(C 区)点蚀严重,肉眼可见的点蚀坑几乎遍布下部油管内壁,黄褐色及黑色附着物圆周状分布在点蚀坑周围,其余部分较上部油管相比附着物

较少。内表面喷砂处理的超级 13Cr 油管[图 3.3.19（b）]上部（A 区）有少量附着物覆盖，且附着物周围有黄褐色锈斑，存在点蚀；B 区接箍内壁与油管内倒

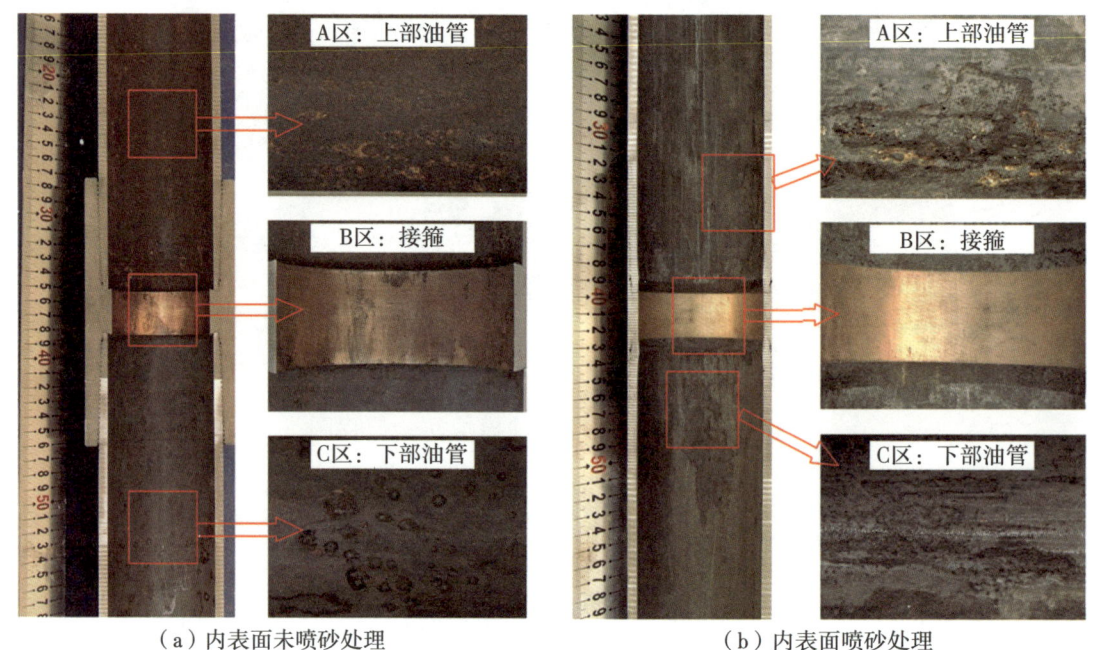

（a）内表面未喷砂处理　　　　　　　　（b）内表面喷砂处理

图 3.3.19　两种内表面状态的超级 13Cr 油管纵向剖开后的宏观形貌

角基本持平，内倒角处有少量附着物，且存在点蚀，接箍内壁有镀铜层，有金属光泽，点蚀相对轻微；下部油管（C 区）较上部油管点蚀情况略为严重，附着物亦增多。

对两种内表面状态油管的内壁典型腐蚀区域进行取样分析，图 3.3.20 和图 3.3.21 分别为未经喷砂处理和喷砂处理后的超级 13Cr 油管的内壁局部区域宏观、微观腐蚀形貌及点蚀深度的激光共聚焦分析图谱；图 3.3.22 为两种内表面状态油管的最大点蚀深度对比分析。从中可以看出，未经喷砂处理的超级 13Cr 管体（A、C 区）点蚀最为严重，喷砂处理后显著降低了点蚀发生的严重程度，实物试验结果与小试片试验结果较为一致；内倒角部位（B 区）光洁度高，点蚀最为轻微。超级 13Cr 马氏体不锈钢油管内表面氧化皮去除不彻底（或未经喷砂处理），在完井作业过程中，极低 pH 值的鲜酸溶液会导致氧化膜的局部脱落，促进点蚀的萌生，而表面较大的粗糙度也会促进入井液固体附着，加剧点蚀发生的严重程度。

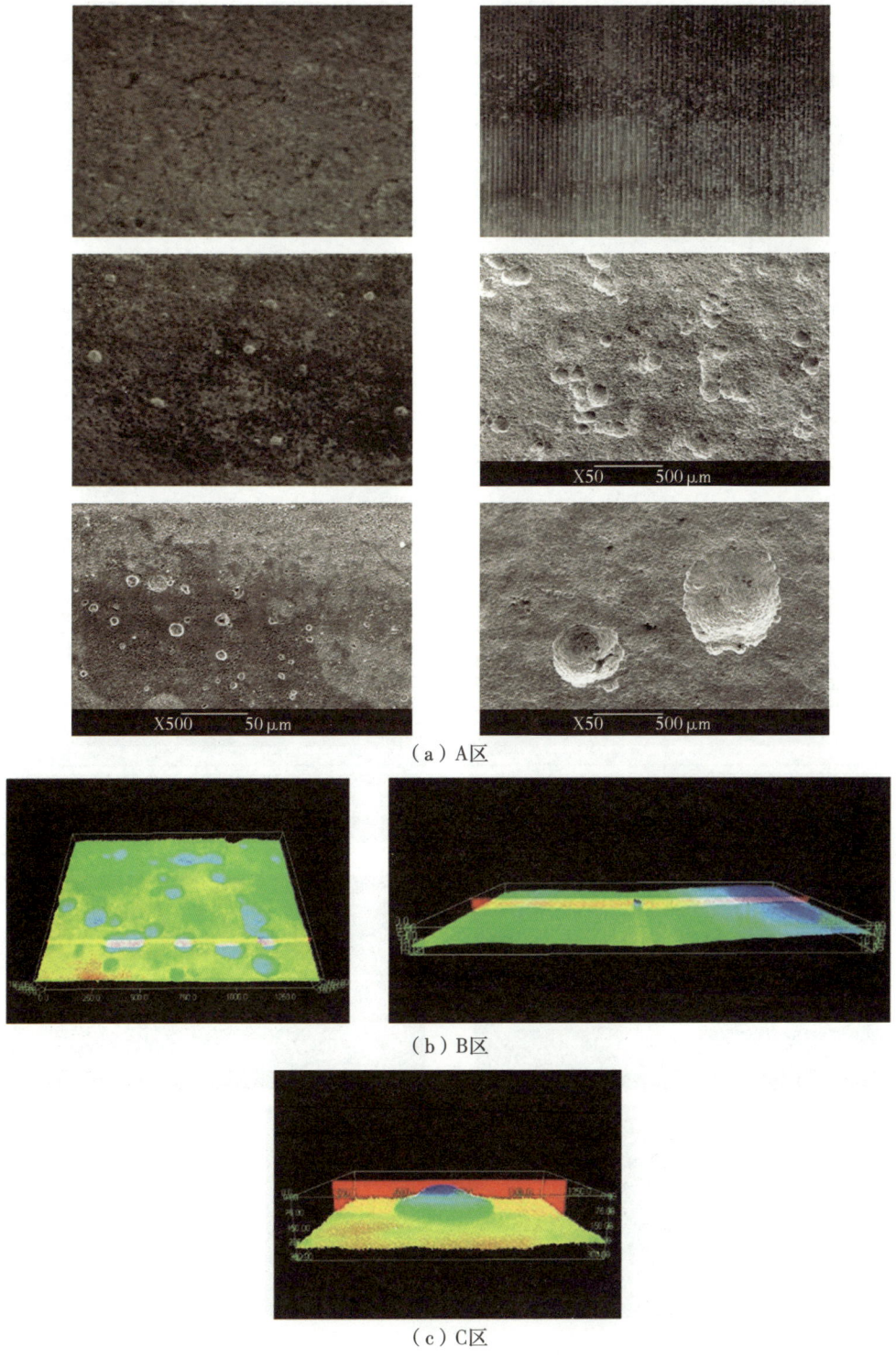

(a) A区

(b) B区

(c) C区

图 3.3.20 内壁未喷砂处理的超级 13Cr 油管的宏观、微观腐蚀形貌
及点蚀深度的激光共聚焦图谱

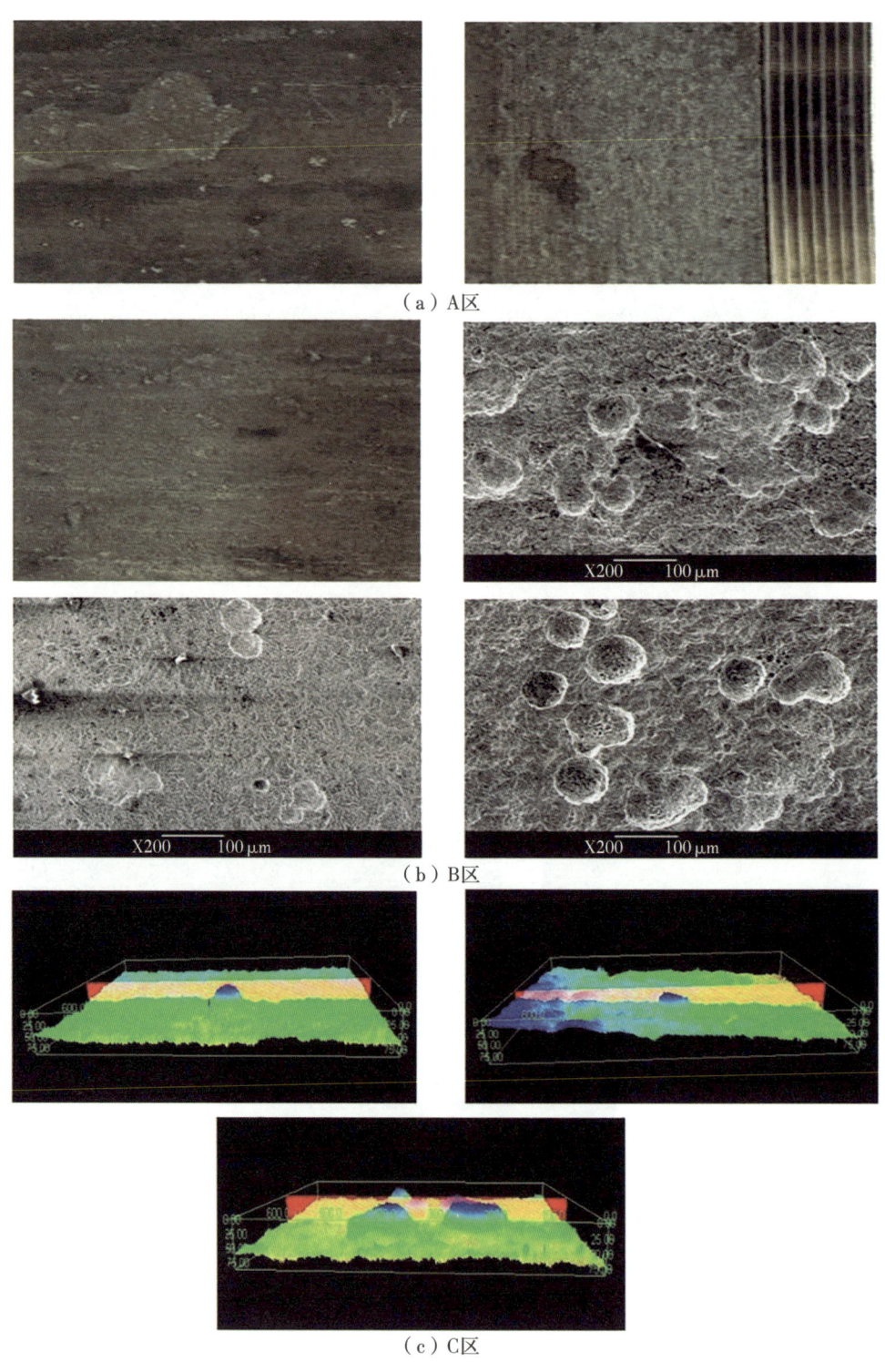

图 3.3.21 内表面喷砂处理的超级 13Cr 油管的宏观、微观腐蚀形貌
及点蚀深度的激光共聚焦图谱

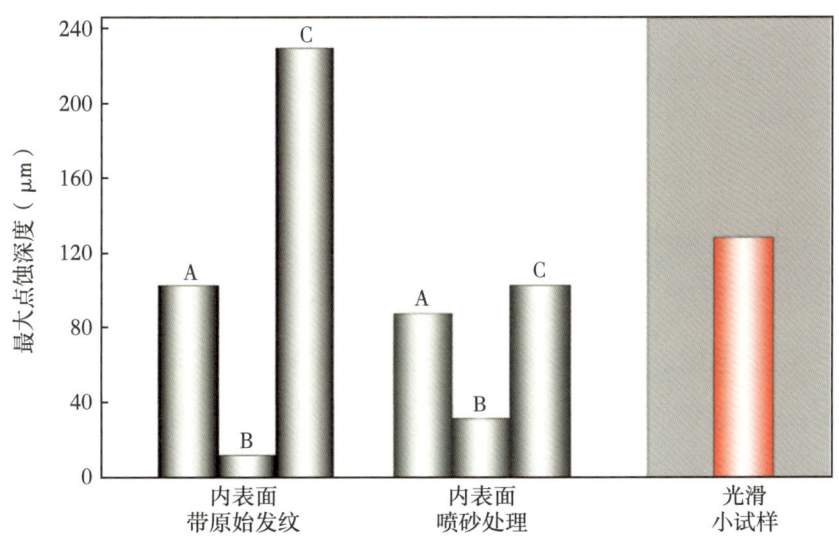

图3.3.22 两种内表面状态超级13Cr油管的最大点蚀深度对比分析

3.3.2.3 超级13Cr在鲜酸、残酸及地层水CO_2环境中的界面特性表征

不锈钢良好的耐蚀性在于其表面存在致密的、保护性好的钝化膜,该层膜具有半导体性质,其禁带宽度为1~4eV。按照Sato离子选择性模型,不锈钢耐蚀材料表面双层钝化膜具有双极性离子选择性特征,即内层膜主要为Cr的氧化物(如Cr_2O_3),属于p型半导体特征,具有阴离子选择性;外层膜主要为Cr的氢氧化物[如$Cr(OH)_3$]及Fe的氧化物等,属于n型半导体特征,具有阳离子选择性。不锈钢钝化膜的双极性结构能够有效阻止金属离子通过迁移和溶液中的离子的侵蚀,提高材料的耐蚀性。

不锈钢钝化膜的双极性半导体特征可借助极化曲线和Mott-Schottky(M-S)曲线测试来表征。对于n、p型半导体空间电荷层电容(C_{SC})与电位(E)的关系,可用Mott-Schottky方程分别描述[15]:

n型半导体:

$$\frac{1}{C_{SC}^2} = \frac{2}{\varepsilon\varepsilon_0 e N_d A^2}\left(E - E_{FB} - \frac{KT}{e}\right) \qquad (3.3.3)$$

p型半导体:

$$\frac{1}{C_{SC}^2} = \frac{2}{\varepsilon\varepsilon_0 e N_a A^2}\left(E - E_{FB} - \frac{KT}{e}\right) \qquad (3.3.4)$$

式中 ε_0——真空介电常数，$8.85×10^{-12}$ F/m；

ε——室温下钝化膜的介电常数，取 15.6[16]；

N_d，N_a——施主浓度和受主浓度，cm^{-3}；

E_{FB}——平带电位，V；

K——为玻尔兹曼常数，$1.38×10^{-23}$；

T——绝对温度；

e——电子电量，$1.602×10^{-19}$C，室温下 KT/e 约为25mV，可以忽略不计。

图3.3.23为超级13Cr马氏体不锈钢油管材质在鲜酸（pH=0.44）、残酸（pH=2.9）及地层水CO_2腐蚀环境（pH=2.9）中的极化曲线测量结果（80℃）。表3.3.7为不同腐蚀条件下的腐蚀电位、自腐蚀电流密度及Tafel斜率汇总。可以看出，在鲜酸腐蚀条件下，超级13Cr马氏体不锈钢阴、阳极反应均处于活化状态（阳极未出现钝化区），腐蚀速率极大；在残酸和地层水腐蚀条件下，马氏体不锈钢的阳极区出现钝化现象，钝化膜起到良好的保护作用，腐蚀速率显著降低。但由于残酸的pH值较低，对钝化膜的破坏性较强，钝化膜的保护性、耐蚀性下降，相比于地层水腐蚀条件，腐蚀速率增大，稳定钝化区的范围显著区间减小。

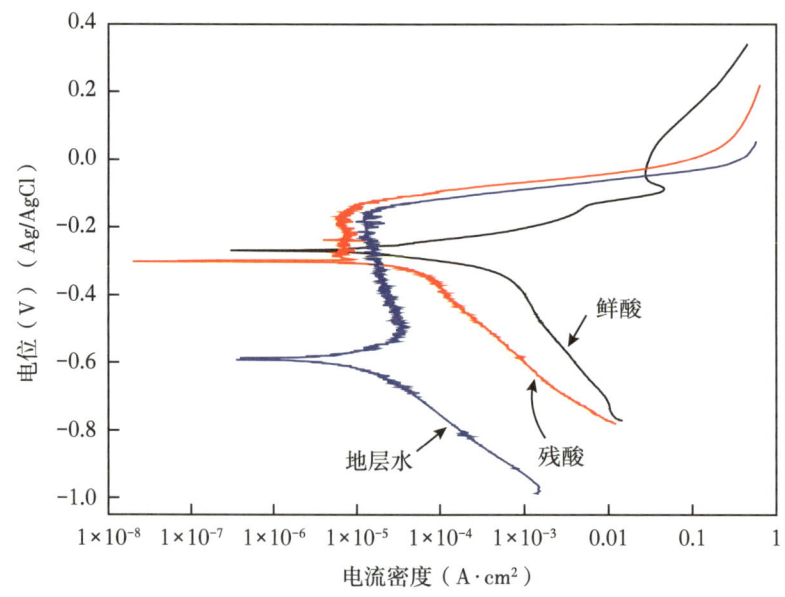

图3.3.23 不同腐蚀条件下（80℃）超级13Cr马氏体不锈钢的极化曲线

表 3.3.7 不同腐蚀条件下马氏体不锈钢的腐蚀电位、自腐蚀电流密度及 Tafel 斜率

腐蚀介质	$E_{cor(Ag/AgCl)}$ (mV)	I_{cor} (A/cm^2)	b_a (V/dec)	b_c (V/dec)
鲜酸	-269	1.09×10^{-4}	0.0960	-0.2952
残酸	-301	4.2×10^{-5}	—	-0.2108
地层水	-592	1.31×10^{-5}	—	-0.1809

图 3.3.24 是超级 13Cr 马氏体不锈钢在地层水 CO_2 腐蚀条件下测得的 M-S 曲线（80℃；测试频率为 1000Hz，电位变化区间 -1.5~0eV，阶跃电位 50mV）。从中可以看出，M-S 曲线出现了正、负斜率的两个线性区，但由于体系电化学性质的复杂性，故并非呈现出绝对的线性。超级 13Cr 马氏体不锈钢在地层水 CO_2 腐蚀环境中的钝化膜呈现 n-p 型半导体特性，R1 区间 M-S 曲线斜率为负值，说明在此电位区间钝化膜的半导体性质为 p 型；R3 区间 M-S 曲线斜率为正值，钝化膜体现为 n 型半导体特征。

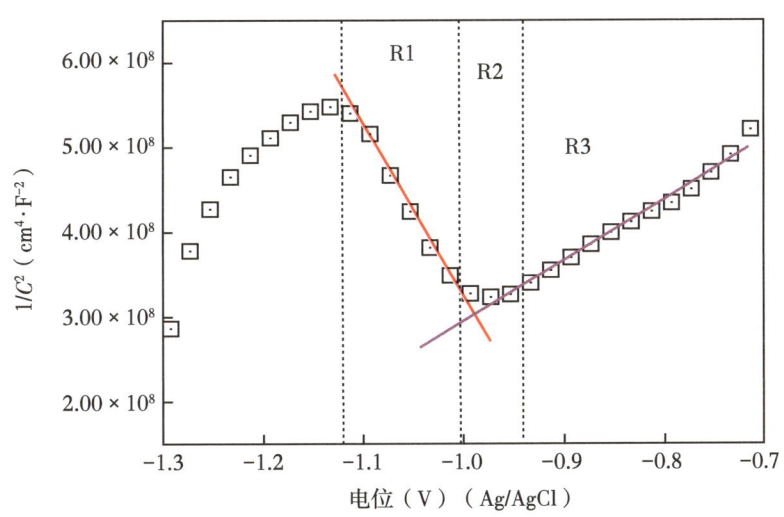

图 3.3.24 超级 13Cr 马氏体不锈钢在地层水 CO_2 腐蚀环境中的 M-S 曲线

图 3.3.25 是超级 13Cr 马氏体不锈钢在残酸溶液中（含 CO_2）测得的 M-S 曲线（80℃），M-S 曲线同样出现了具有正、负斜率的两个线性区，具有 n-p 型半导体特征。区间 R1 内 M-S 曲线的斜率为负值，钝化膜的半导体性质为 p 型；区间 R3 内 M-S 曲线的斜率为正值，钝化膜的半导体类型为 n 型。但相对于图 3.3.24 中 R3 区间，由于残酸溶液的 pH 值较低（相比于地层水 CO_2 腐蚀介质），腐蚀性较强，n 型半导体的线性区并不太明显，表明外层钝化膜完整

性受到一定程度的破坏，耐蚀性有所降低。

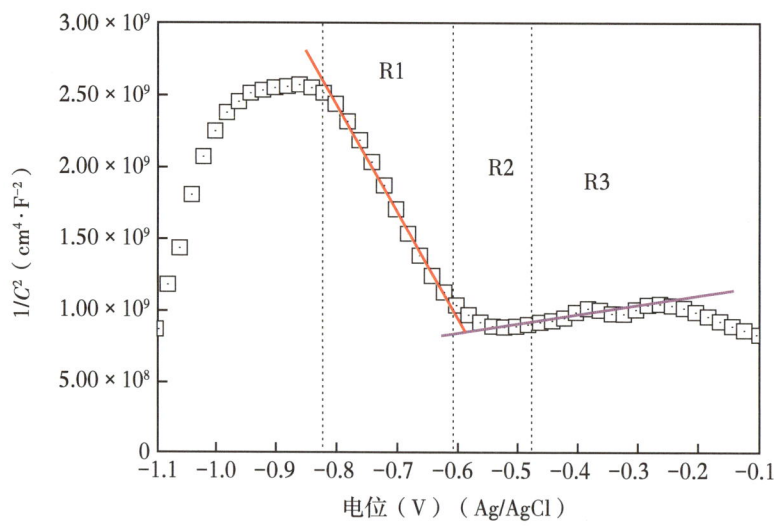

图3.3.25 超级13Cr马氏体不锈钢在残酸溶液中的M-S曲线

图3.3.26为超级13Cr马氏体不锈钢在鲜酸溶液中（加5.1%缓蚀剂）测得的M-S曲线（80℃）。从图中可以看出，在极低pH值状态下，在R1区间马氏体不锈钢的M-S曲线已经没有斜率为负值的线性区，试样表面不存在钝化膜（内层钝化膜已经完全溶解），不锈钢处于活化状态。至于R3区间M-S曲线出现斜率为正值的线性区，这可能与酸化缓蚀剂的吸附作用有关。

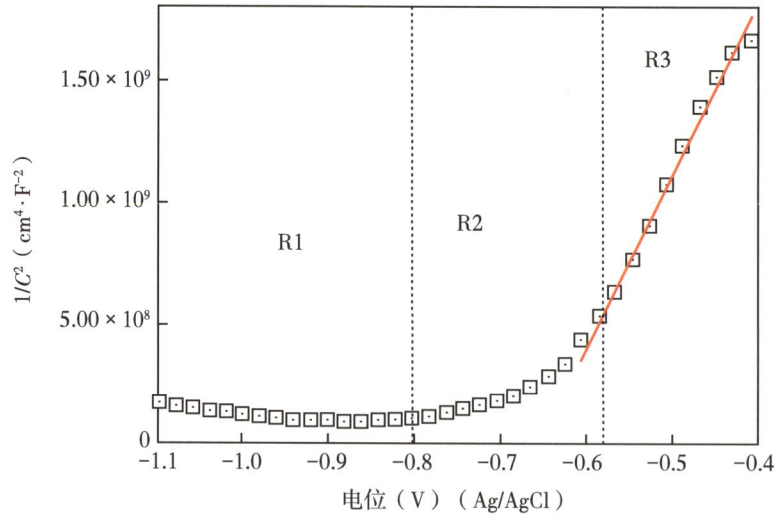

图3.3.26 超级13Cr马氏体不锈钢在残酸溶液中的M-S曲线（80℃）

取 R1、R3 区间的线性关系，根据上述 Mott-Schottky 关系式，得出超级 13Cr 马氏体不锈钢内、外层钝化膜在残酸及地层水 CO_2 腐蚀环境中的施主和受主浓度及平带电位（表 3.3.8）。从中可以看出，相比于地层水腐蚀条件，残酸溶液中不锈钢钝化膜的施主浓度（外层钝化膜）明显升高，而受主浓度（内层钝化膜）未发生明显变化，这说明钝化膜内层没有受到影响，但外层受到一定程度的破坏；外层钝化膜掺杂浓度升高后，平带电位发生了明显的正移，钝化膜的致密度下降，保护性、耐蚀性降低。

表 3.3.8 超级 13Cr 马氏体不锈钢钝化膜在残酸及地层水 CO_2 腐蚀环境中的掺杂浓度和平带电位

腐蚀介质	p 型半导体		n 型半导体	
	N_A（cm^{-3}）	E_{FB}（V）	N_D（cm^{-3}）	E_{FB}（V）
地层水	2.31×10^{19}	-0.83	8.49×10^{19}	-1.76
残酸	2.32×10^{19}	-0.45	1.58×10^{20}	-1.4

由上所述，超级 13Cr 马氏体不锈钢在酸化及生产过程中的耐蚀性取决于钝化膜的稳定性及金属原子的离子化倾向。上述实验结果表明，在鲜酸腐蚀条件下，尽管存在酸化缓蚀剂的保护，但由于腐蚀介质的 pH 值极低（pH = -0.44），马氏体不锈钢处于活化状态，并且 Cr 元素的化学活性高于 Fe 元素，其离子化倾向要高于 Fe，腐蚀速率极大；在残酸及地层水 CO_2 腐蚀环境中，马氏体不锈钢处于钝化状态，其钝化膜具有双极性 n-p 型半导体特征，能够阻止金属阳离子（如 Fe^{2+}、Cr^{3+} 等）从金属基体或合金中迁移，也能防止从溶液中渗入的阴离子（如 Cl^- 等）对基体产生侵蚀，从而赋予超级 13Cr 马氏体不锈钢良好的耐蚀性，腐蚀速率显著降低。但由于残酸溶液的 pH 值较低（通 CO_2 后 pH 值为 2.9），其腐蚀性明显高于地层水 CO_2 环境，稳定钝化区范围显著减小，外层钝化膜掺杂浓度升高，平带电位正移，钝化膜的致密度下降，耐蚀性降低，这也是马氏体不锈钢在腐蚀介质的 pH 值低于 3.5 时，耐蚀性显著降低的根本原因。而在地层水 CO_2 环境中，由于其 pH 值较高（通 CO_2 后 pH 值为 5.0），钝化膜掺杂浓度低，保护性良好，超级 13Cr 马氏体不锈钢腐蚀速率极低。因此，在超级 13Cr 马氏体不锈钢油管的使用过程中，酸化压裂的鲜酸腐

蚀是造成其发生腐蚀，特别是点蚀的主要原因。超级 13Cr 马氏体不锈钢油管在整个服役寿命内的耐蚀性，关键取决于酸化压裂后，其表面能否重新建立钝态并维持钝态。

3.4 优化高温高压井油套管柱选择流程

无论是长期可靠性和完整性，还是所用资本回报，优化套管和完井管柱对油气开采项目的成功至关重要。套管和完井管柱包括套管、衬管（尾管）和油管等各种石油专用管材，此外，井下设备还可能包括封隔器、井下安全阀、气举芯轴和化学注入阀等。油管和套管材料通常是完井成本的最大部分。

通常，完井管柱（包括生产套管和油管柱）所处的服役环境可简单分为以下四种：(1)流动润湿环境。材料暴露于流动的产出流体环境中，比如生产井的油管柱内壁。(2)静止的产出流体环境。材料暴露于静止的产出流体环境中，没有连续置换，也不流动，比如完井封隔器至油管末端之间的生产套管内壁。(3)完井液（环空保护液）环境。材料浸润在非产出流体中，比如封隔器以上的油管外壁。需要注意的是，许多完井用的卤盐溶液具有腐蚀性，而溶解氧或其他污染物的存在还会增加腐蚀风险。(4)应力。管柱受拉伸载荷或受内压，导致材料承受拉伸应力，这是应力腐蚀开裂发生的必要条件。

图 3.4.1 简要标出了在生产阶段完井管柱所处的典型服役工况，更详细的

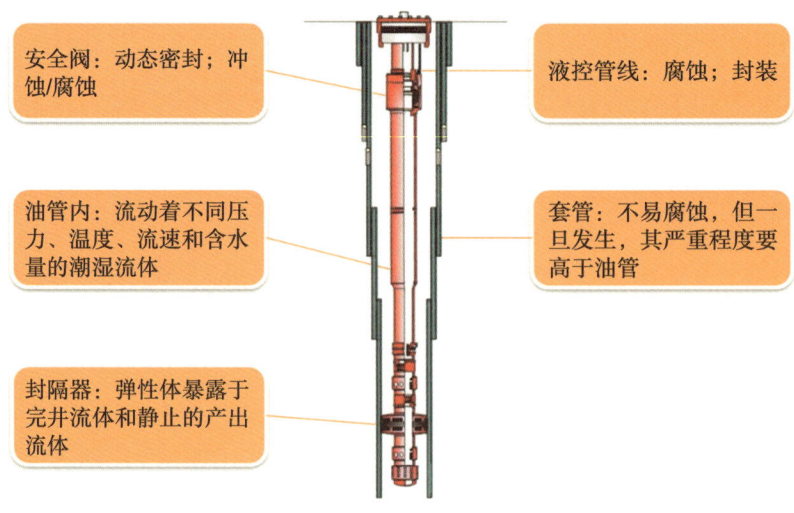

图 3.4.1 完井管柱所处工况示意图

工况见表 3.4.1。

表 3.4.1　生产阶段和酸化改造是完井管柱所处的典型工况

工况阶段	部件或部位	所处环境	问题
正常生产	油管内壁	产出流体	腐蚀性介质，如二氧化碳造成的腐蚀，硫化氢造成的氢脆等
	油管外壁套管内壁	完井液、气举气和潜在的溶解氧	入井流体与完井材质的不兼容，包括带入井筒的腐蚀性气体；油管与套管形成缝隙和电偶
	油管接头	产出流体和油套环空	泄漏；应力集中而增强的机械失效或应力腐蚀开裂敏感性
正常生产	套管尾管	产出流体	失效后可能气窜、出水、出砂
	油管尾管	产出流体	所受应力较低不易断裂；失效后果轻微
酸化改造	油管，封隔器以下的生产套管	鲜酸	酸液腐蚀，需要关注缓蚀剂的高温稳定性
		残酸	缓蚀剂已经消耗完毕，一般来说，返排时间决定腐蚀程度
	油管接头	较大变化的载荷	酸液注入时，油管柱降温收缩，拉伸载荷增大；残酸返排时，油管柱升温伸长，压缩载荷增大

需要注意的是，封隔器坐封位置不同会导致套管所处环境不同。如果坐封在套管尾管上，上部的生产套管或者回接套管均不会接触产出流体；而坐封在上部的生产套管底部，会让生产套管的一部分接触产出流体，同时，尾管悬挂器也会浸泡在产出流体中，此时不仅需要考虑尾管的腐蚀，上部生产套管的腐蚀也需要考虑。

完井管柱腐蚀一般会导致井完整性的失效，不同部件的失效会造成不同程度的后果（按后果严重程度顺序）。

（1）防砂筛管腐蚀。会导致出砂，可能导致井被废弃或侧钻。

（2）套管腐蚀。可能导致井被废弃，或起管柱作业后进行套管修复或跨隔封隔。

（3）油管腐蚀。可采用补贴/封隔，或更换管柱的方式修复。管柱腐蚀严重会增加作业难度。管柱腐蚀即使不影响井完整性，也会使壁面粗糙度增大，从而降低流体注入和产出效率。

（4）封隔器泄漏。可挤水泥修复或修井。

（5）套管尾管腐蚀。会导致气窜或出水。一般很难发现，也难以修复。

（6）某些腐蚀产生的后果不严重，比如固井质量良好且不处于渗水层的套管。

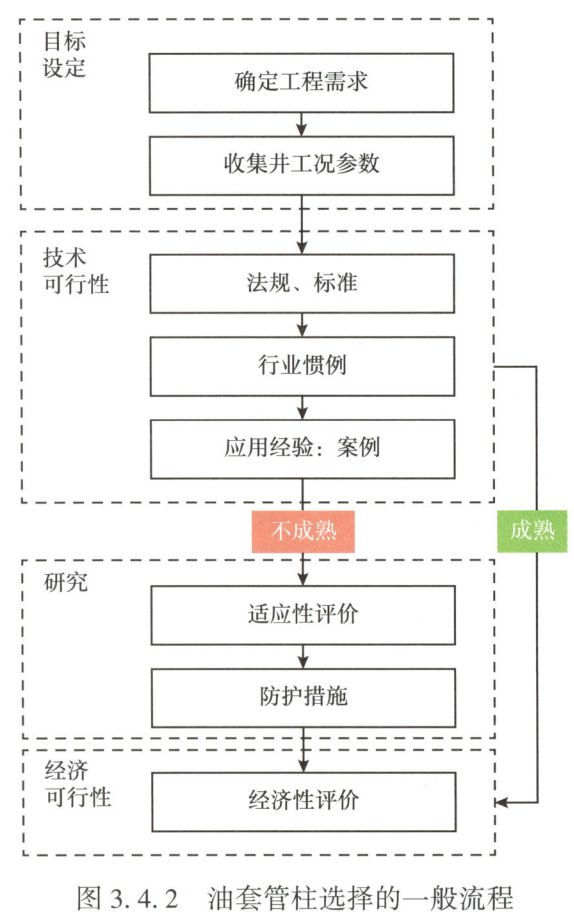

图 3.4.2　油套管柱选择的一般流程

所有腐蚀都会有腐蚀产物生成，腐蚀产物如铁锈、残片等造成地层堵塞（如注水井），不易安装桥塞、封隔器等。

按照实用化的原则，油套管柱的选择应该以工程目的为导向，在保证达成完井和后续生产的目的基础上和保障井资产安全的前提下，实现经济效益的最大化。因为必须权衡安全性和经济性之间的关系，在对每个部件进行选择时，不仅仅需要关心材质的选择，更重要的是要整体考虑产品的选择。图 3.4.2 列出了油套管柱选择的一般流程。

工程需求对于关键部件来说，可以概述为强度、密封和腐蚀等三个方面。强度是指油套管柱应该满足结构完整性的要求，一般意义上的强度概念可能仅仅只关心材料是否会发生屈服，我们在进行管柱力学校核的时候使用的许用应力（安全系数）法就是这样。但是，在特定环境中使用的材料，还需要考虑其他方面的影响：比如在深井中油管由于刚度不足产生的屈曲是否会对结构和密封产生不利的影响；发生腐蚀之后材料强度的下降；敏感材料发生应力腐蚀开裂的可能性；交变载荷下疲劳和腐蚀疲劳发生的可能性等因素。密封是指油套管柱应该满足密封完整性的要求，按介质特性的不同，分为液体密封和气密封；按密封部件可以分为非金属密封件和金属对金属密封。需要注意的是，API 标准接头使用过盈螺纹配合加螺纹脂的方式进行密封，能够有效地密封液体，但不能密封气体。从广义上讲，腐蚀是指油套管柱与环境介质的相互作用。可以分为失重腐蚀和环境开裂两类，前者的发生可能造成穿孔泄漏，也可能造成整体强度下降，其影响是渐进的；而后者的发生会造成整体结构的破坏，通常没有任何征兆，很多时候是灾难性的。

因此，在确定工程需求阶段，应该对所需要满足的工况条件进行排序，分为必要的和可选的两类，在之后的材料选择环节才能更有针对性。表 3.4.2 是一个例子，假设某个开采环境中同时含有 H_2S 和 CO_2，其分压分别超过了 10kPa 和 0.21MPa。按照选材推荐，718 镍基合金同时满足抗硫化物应力开裂和耐 CO_2 腐蚀的条件，但是其价格昂贵，可能导致没有开发效益。另外两种材质，超级 13Cr 可以耐 CO_2 腐蚀，但是 ISO 15156 标准不推荐其用在 H2S 分压超过 10kPa 的环境；C110 材质可以抗硫化物应力开裂，但是如此高的 CO_2 分压可能会对其造成较为严重的腐蚀。基于前述的分析，我们认为环境开裂是"必要的"工况条件，应优先满足，C110 可以作为备选材质，而超级 13Cr 不锈钢不应被使用。至于最终选择 718 镍基合金、C110 低碳抗硫钢还是哪种其他的材质，要综合考虑经济性分析的结果。

表 3.4.2 不同材质与不同腐蚀环境的兼容性示例

	p_{H_2S}>10kPa	p_{CO_2}>0.21MPa
S13Cr 不锈钢	×	√
C110 低碳抗硫钢	√	×
718 镍基合金	√	√

在材料和产品选择的环节，首先依据的是行业标准和规范。美国石油协会在这方面做了非常多的开创性工作，国内的很多标准也是对相应标准进行采标或者修改采用。表 3.4.3 列举了相关的 API 和 ISO 标准。除了 ISO 15156 是明确了哪些材料可以使用在含硫化氢环境中以外，其他标准通常只是对产品本身的功能、性能和设计进行规定，而对于应该使用在哪种腐蚀环境，并无相应的规定和推荐，选择使用哪种材料是用户（确切地说是材料工程师或者腐蚀工程

师)的职责。即使如此,这些标准也为我们提供了行业通行的备选产品列表,框定了基本的选择范围。

表3.4.3 油套管柱相关的石油行业标准

部件	标准	备注
油套管	API Spec 5CT 油套管 API Spec 5CRA 耐蚀合金油套管	厂家专利产品:马氏体/双相不锈钢、镍基合金、钛合金、非金属
井口	API Spec 6A 井口装置和采油树 API Spec 16A 防喷器	
井下工具	API Spec 11D1 封隔器和桥塞 API Spec 14A 井下安全阀 ISO 14998 完井工具 API TR 1PER15K-1	
通用	ISO 15156 / NACE MR 0175 硫化氢环境中的材料选择	

在进行适应性评价之前,建议依据技术新度等级来规划需要评价的内容和深入程度。基本上国内的每个地区和公司都对四新技术(通常指新技术、新工艺、新材料、新设备,具体项目可能有描述方面的差异)的应用有相应的规定,这里所说的新度等级就是指这些技术到底有多"新",是与技术成熟度意思相反的表述方式。根据具体的工业实践,可以自行定义新度等级,这里举一个通俗的例子,见表3.4.4。使用描述产品特性和适用工况的二维矩阵来对新度等级进行定性划分:位于表的左上角的技术是非常成熟的,需要评价的内容非常少,有时候可能仅仅需要审一下文件即可;而越往右下角,技术新度等级越高,需要评价的内容越多,程度越深,有时候甚至因为评价这件事本身消耗的资源太多而变得不可行。

表3.4.4 技术新度等级划分示例

环境或工况	产品			
	有标准	用得挺广	好像听过	刚出炉的
熟门熟路				
有点变化				
看/听人搞过				
没人整过				

适应性评价的方式包括形式审查、验证试验、第三方评审、现场经验，以及模拟试验、计算和校核等多种方法。对于具体的油套管柱来说，完整的评价流程应至少涵盖两个关键内容：制造商的生产工艺和质量体系的评定，具体的产品认证。以下简述这个步骤需要考虑的要点。

(1) 材料选择。上文已经介绍了相关的材料选择标准，实际上，材料选择受到许多因素影响。碳钢或低合金钢通常代表最低的初期成本选项，但这种选择可能会导致与腐蚀监测、腐蚀防护和定期更换管柱相关的额外运营支出。耐腐蚀合金（CRA）可以提供更高的井完整性和更低的运营成本，但初期成本更高。耐蚀合金包括马氏体、双相不锈钢以及镍基合金。通常，合金元素含量越高，合金的耐腐蚀和抗开裂性能越好。这些合金通过添加非常昂贵的合金元素铬、钼和镍来实现其优异的性能。因此，针对具体的工况环境优化合金选择，无论是选择 CRA 而不选择普通碳钢，还是选择 CRA，都会对全生命周期的经济性产生重大影响。

(2) 材料环境适应性试验。在进行材料评价时，包括考虑所有流体和生产工况以确保全面评估是非常重要的。产出流体条件也可能随时间而改变，例如，储层酸化（由于地层中存在的微生物或来自海水注入）可能潜在的增加硫化氢水平从而超过原始完井设计基准。因此，应考虑基于油藏模拟数据的采出水化学变化或其他变化的可能性，并将其纳入材料选择和任何所需的环境评定。试验评价的优先级按照失效后果进行排序，首先应关注环境断裂（通常是硫化物应力开裂和应力腐蚀开裂），其次是局部腐蚀（如 CRA 的点蚀，不同材质的电偶腐蚀，固态物质的冲刷），最后才是均匀减薄的影响。

(3) 材料制造评定和采购质量。强烈建议对于所有的候选制造商经过生产工艺过程和质量体系评估。按照行业惯例，石油设备的制造商会进行 API 相应标准的取证，制造相关的质量标准为 API Spec Q1（对应 API 标准产品，ISO 9001 对应非标产品），油套管相关的标准为 API Spec 5CT，这些证书表明制造商通过了 API 的认证，但实际上，各个制造商的技术和质控水平千差万别，在使用其产品之前进行评估是保证后续安全的必要条件。对于高温高压环境设备的制造商，除了初次的评估外，建议定期(一般为 3 年)进行资格审查。

（4）产品认证。材料评价试验也是产品认证的组成部分，不过这里要强调的是，油田用户使用的是最终成品，影响使用效果的还包括其结构设计和加工质量等因素。对于油套管，热处理、轧制等工艺均会带来工业品特有的缺欠，工艺参数对其影响很大，一般来说，材料试验评价时为保证试验的可重复性，使用的是精细加工的试样，会将很多影响因素都排除在外，因此，对于产品制造过程的评估就更加显得重要了。另外，油套管是靠螺纹接头连接和密封的，其设计的认证对于高温高压井至关重要。石油行业一般参照 ISO 13679／API RP 5C5 对油套管接头进行认证，主要包括抗粘扣性能、载荷包络线和极限载荷试验。

（5）补充力学性能测试。油套管一般是热轧成型的，冷加工的产品是各向异性的（对于不同的载荷方向，有着显著不同的机械性能），对于这些钢级，除了标准的纵向拉伸试验外，还需要补充进行包括横向（环向）拉伸试验和纵向压缩试验；此外，冷加工产品在高温下的屈服强度降低可能比热轧产品更大，在高温高压环境中使用之前最好能够拿到准确数据以用于校核。抗外挤性能的计算结果可能会显著低估油套管的实际能力，专门用于抗挤毁设计的套管，需要在产品认证时进行挤毁试验，用以进行服役边界的确定。

经济性评价在此不做论述，但费用之外还需要考虑产品的易得性，包括多渠道供货、交货时间、特殊材料的价格波动等因素。在油套管柱的使用过程中，还需注意全生命周期的考虑。除上述已经提及的从入井到废弃所有可能接触的入井流体外，还应考虑在入井前的保护。比如，不锈钢依靠基于氧化铬的薄膜获得耐腐蚀性能，与碳钢链条接触会产生表面铁污染，运输和使用过程中的不正确操作会造成上述薄膜的不稳定，从而在接触部位诱发点蚀。因此，不锈钢需要特殊的装卸操作以避免这种接触以防止点蚀。油田用户从进行油气井的工程设计开始，就需要将油套管等关键的部件纳入质量控制流程中来，以保证最终的工程实现最初的设计目的。

参 考 文 献

[1] 汪海阁，李万平，郭晓霞．高压高温钻完井技术进展［R］．北京：中国石油经济技术研究院，2009，1-9.

[2] Shadravan A, Amani M. HPHT 101-What Petroleum Engineers and Geoscientists Should Know About High Pressure High Temperature Wells Environment [J]. Energy Science and Technology, 2012, 4 (2): 36-60.

[3] 郑力会, 张金波, 杨虎. 新型环空保护液的腐蚀性研究与应用 [J]. 石油钻采工艺, 2004, 26 (4): 13-16.

[4] Boles J, Ke M J, Parker C. Corrosion Inhibition of New 15 Chromium Tubulars in Acid Stimulation Fluids at High Temperatures [C]. The 2009 SPE Annual Technical Conference and Exhibition held in New Orleans, Louisiana, USA, 4-7 October, 2009.

[5] Bayol E, Gürten T, Ali G A, et al. Interactions of some Schiff base compounds with mild steel surface in hydrochloric acid solution [J]. Materials Chemistry and Physics, 2008, 112 (2): 624-630.

[6] Ke M J, Boles J. Corrosion Behavior of Various 13 Chromium Tubulars in Acid Stimulation Fluids [C]. The 1st International Symposium on Oilfield Corrosion held in Aberdeen, Scotland, U.K., 28 May, 2004.

[7] ISO 15156-3: (2011) [S]. Petroleum and Natural Gas Industries - Materials for Use in H_2S-Containing Environments in Oil and Gas Production-Part 3: Cracking-Resistant CRAs (Corrosion Resistant Alloys) and Other Alloys.

[8] Sato N. Interfacial Ion-Selective Diffusion Layer and Passivation of Metal Anodes [J]. Electrochemical Acta, 1996, 41 (9): 1525-1532.

[9] NACE SP 0775—2013 [S]. 油田腐蚀挂片的准备、安装、分析和解释.

[10] Felton P, Schofield M J. Understanding the High Temperature Corrosion Behaviour of Modified 13% Cr Martensitic OCTG [C]. 53th NACE Annual Conference, San Diego, California, March 25-27, 1998. Houston: Omnipress, 1998.

[11] Ibrahim M Z, Hudson N, Selamat K. Corrosion Behabior of Super 13Cr Martensitic Stainless Steels in Completion Fluids [C]. 58th NACE Annual Conference, SanDiego, California, March 16-20, Houston: Omnipress, 2003.

[12] DeBruijn G, Skeates C. 高温高压油田技术 [J]. 油田新技术, 2008, 20 (3): 46-60.

[13] Chambers B, Venkatesh A, Gambale D. Performance of Tantalum-Surface Alloy on Stainless Steel and Multiple Corrosion Resistant Alloy in Laboratory Evaluation of Deep Well Acidizing Environment [C]. 66st NACE Annual Conference, March 13-17, Houston, Texa. Houston: Omnipress, 2011.

[14] 曹楚南. 腐蚀电化学原理 [M]. 北京：化学工业出版社，2004.

[15] Morrison S R. Electrochemistry at semiconductor and oxidized electrodes [M]. New York：Plenum Press, 1980.

[16] Macdonald D D, Urquidi-Macdonald M. Theory of Steady-State Passive films [J]. Journal of Electrochemical Society, 1990, 137 (8)：2395-2401.

4 超级13Cr油管在塔里木的应用实践

任何工业材料最终是要用在环境中的,石油天然气的开采环境决定了作为流动通道的油管始终会面临载荷、温度和腐蚀环境的影响。超级13Cr油管在高温高压气井中的服役是一个"力学—化学"耦合的复杂问题。本章紧接第三章的选材策略,首先就塔里木油田高温高压井中的油管应用历程做简要介绍,之后重点针对实践过程中遇到的问题,详细阐述了解决思路、应对措施和应用效果。

4.1 高温高压气井油管材质应用历程

自塔里木油田开发以来,高温高压气井油管选材经历了三个阶段,即使用碳钢(低合金钢)和普通API 13Cr油管阶段,使用改进型13Cr油管阶段、使用超级13Cr油管阶段,塔里木油田高温高压油气井油管选材历程如图4.1.1所示。

4.1.1 使用碳钢和普通13Cr油管的第一阶段

牙哈作业区自2000年11月投产,凝析油气藏的原始地层压力为56.3MPa,地层温度为137℃,CO_2含量0.7%~1.3%。该区块最初使用碳钢油管,两年后即发生了井口采气树及油管内壁的严重腐蚀,普通碳钢油管的寿命仅3年左右[图4.1.2(a),以穿孔导致油管柱泄漏为判断依据]。后陆续对15口井进行修井更换管柱作业,11井次更换为普通API 13Cr油管,6井次更换为碳钢内涂层油管。普通API 13Cr油管使用寿命可超过4年(初期估算值,目前普通13Cr油管在该区块的正常服役年限已超过10年),而碳钢内涂层油管使用不到两年就出现

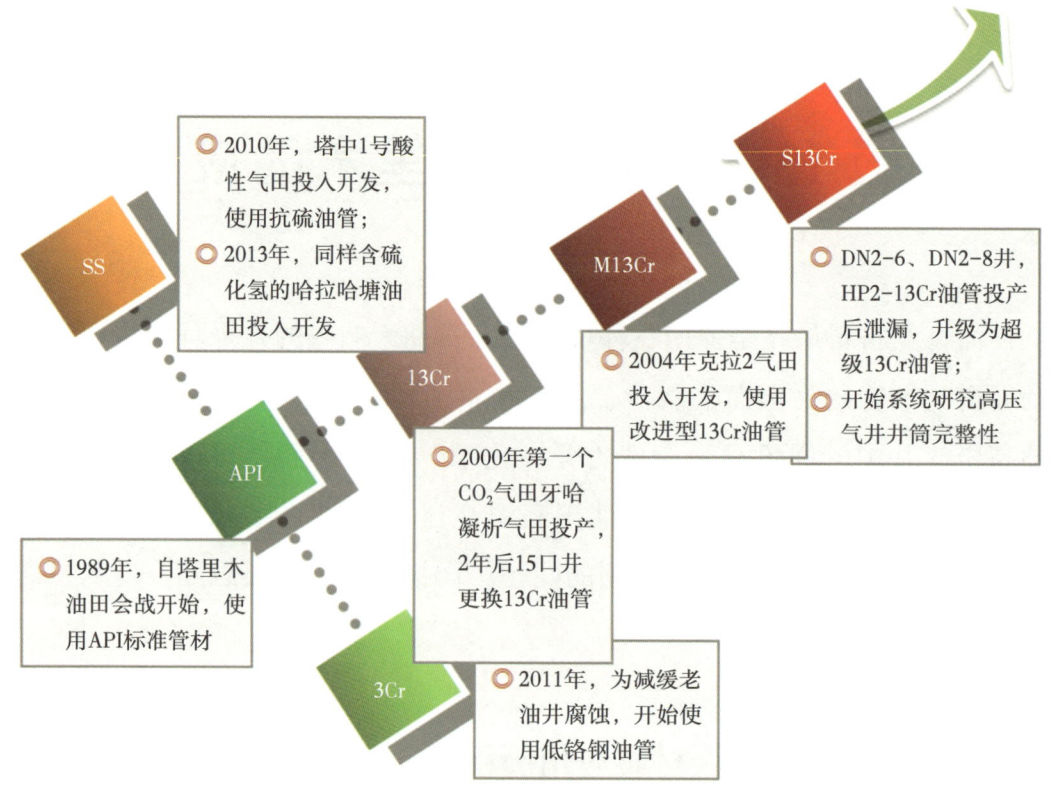

图 4.1.1　塔里木油田高温高压油气井油管选材历程

各类问题，包括内涂层和油管基体的失效[图 4.1.2(b)（c）]。塔里木油田在此阶段认识到高温高压气井保证油管柱完整性的重要性，由此开启了高压高温气井油管选材的针对性评价工作。

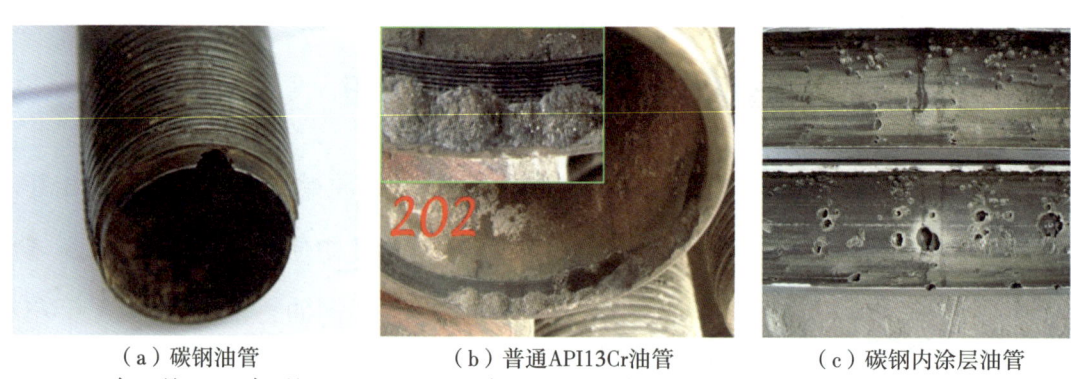

（a）碳钢油管　　　　　　　（b）普通API 13Cr油管　　　　（c）碳钢内涂层油管
2000年11月—2003年8月　　　2003年10月—2007年3月　　　2007年5月—2009年2月

图 4.1.2　牙哈作业区油管腐蚀状况

112

4.1.2 使用改进型 13Cr 油管的第二阶段

2009 年,迪那凝析气田的投产,标志着塔里木油田真正进入了高温高压气藏的开发阶段。如迪那 2 区块的气藏中部深度 5137.9m,地温梯度 2.05℃/100m,压力系数为 2.11~2.25,地层压力为 105.41MPa,地层温度为 131℃。塔里木油田在前期应用经验的基础上,在开发方案中明确了油管材质应选用改进型 13Cr 马氏体不锈钢油管(实际产品为 JFE HP1-13Cr110),预期的使用寿命会达到 10 年。然而,除了随气藏埋深增加带来的温度、压力升高外,由于上覆岩层压力的影响,储层的孔隙率和渗透性变差,为达到经济性开发的目的,需要对储层进行酸化改造以增加产能。在完井工艺层面,塔里木采用了改造完井一体化管柱,而酸液使用的是常规的土酸体系,这带来了前期未能预料的问题。

2008 年,DN2-8 井在酸化后的放喷过程中出现了严重的油管柱泄漏。油管起出后发现油管内壁发生了严重的局部腐蚀,集中在管体端部,腐蚀最严重的管柱位于 2000m 井段左右,点蚀深度达壁厚一半(图 4.1.3)。尽管在酸化过程中已经添加了酸化缓蚀剂,而且室内评价酸化缓蚀剂时已经考虑了温度的影响,改进型 13Cr 不锈钢材质仍然在现场施工时发生了严重的腐蚀,后续分析和研究表明,油管材质、缓蚀剂中的增效剂以及现场施工参数均是影响腐蚀的关键因素。在随后的高温高压气田的开发中,塔里木油田除了将油管材质升级为超级 13Cr 以外,还采取了其他相应措施。

(1)改造工艺优化。

①降低酸化液中 HCl 浓度,增加缓蚀剂浓度;

②加大酸化排量;

③增加顶替液量;

④增加反应时间。

(2)优化油管结构设计。

①油管特殊螺纹外螺纹端内倒角≤5°;

②内倒角处粗糙度 Ra≤6.5。

 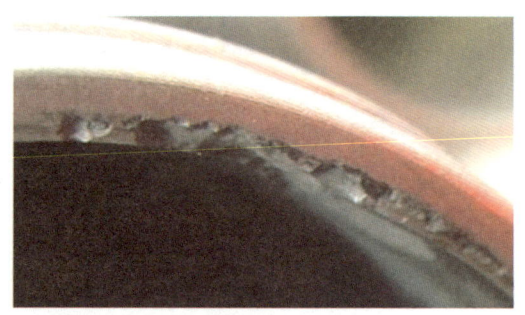

（a）油管现场端主密封面腐蚀　　　　　（b）油管现场端台肩面腐蚀

（c）油管内壁点蚀

图 4.1.3　DN2-8 改进型 13Cr 特殊扣油管腐蚀形貌

4.1.3　使用超级 13Cr 油管的第三阶段

2012 年，大北、克深等区块进入开发阶段，其典型的储层工况为地层压力超过 120MPa，地层温度在 160~170℃，中深为 6500~7000m，CO_2 分压大于 1MPa，并且绝大多数气井需要进行大规模酸化或压裂。塔里木在上述区块均应用了超级 13Cr 材质油管。截至 2019 年年底，超级 13Cr 油管的使用量超过 15000t，100 多井次。

2015 年由于克深 9 区块的发现（井深 7600m 以深，井底压力 131MPa；井底温度 183~204℃），塔里木面临超级 13Cr 油管在高温段可能耐蚀性能不足的问题，目前已选定了 15Cr 材质进行试用。

4.1.4　应用效果

塔里木油田于 2003 年开始使用普通 13Cr 油管，迄今已使用的马氏体不锈钢油管包括普通 13Cr、改进型 13Cr（4Ni-1Mo）和超级 13Cr（5Ni-2Mo）等三种材质，逾 200 井次。2015—2019 年，超级 13Cr 油管用量超过 1.3×10^4t。

就内壁腐蚀情况来看，总体应用情况良好。2015年，塔里木油田专门立项对DN2-22井的改进型13Cr油管的应用情况进行了现场检测和室内分析，证明马氏体不锈钢在油田CO_2环境中具有良好的耐蚀性能。

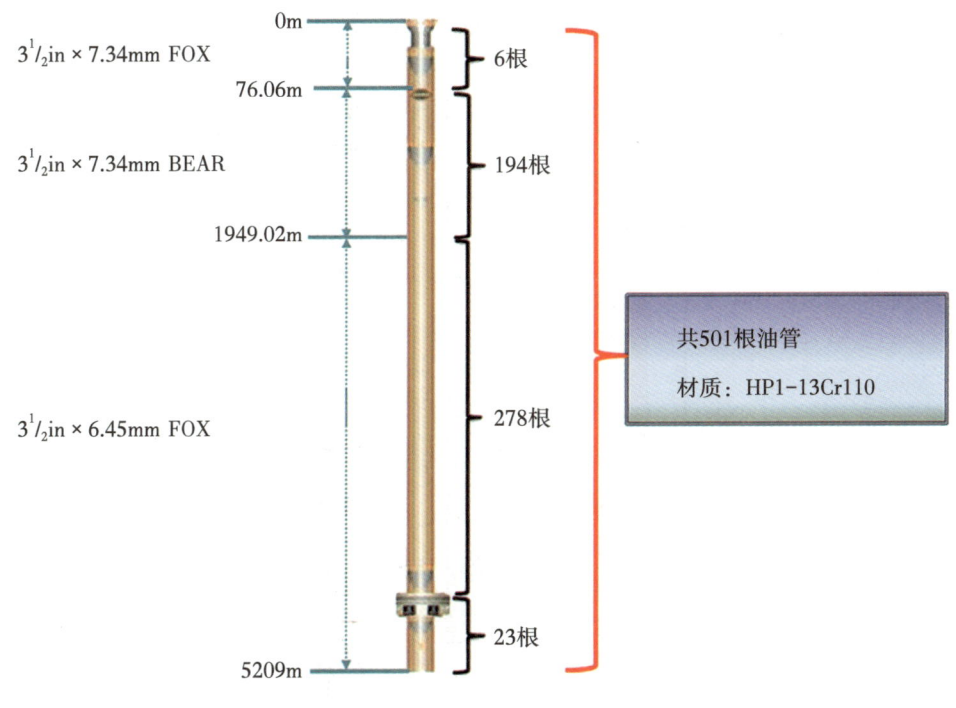

图4.1.4　DN2-22井管柱结构图

DN2-22井于2009年7月开始试油，下入射孔—酸化—完井一体化管柱：3½in×7.34mm JFE HP1-13Cr110 FOX油管+3½in井下安全阀+3½in×7.34mm JFE HP1-13Cr110 BEAR油管+3½in 6.45mm JFE HP1-13Cr110 FOX油管+7in THT封隔器+3½in×6.45mm JFE HP1-13Cr110 FOX油管+生产筛管+射孔枪串。该井地层温度132.44℃，原始地层压力为105.38~107.53MPa。天然气中CO_2含量0.312%~0.353%，平均0.332%，不含H_2S。水样平均密度1.02g/cm³，PH值为7.15，氯根含量为9490mg/L，总矿化度为23130mg/L，水型为$NaHCO_3$。该井于2009年9月开井投产，2015年6月起出管柱检查油管服役时间。

DN2-22井的501根油管均进行了螺纹、端面、内倒角的现场检测。如图4.1.7至4.1.10所示，整井油管均出现了不同程度的腐蚀，统计结果表明，79.2%的油管台肩腐蚀，37.5%的油管台肩面与内倒角夹角腐蚀，32.7%的油

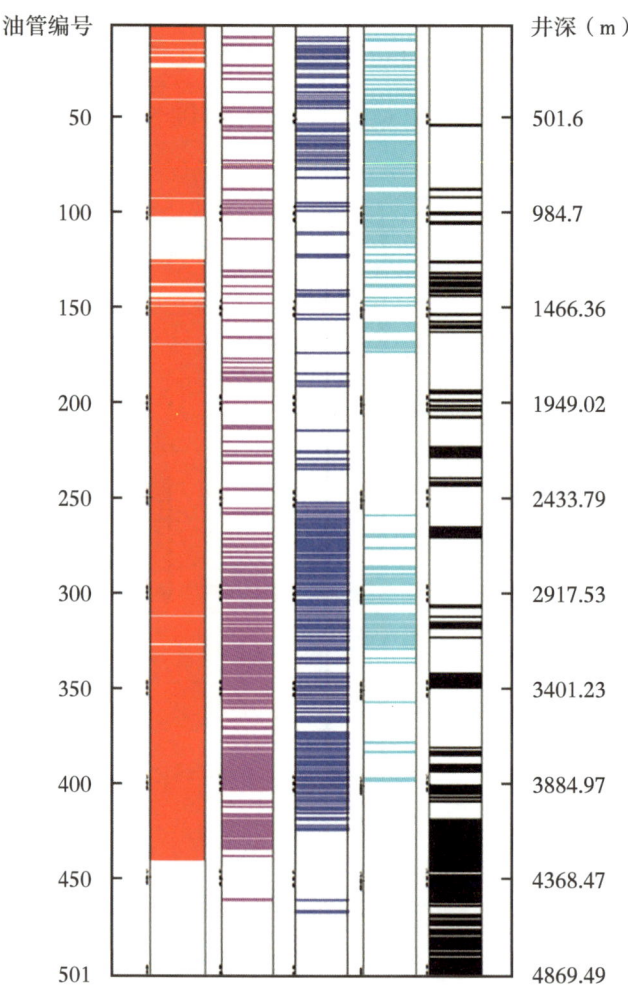

图 4.1.5 各种腐蚀类型在井筒中的位置分布

注：红色—台肩面腐蚀；紫色—内倒角腐蚀；蓝色—台肩面与内倒角夹角腐蚀；
浅绿—油管外螺纹接头内倒角消失部位腐蚀；黑色—螺纹变色

管内倒角腐蚀，26.7%的油管油管外螺纹接头内倒角消失部位腐蚀，29.1%的油管外螺纹接头变色。

为了更进一步地判断腐蚀程度，按照等间隔抽样（原则每500m取分析油管2段）截取26根油管样品进行了室内分析检测。化学成分分析和机械性能检测表明所有样品均符合相应标准。名义壁厚为7.34mm的油管的壁厚测量结果如图4.1.6所示，所有数据点均位于7.34mm±10%之间（6.01~8.01mm），无明显减薄现象；名义壁厚为6.45mm的油管检测结果相同。

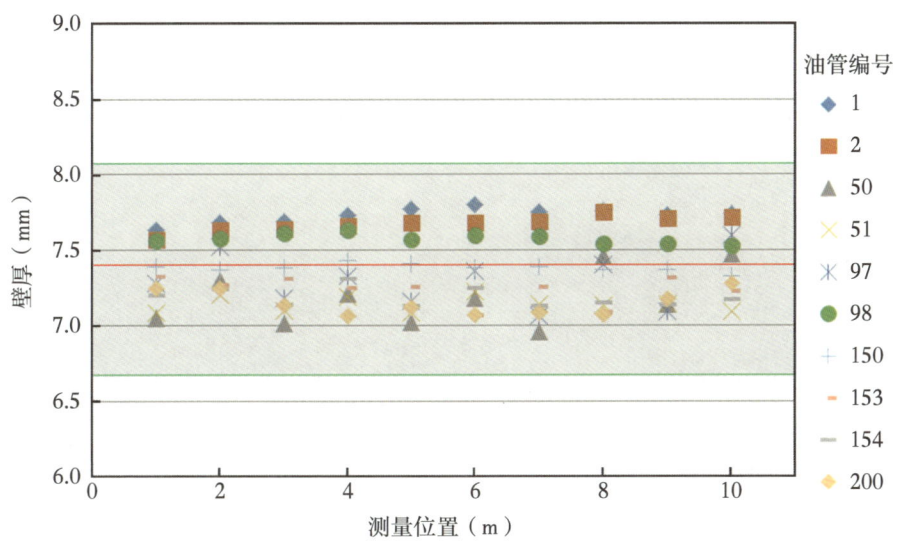

图 4.1.6　名义壁厚为 7.34mm 油管的壁厚测量结果

油管的腐蚀主要包括三个部位,图 4.1.7 和图 4.1.8 所示为台肩部位的腐蚀形貌;图 4.1.9 所示为密封面附近的腐蚀形貌;而内壁的腐蚀除了表现为远离管端的孤立点蚀外,比较容易集中在内倒角的车削加工面与内壁的过渡位置上,如图 4.1.10 所示。

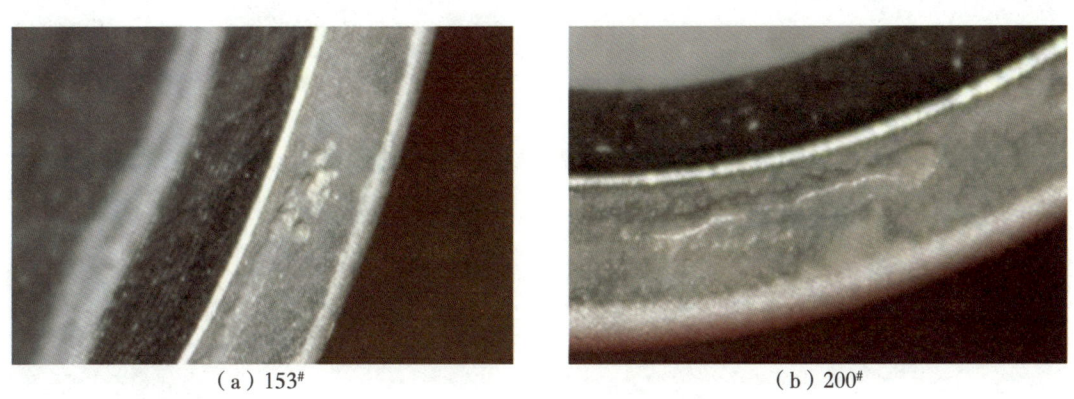

(a) 153#　　　　　　　　　　(b) 200#

图 4.1.7　油管台肩面腐蚀形貌

采用激光共聚焦显微镜进行油管内壁点蚀深度的测量,如图 4.1.11 所示。为找出最严重的点蚀位置,首先需要对每个管样的点蚀位置进行标记并进行切片制样。由于不锈钢点蚀的特点,有时候难以从外面直接看到点蚀坑底,从而不能使用激光共聚焦显微镜,必须采用纵切法来进行点蚀坑深度的测量,如图 4.1.12(a) 所示,点蚀坑呈现开口较小内部较大的葫芦型;同样,如果局部

图 4.1.8　油管台肩面腐蚀形貌（266#，从内壁方向）

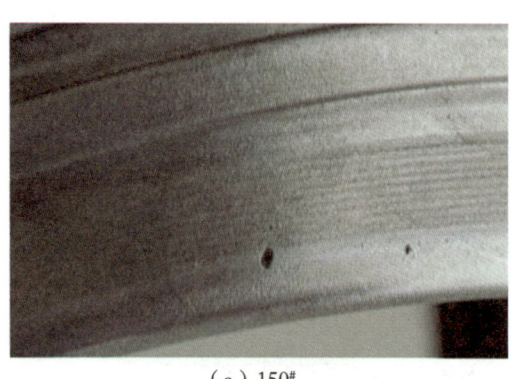

（a）150#

（b）266#

图 4.1.9　油管密封面附近腐蚀形貌

（a）2#

（b）51#

图 4.1.10　油管内壁腐蚀形貌

腐蚀的尺寸较大，超出激光共聚焦显微镜的量程，如图 4.1.12(b) 所示，也应采用纵切法来进行测量。

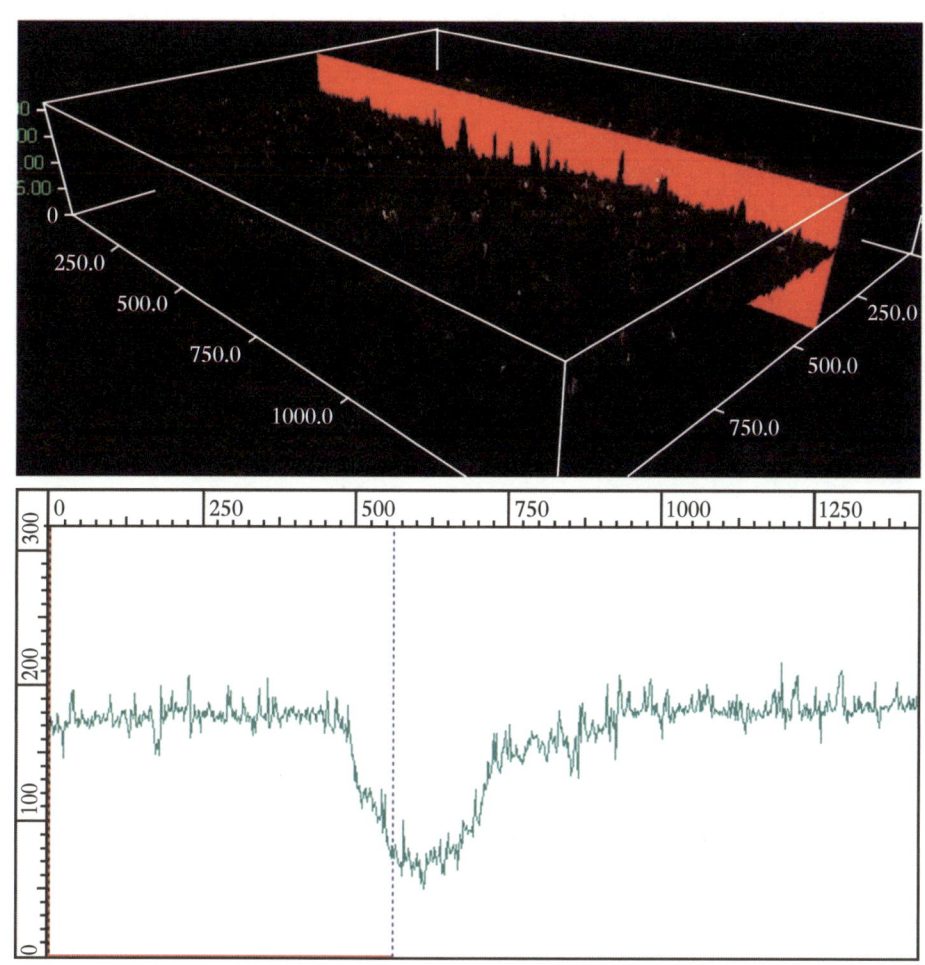

图 4.1.11　激光共聚焦显微镜测量点蚀深度（115μm）

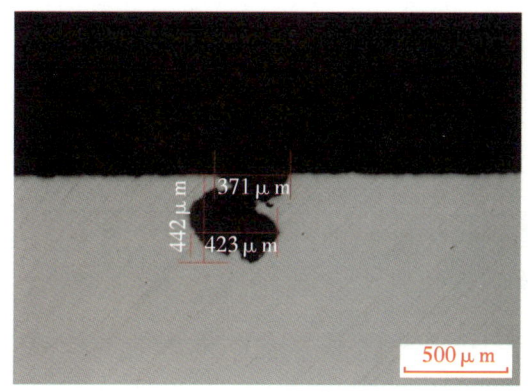
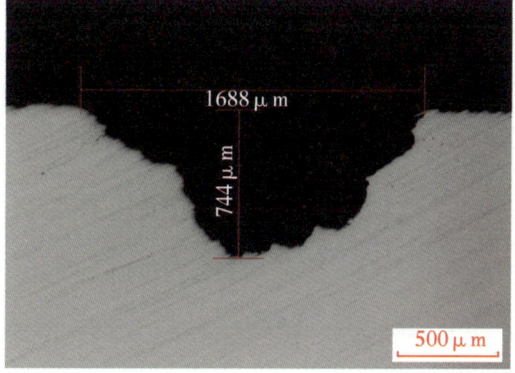

图 4.1.12　纵切法测量点蚀深度（50×）

该井油管内壁点蚀深度的统计结果如图4.1.13所示，从井口到井底呈现减小的趋势。计算可知，其最大点蚀速率约为0.065mm/a，为轻微腐蚀。DN2-22井在整个生产过程中未经过酸化压裂作业，其服役情况可代表地层流体的腐蚀，该井天然气中含有CO_2，分压约为0.36MPa，即使假设点蚀深度是匀速发展的，该井油管的预测寿命至少为99年。当然，实际情况非常复杂，因为必须同时考虑腐蚀对密封的影响，点蚀的非线性发展，地层流体性质的变动等，但至少说明，改进型13Cr在该井的生产环境中具有良好的耐蚀性能。

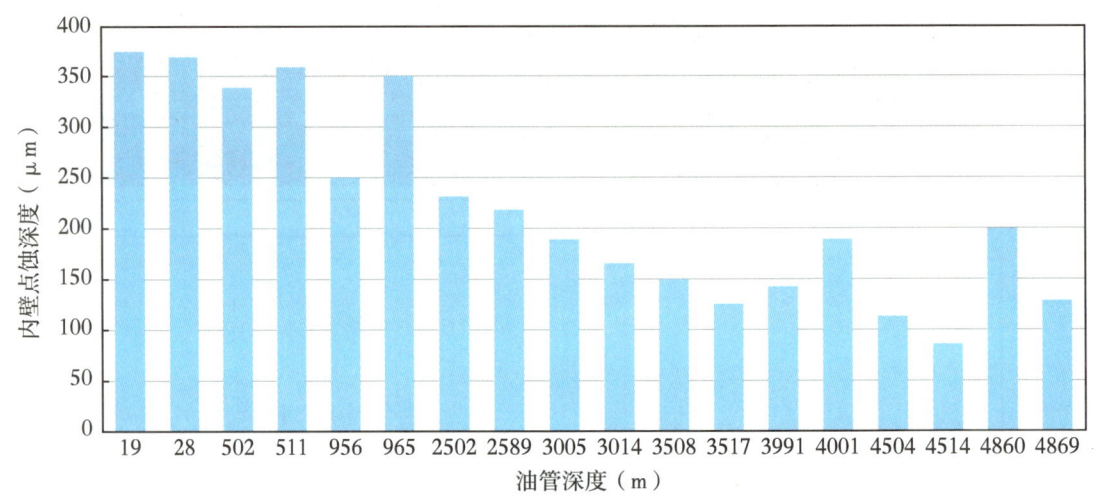

图4.1.13 不同井段内壁点蚀深度

塔里木油田的13Cr材质油管平均使用年限6~7年(大部分井由于井况变化不得不进行作业)，最长使用年限超过15年，除特殊情况(如酸化施工时，由于地层性质的影响导致施工时间太长)外，未发现油管内壁有明显的腐蚀现象。

4.1.5 高压气井酸化工况下超级13Cr油管的适应性

在2.2.2中已提到，塔里木油田早期在应用13Cr不锈钢油管的过程中，由于酸化施工造成了油管管体的严重腐蚀，腐蚀集中在现场公扣端，最严重的点蚀深达壁厚一半(约3mm)。塔里木油田因此进行了上述评价和研究，认为鲜酸的腐蚀是重点关注的问题，因此针对高压气井的酸化施工工艺进行了较大的改进：首先，进一步减少管柱暴露于苛刻鲜酸腐蚀工况的时间，即加大酸化排量，这与酸化工艺最终需要达到的目的应整合起来；其次，在作业过程中采取大排量前置液注入，冷却井下管柱（实测井底温度一般不超过120℃），降低酸液与油管材质的化学反应速率，而且还给了酸化缓蚀剂更大的选择余地；最后，增加关井时间，使酸液在地层中充分反应，从而尽可能提高残酸的pH值，降低返排液体的腐蚀性。

改进酸化工艺后，塔里木油田对KeS201井使用过的油管起出进行了检查分析，超级13Cr油管的腐蚀得到了极大的改善，如图4.1.14所示，油管内壁，包括前文提到的易受腐蚀影响的台肩和内倒角部位，均未发现明显的腐蚀痕迹。我们还抽样进行了点蚀速率的测量，如图4.1.15所示，结果表明，井口至封隔器之间的油管内壁点蚀最大深度约为0.3mm，对比前述的DN2-22井，其腐蚀程度降低至1/10，基本在可接受的范围。

图4.1.14　KeS201井酸化施工后起出超级13Cr油管的宏观形貌

 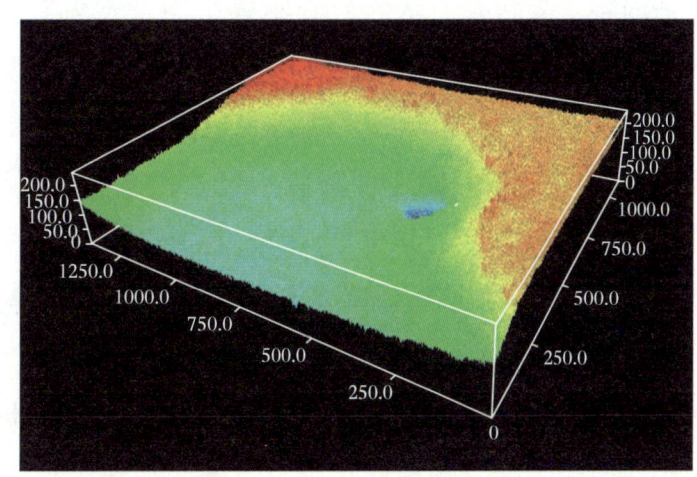

图4.1.15　KeS201井酸化施工后起出超级13Cr油管的点蚀测量

塔里木油田在高压气井酸化压裂过程中所采取的防护措施较为有效地缓解了超级 13Cr 完井管柱的腐蚀状况，但由于酸化液的 pH 值极低，同样对超级 13Cr 油管产生较为严重的局部腐蚀。同时，随着塔里木高压气田开发的深入，井深越来越大，井底温度越来越高，尽管可在作业过程中加大前置液的注入量，但井底温度仍有可能大幅度超过 120℃，而当前在用酸化缓蚀剂在更高温度条件下的缓蚀性能不甚理想。如何能更加有效地防止不锈钢完井管柱在目前及未来温度更高的高压气井的酸化作业中的腐蚀，塔里木油田正积极着手进行酸液体系的调整及酸化缓蚀剂的优化工作。

根据高压气井地质条件，酸液体系的调整包括目前在用土酸酸化液的成分调整及有机酸酸化液体系的适用性研究。酸化液的成分调整主要采取降低酸的浓度和增加酸化缓蚀剂的加药量，如主体酸成分组成由最初的 15%HCl+1.5%HF+3%HAC 调整到目前的 9%HCl+3% HAC+2%HF，酸化缓蚀剂的加量从最初的 4.5% 调整到 5.1%，以上调整措施有效缓解了超级超级 13Cr 油管的腐蚀。

土酸酸化液在低温下增产效果良好，但在温度高于 93℃ 条件下则会引起一系列的问题。在高温下，这种无机酸会因侵蚀地层过快而影响酸蚀孔洞的深度和均匀性，而过低的 pH 值环境对于不锈钢油管的使用过于苛刻。近年来，斯伦贝谢的化学师通过开发基于羟乙基氨基-羟酸（HACA）配伍剂的酸化液解决了上述难题。在 200℃ 的温度下对多种 HACA 化合物实施了实验室试验。评估内容主要包括石灰岩岩心驱替试验及常见管用金属腐蚀速率测量。pH 值被逐渐调整到 4 的三钠羟乙底酸的性能最佳。三钠羟乙底酸的含酸量低于碳酸饮料，其腐蚀性远远低于常规的无机酸，而且还可以通过添加少量更温和、更环保的缓蚀剂将腐蚀速度降到很低。由于 pH 值更高，三钠羟乙底酸反应更慢，并能够产生一个分布更广泛、延伸更深远的酸蚀孔洞网络。此外，HPHT 环境下的 HEDTA 流体效率要远远高于 HCl 的效率。只需泵入不足 HCl 体积十分之一的 HEDTA，就可以达到与 HCl 相同的增产效果（图 4.1.16）[1]。塔里木油田正积极与相关研发单位进行有机酸酸化液体系在高压气田酸化压裂中的适用性研究工作，包括酸化压裂效率，与酸化管柱的匹配性等，以期在近期投入使用。

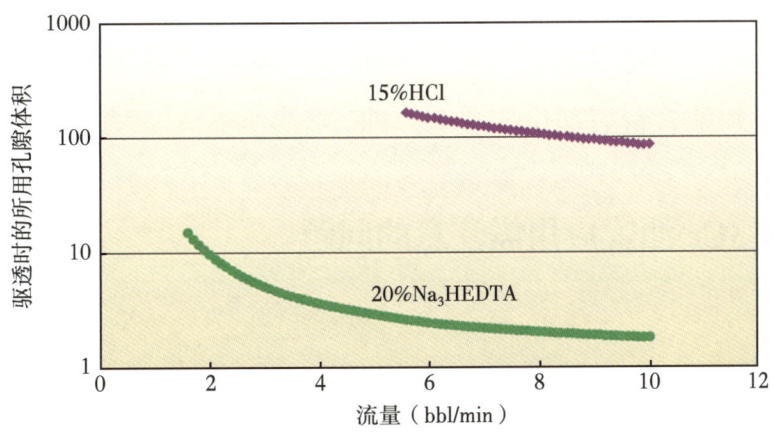

图4.1.16 15%的HCl和Na₃HEDTA在177℃温度条件下的酸化效率比较

与有机酸酸化液体系研发同时进行的还有新型土酸酸化缓蚀剂的研究和筛选工作。图4.1.17为超级13Cr在添加新型缓蚀剂的酸化液中的腐蚀速率试验结果（9%HCl+2%HF+6%新型酸化缓蚀剂），可以看出，在高至160℃的酸化液中，超级13Cr的腐蚀速率仅为17.09mm/a，远低于SY/T 5405—2019《酸化用缓蚀剂性能试验方法及评价指标》标准规定的一级适用指标。该项工作目前还处于试验研究阶段，其在酸化作业中的具有使用性能（主要是缓释效果和配伍性等）还有待于进一步研究。

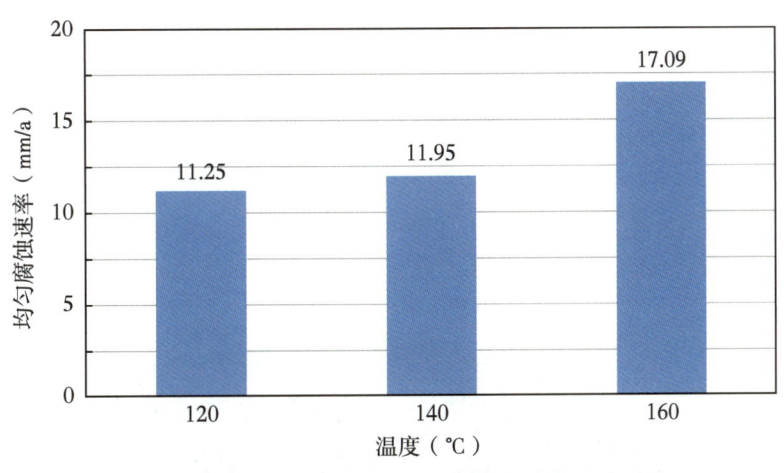

图4.1.17 超级13Cr在添加新型缓蚀剂的酸化液中的腐蚀速率试验结果

值得注意的是，即使应用了优化的酸化工艺和匹配的酸液体系及缓蚀剂，在残酸返排时仍有可能造成超级13Cr管柱的严重腐蚀。这在很大程度上是由于储层物性较差引起的：首先，酸液反应不完全，导致残酸的腐蚀性极高；同时，储层物性不好会造成残酸返排时间过长，甚至在两周之后仍未将残酸排尽。这可能导致油管台肩部位的严重点蚀。

4.2 超级 13Cr 油管应用需注意的问题

4.2.1 油管接头结构的影响

4.2.1.1 API 螺纹接头结构对腐蚀的加速作用

API 油管的螺纹接头包括不加厚（NU）和外加厚（EU）两种，均是使用圆螺纹。其纵剖面示意图如图 4.2.1 所示，不同于大部分特殊螺纹接头的内齐平结构设计，API 油管上扣之后，在接箍中间会形成宽度约为 25.4mm 的凹槽。

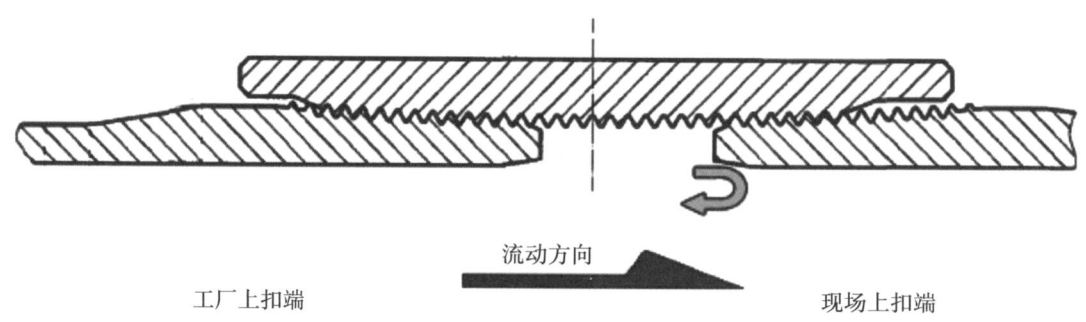

图 4.2.1　API EU 螺纹油管纵切面示意图（仅作示意用，现场端未机紧）

在实际使用过程中，发现大多数 API 油管的腐蚀集中在上述凹槽附近，或者说油管接头附近位置。如图 4.2.2 和 4.2.3 为某电潜泵采油井油管使用 4 年

图 4.2.2　油管接头现场上扣端外螺纹接头内壁腐蚀形貌

后的腐蚀形貌。（该井每天产液 20000bbl，产出液组分为 80%水+20% °API 27.3 原油，井口温度为 66~99℃，压力为 0.7MPa，所用油管为 φ114.3mm×6.88mm N80 NU 油管。）

图 4.2.3　油管接头工厂上扣端外螺纹接头内壁腐蚀形貌

API 螺纹接头存在的凹槽，使采出流体在经过时形成较大的紊流，可能有如下原因使得腐蚀加速：局部流速产生较大变化，使某些部位产生较大的壁面剪切力，从而加速腐蚀产物的剥离或溶解；紊流造成温度场的重新分布，形成比远离接头的管体部位更大的温度差，而温度不同的部位的电位不同，从而形成微区腐蚀电池加速腐蚀；另一方面，温度的变化会促进水相的析出，从而在结构变化位置有凝析水聚集，更容易发生腐蚀；紊流还会造成压力场的不均匀分布，在多相流中，变化的压力可能造成气相的溶解和析出，这个过程可能在微观层面造成压力的巨大变化，造成腐蚀产物膜的破坏（与空泡腐蚀的机理类似）。

上述较为严重的腐蚀集中现象受 API 油管结构形状的限制，几乎无法解决。而特殊螺纹接头除了具有气密封性能外，其接头内壁平齐的设计，可以极大减轻接头部位的腐蚀集中问题。

4.2.1.2 特殊螺纹接头中发现的腐蚀集中

典型的特殊螺纹接头的示意图如图 4.2.4 所示。由于绝大部分的特殊螺纹接头都有扭矩台肩，不同于 API 接箍，其接箍内壁有突出部位，一般尽量设计成与管体齐平的结构。但是，特殊螺纹接头为了保证连接强度，外螺纹端部需要保证具有一定的壁厚，在设计和实际加工过程中，一般需要对外螺纹端部进行收口（或称模锻）处理，导致管端的内径比原始管体的内径小一些，从而造成了在接头部位的缩径现象。某些扣型在加工完成后，还会在收口位置的内壁进行车削加工，以保证通径，最终会形成内倒角的结构。

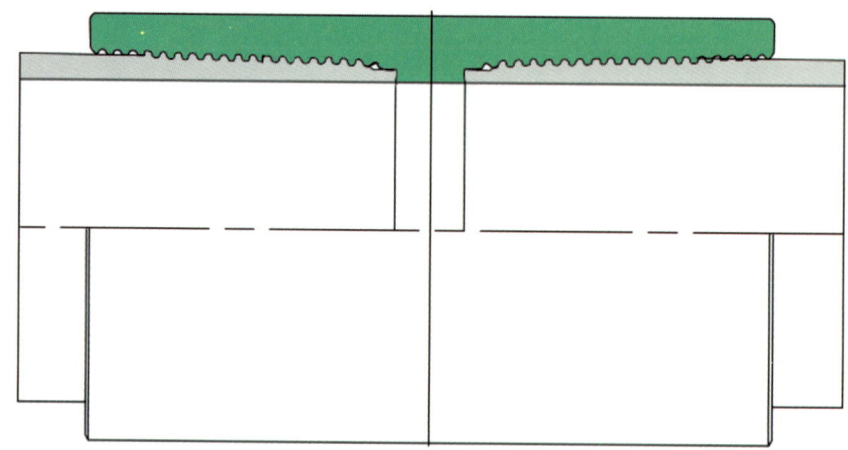

图 4.2.4 特殊螺纹接头油管纵剖面示意图

上述特殊螺纹接头部位的结构变化，相比于 API 螺纹接头存在的凹槽，使腐蚀集中现象得到了极大的抑制。但是塔里木油田在应用中发现，特殊螺纹接头油管使用一段时间后接头部位仍然有腐蚀集中问题。

4.2.1.2.1 例一 YH23-1-22 井

YH23-1-22 井使用了材质为普通 13Cr 的特殊螺纹接头油管（螺纹类型为 JFE FOX），使用期间为 2003 年 10 月至 2007 年 3 月，约 3.5 年。井筒上部的油管外螺纹接头现场上扣端及工厂上扣端内壁都有不同程度的腐蚀，所有腐蚀都集中在扭矩台肩部位和内倒角表面与轧制内表面过渡处（图 4.2.5 和图 4.2.6，油管串自井口至井底依次编号）。自 2500m 以下的油管几乎没有任何腐蚀。上部油管的腐蚀形貌并不完全相同，点蚀最严重的井段为 1600~2200m（表 2.5.10），该井段对应温度范围为 108~115℃。

图 4.2.5 第 015 根油管现场端外螺纹接头腐蚀形貌

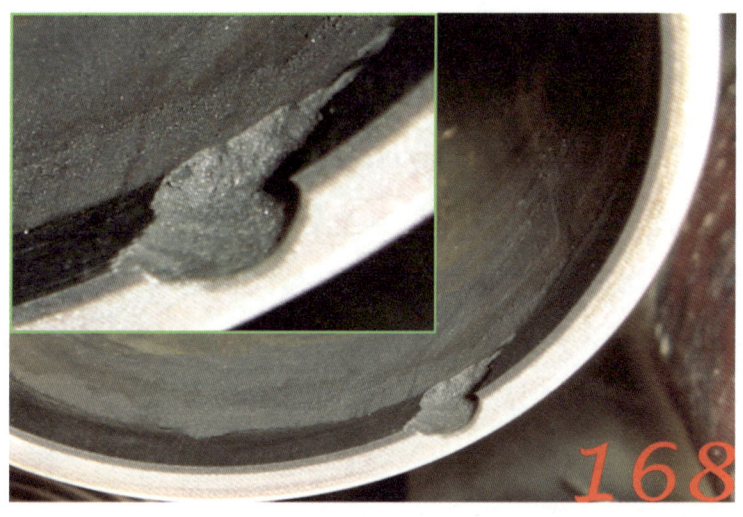

图 4.2.6 第 168 根油管现场端外螺纹接头腐蚀形貌

表 4.2.1 油管腐蚀情况统计结果

油管编号	油管根数	现场上扣端		最大点蚀深度（mm）	点蚀速率（mm/a）	工厂上扣端				腐蚀程度
		倒角过渡区腐蚀油管				倒角过渡区腐蚀油管		台肩部位倒角处腐蚀油管		
		根数	占比（%）			根数	占比（%）	根数	占比（%）	
001~111	111	15	13.5	1	0.293	4	3.6	12	10.8	轻微
112~161	50	33	66.0	1.8	0.527	11	22.0	22	44.0	中度
162~213	52	30	57.7	2.6	0.761	24	46.2	8	15.4	严重

127

续表

油管编号	油管根数	现场上扣端				工厂上扣端				腐蚀程度
		倒角过渡区腐蚀油管		最大点蚀深度（mm）	点蚀速率（mm/a）	倒角过渡区腐蚀油管		台肩部位倒角处腐蚀油管		
		根数	占比（%）			根数	占比（%）	根数	占比（%）	
214~250	37	0	0.0	0	0	3	8.1	1	2.7	中—轻微
251~529	279	0	0.0	0	0	0	0.0	0	0.0	无（结垢）
合计	529	78	14.7	—	—	42	7.9	43	8.1	—

注：（1）每根油管的现场上扣端台肩部位倒角处均有不同程度的腐蚀；

（2）由于测量工具的限制，工厂上扣端点蚀深度无法测量，台肩部位腐蚀的根数也只统计了肉眼所见明显腐蚀的油管，只作为参考；

（3）按照 NACE 标准确定腐蚀程度。

该井日产凝析油 180t，日产气 $30×10^4m^3$，CO_2 含量 0.69%，仅含凝析水。井底温度 136℃，井口温度 43℃。该井油管腐蚀较严重的根本原因是普通 13Cr 材质抗 CO_2 腐蚀性能不足，而腐蚀集中在某个井段的原因之一为温度的影响。值得重点关注的是，腐蚀集中在油管接头部位而不是均匀分布在油管内壁，以及在不同井段腐蚀呈现不同形貌。

（1）油管腐蚀位置集中靠近螺纹接头扭矩台肩部位的内壁车削倒角面以及车削倒角加工面与轧制内表面的过渡区。虽然该油管特殊螺纹接头内壁较平，但实际并不平滑，如图 4.2.7 和图 4.2.8 所示。从图中可知，油管接头内

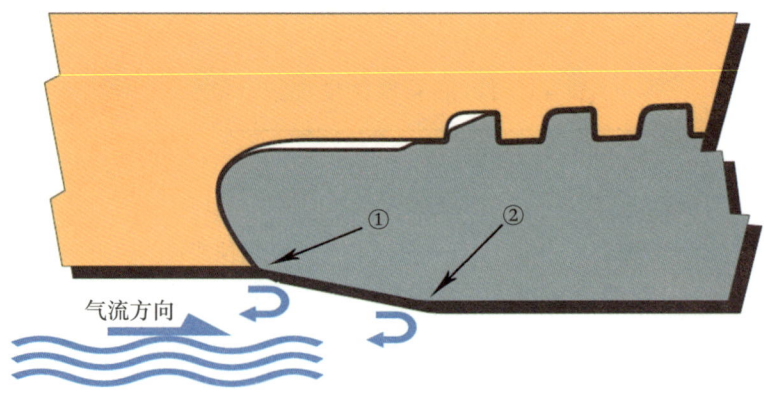

图 4.2.7 特殊螺纹接头现场连接端结构及流体流动方向

1—外螺纹扭矩台肩与车削倒角面交界位置；2—轧制内表面与外螺纹内车削倒角面交界位置

壁存在①和②标记的两个结构变化位置。根据气流方向判断这两处结构变化的部位在气流通过时会产生紊流。在腐蚀介质和紊流冲刷共同作用下，在结构突变位置，必然会首先产生腐蚀。现场检查油管腐蚀也只发生在图4.2.7和图4.2.8所示的①和②位置，这说明油管腐蚀与本身结构形状有关。而且现场上扣端外螺纹接头内倒角过渡处②（即车削加工表面与轧制内表面过渡处）比工厂上扣端外螺纹接头内倒角过渡处②腐蚀更加严重，前者发生点蚀为78根油管，而工后者发生点蚀为42根油管（表1）。这主要是由于在接头工厂端流体从管体流经接头时，内径由小变大，形成的紊流较小；而在接头现场端流体从接箍流经外螺纹接头时，内径由大变小，形成的紊流较大。另外，由于外螺纹接头内倒角表面加工刀痕粗糙，其粗糙度远高于管体内壁轧制表面。粗糙的刀痕相当于缺口，粗糙刀痕位置存在腐蚀集中。因此，内倒角粗加工表面更容易腐蚀。

图4.2.8　特殊螺纹接头工厂连接端结构及流体流动方向
1—外螺纹扭矩台肩与车削倒角面交界位置；2—轧制内表面与外螺纹内车削倒角面交界位置

（2）不同井段腐蚀呈现不同形貌。

图4.2.7所示①处的腐蚀是发生在第001号至第250号所有油管上，但其特点是随深度有所变化的。井深较浅处点蚀深度较深、宽度较小；井深较深处点蚀深度较浅、宽度较大。例如，015号油管台肩部位的腐蚀几乎蔓延至整个台肩宽度，但表面只有少许剥落（图4.2.5），168号油管腐蚀深度达管壁之半，但蚀坑非常明显（图4.2.6）。显然，井深较浅的油管是沿缝隙腐蚀的，而井深较深的油管有冲刷的特点。该井是凝析气井，其地层流体相态图如

图 4.2.9 所示,依据该井流温流压数据,将 a(4800m,49.2MPa,136.5℃),b(300m,30.0MPa,90.3℃),c(井口,28.8MPa,42.8℃)标记在图中,可以看出,从 a 到 b 到 c,随着井深的减小,液体成分越来越多。因此,下段井筒表现出气体冲刷的特点,而上段井筒由于积液表现出缝隙腐蚀的特点。

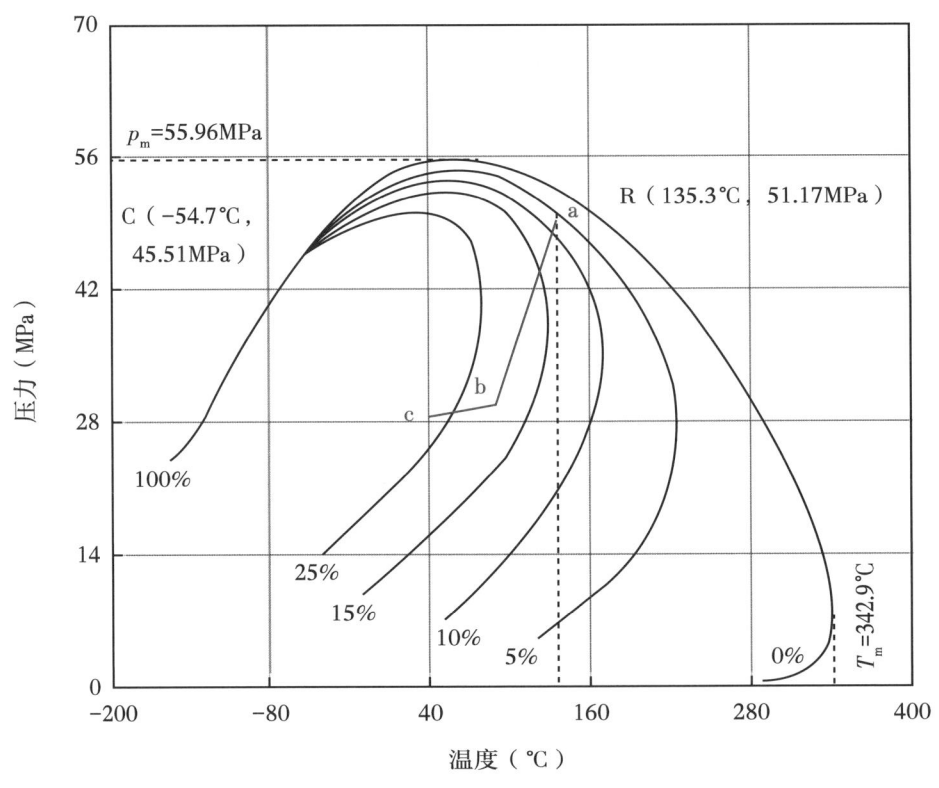

图 4.2.9 地层流体相态图

4.2.1.2.2 例二 DN2-8 井

2008 年,DN2-8 井在酸化后的放喷过程中出现了严重的油管柱泄漏。油管起出后发现油管内壁发生了严重的局部腐蚀(图 4.2.10 和图 4.2.11)。该井油管使用的是改进型 13Cr(4Ni-1Mo),腐蚀发生的根本原因是改造所用的酸液,同时,酸化缓蚀剂没有起到预计的作用。该井几乎全井筒的油管都发生了不同程度的腐蚀(表 4.2.2),点蚀最深超过壁厚的一半。

经取样对比发现,远离管端的管体内壁,点蚀虽有分布,但总体较为轻微,最严重腐蚀仍发生在靠近螺纹接头扭矩台肩部位的内壁车削倒角面以及车削倒角加工面与轧制内表面的过渡区。

图 4.2.10 现场上扣端点蚀形貌（2137m）

图 4.2.11 工厂上扣端点蚀形貌（2283m）

表 4.2.2 DN2-8 取样分析表

油管号	编号	部位	下入井深（m）	取样长度（m）	描述
安全阀上	1.1	工厂上扣端	9.07~18.71	0.6	内壁轻微点蚀
	1.2	中部		0.6	轻微点蚀
	1.3	现场上扣端		0.6	内壁轻微点蚀
404	2.1	工厂上扣端	720.71~730.39	0.6	内壁轻微点蚀
	2.2	中部		0.6	轻微点蚀
	2.3	现场上扣端		0.6	内壁轻微点蚀

续表

油管号	编号	部位	下入井深（m）	取样长度（m）	描 述
363	3.1	工厂上扣端	1114.70~1124.21	0.6	内壁轻微点蚀
	3.2	中部		0.6	轻微点蚀
	3.3	现场上扣端		0.6	内壁轻微点蚀
297	4.1	工厂上扣端	1751.03~1760.71	1.5	端部严重腐蚀，内壁轻微点蚀
	4.2	中部		1.5	轻微点蚀
	4.3	现场上扣端		1.5	端部多处严重腐蚀，内壁轻微点蚀
251	5.1	工厂上扣端	2195.96~2205.32	0.6	端部中等腐蚀，内壁点蚀较密集
	5.2	中部		0.6	轻微点蚀
	5.3	中部		0.6	轻微点蚀
	5 4/4	现场上扣端		0.6	端部一处极严重腐蚀，内壁轻微点蚀

4.2.1.3 螺纹接头结构的改进

经过上述的失效分析和研究，塔里木油田对特殊螺纹接头进行了两项优化：（1）要求油管外螺纹接头部位内倒角与轴线夹角≤5°。由于内倒角角度的降低，接头附近的内通道结构变化更加轻微，进一步降低了紊流；（2）内倒角车削加工面的表面粗糙度 $Ra \leqslant 6.3$。将腐蚀容易集中的部位加工得更加光滑，抑制了点蚀形核的产生。

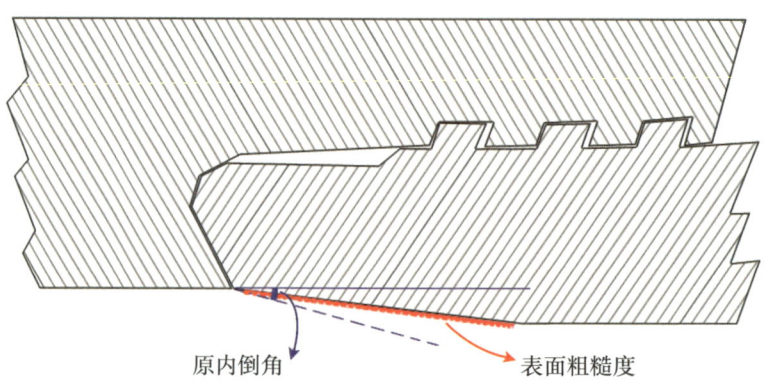

图 4.2.12　特殊螺纹接头部位结构优化示意图

经与主要特殊螺纹供货厂商协商,最终将上述两个要求写入了油管订货补充技术条件。由于优化了油管接头部位的结构和表面状态,油管接头部位的腐蚀集中问题得到了基本解决。具体的应用效果见"3.3.2 酸化对超级 13Cr 油管的腐蚀"一节。

4.2.2 特殊螺纹接头台肩面腐蚀

13Cr 油管通常都使用特殊螺纹接头。特殊螺纹接头有一个近似垂直于径向的金属对金属密封面,可以起到密封气相的作用,因此有时候也称为气密封螺纹;特殊螺纹接头通常还会设计有扭矩台肩,用来增强密封的效果。塔里木油田在使用过程中发现,台肩部位可能会发生较为严重的缝隙腐蚀。

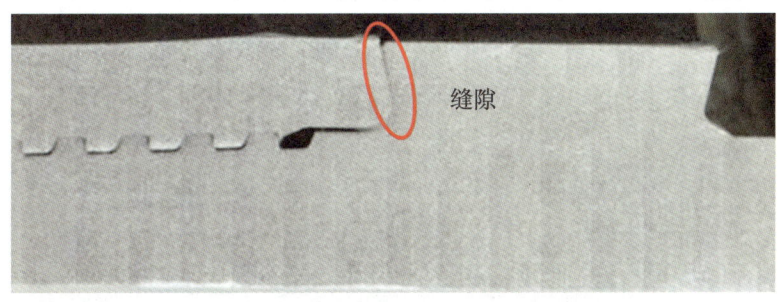

图 4.2.13 特殊螺纹接头台肩面形成缝隙

KeS 2-1-5 井于 2013 年 2 月酸化后,起出 JFE HP2-13Cr 油管 660 根,其中 85% 的油管的现场上扣端的台肩面有明显腐蚀,如图 4.2.14 至图 4.2.18 (油管从井口至井底依次编号) 所示,浅井段和中部井段的油管都发生了较为严重的点蚀,但位于井底的油管的台肩面腐蚀较轻微。而且,整井油管的内壁和内倒角(该井油管接头的结构已优化,详见 4.2.1.3)无明显腐蚀痕迹。

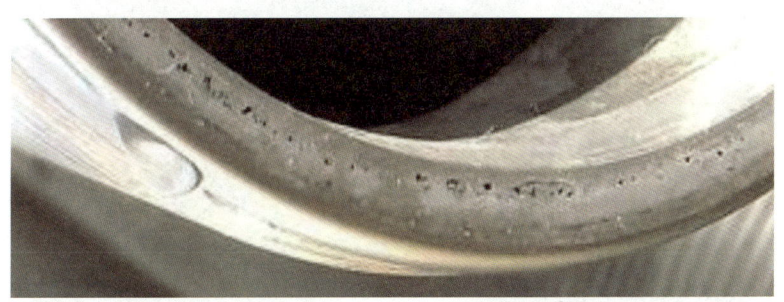

图 4.2.14 第 1 根油管外螺纹端端面腐蚀形貌

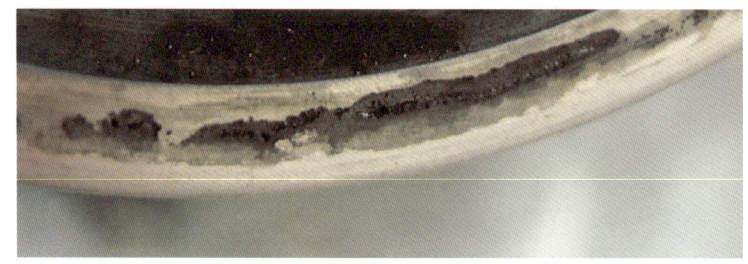

图 4.2.15　第 221 根油管外螺纹端端面腐蚀形貌

图 4.2.16　第 470 根油管外螺纹端端面腐蚀形貌

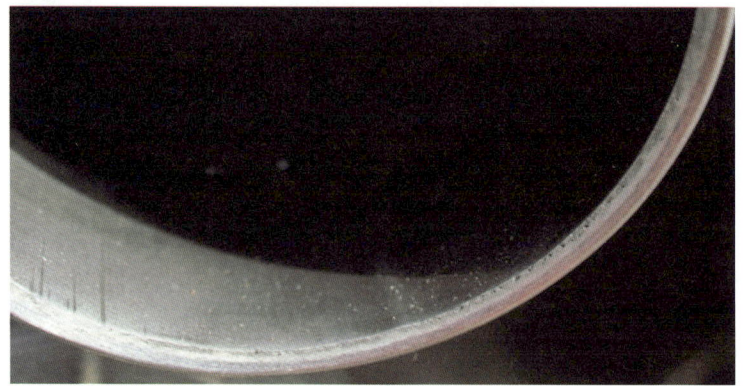

图 4.2.17　第 554 根油管外螺纹端端面腐蚀形貌

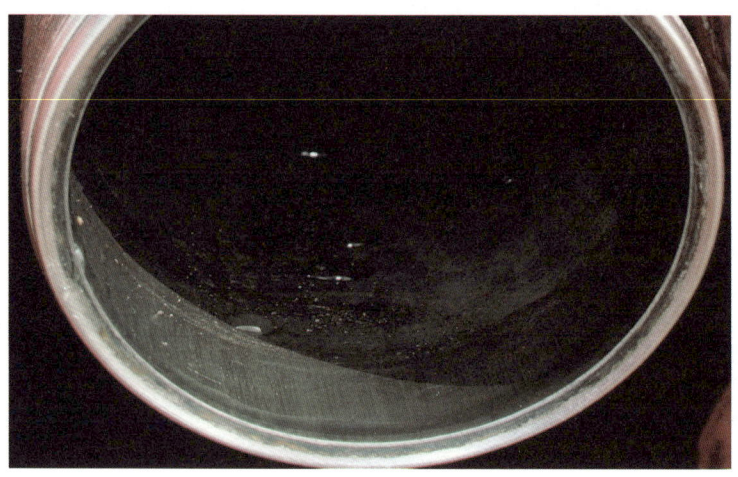

图 4.2.18　第 659 根油管外螺纹端端面腐蚀形貌

在经过工艺优化等一系列防护对策实施之后，超级 13Cr 油管在酸化时的腐蚀已经减缓到可以接受的程度，KeS 2-1-5 井油管内壁未发现明显腐蚀痕迹即为例证。特殊螺纹接头的外螺纹端台肩在设计时是紧密接触接箍的对应位置的，但却发生了严重的局部腐蚀，至少说明其在井筒中服役时，是张开了一定的缝隙的。这是由于油管自重等载荷产生的拉伸力的影响，通过有限元分析计算，可以得知在一定的轴向拉力下，特殊螺纹接头的台肩面有分离趋势，这也能够从一个方面解释为什么位于井筒下部的油管虽然可能面临了更加苛刻的腐蚀环境（温度更高），腐蚀反而更加轻微。

另一方面，需要说明的是，并非每口井的油管都在台肩面位置发现了腐蚀，但经过酸化改造的井，其油管接头的台肩面位置都有不同程度的腐蚀。检查了 5 口井的油管，发现其控制因素并不是鲜酸注入的量，而是与返排率和返排时间有很大的相关性：返排时间越长、返排率越低，越有可能造成严重腐蚀。这表明，由于储层物性的影响，酸液在地层中反应不充分，返排难度高，可能造成残酸的 pH 值较低，腐蚀性强，而拖长的返排时间显然更可能造成更加严重的腐蚀（表 4.2.3）。

表 4.2.3　各井酸化改造参数与腐蚀程度的统计

序号	井号	产层温度/压力（℃/MPa）	挤入地层总液量（m^3）	返排量（m^3）	返排率（%）	返排时间（h）	台肩面缝隙腐蚀严重程度
1	KeS2-2-3	171/122	481	323.58	67.3	89	轻微
2	DX1	144/86	271	265.37	97.9	311	严重
3	KeS201	156/116	284.5	201.95	71.0	72	轻微
4	KeS2-1-5	159/115	422	71.7	17.0	109	严重
5	DN2-8	135/104	310	92.33	29.8	128	严重

缝隙腐蚀被定义为一种发生在金属与金属或金属与非金属之间的局部腐蚀形式。其缝宽（一般在 0.025~0.1mm）足以使介质进入并处于停滞状态，使缝内金属与缝外金属构成短路原电池，缝内金属发生严重的腐蚀。从 20 世纪 20 年代至今，众多学者通过对缝隙腐蚀的复杂过程的研究，对造成缝隙腐蚀因素上的一些矛盾性问题的讨论及协同作用因素的认识，提出了多种理论。其中，

Fontana 和 Greene 提出的酸化自催化机理认为，缝隙腐蚀的发生可以分为两个阶段：第一个阶段，腐蚀初期，即孕育阶段，在缝隙内外金属表面上均发生金属溶解的阳极反应和氧还原的阴极反应，在孕育阶段期间，随着缝隙内金属不断溶解，缝隙内的氧气不断消耗，这时便进入了腐蚀的第二个阶段——发展阶段，由于氧的扩散迁移很困难，所以缝隙外部的氧气无法及时补充到缝隙内，造成缝隙内的氧气消耗尽，从而抑制缝隙内的阴极反应。氧还原反应全部在缝外金属表面进行，而缝内只发生金属溶解的阳极过程，造成缝隙内正电荷增加，为了保持电中性，负离子如 Cl^- 等进入缝隙内发生反应使溶液酸化，导致缝隙内溶液 pH 值降低而进一步加剧缝隙内金属溶解，形成一个自催化过程，最终造成严重的缝隙腐蚀。在酸液和残酸中，因为腐蚀介质为酸性，阴极反应被替换为析氢反应。

项目组设计了一种可以控制闭塞程度的缝隙腐蚀试验，使用外加电压的方式来使超级 13Cr 活化，然后测定缝隙内的 pH 值变化，发现缝隙内的 pH 值在一定时间后趋于稳定，约为 0.95，与施加的电流和环境温度无关。而且缝隙内稳定的 pH 值远低于超级 13Cr 使用的临界 pH 值(>3.5)，不锈钢处于活化或部分活化状态（图 4.2.19）。

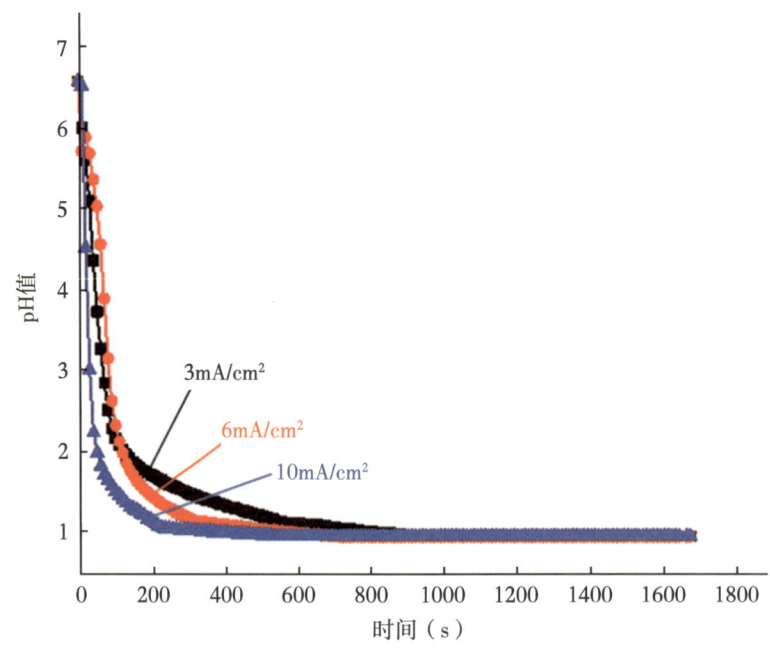

图 4.2.19 外加电流的缝隙腐蚀试验中 pH 值随时间的变化

对比没有缝隙的全浸腐蚀试验结果，模拟缝隙腐蚀的试片的腐蚀坑宽而浅（图 4.2.20），其腐蚀形貌与实际的 KeS 2-1-5 井腐蚀状况基本吻合。

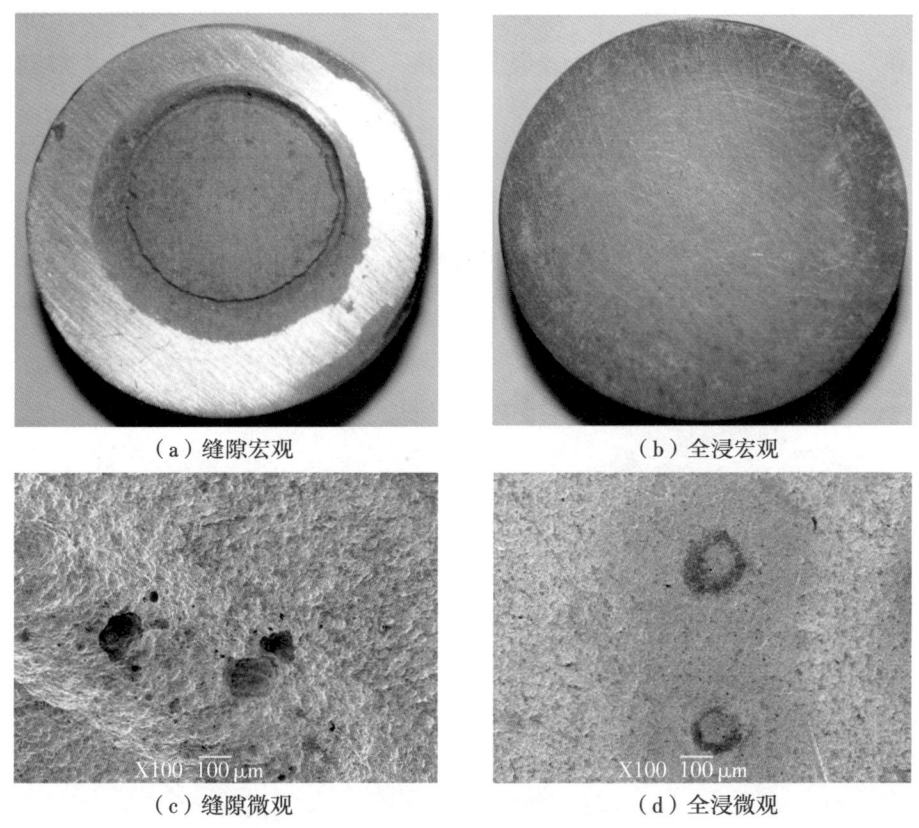

(a) 缝隙宏观　　　　　　　　(b) 全浸宏观

(c) 缝隙微观　　　　　　　　(d) 全浸微观

图 4.2.20　模拟缝隙腐蚀试验与全浸试验试片形貌对比

4.2.3　超级 13Cr 油管内壁氧化皮对腐蚀的影响

无缝钢管在热轧时会产生氧化皮，一般来说，这些氧化皮对碳钢管子的腐蚀性能影响不大，而对于不锈钢来说则不尽然。API SPEC 5CT 标准中对 L80-13Cr 的油管明确规定，其"最终热处理后管子的内表面应无氧化皮"，对于 PSL-2 等级的产品更是要求："管子的内表面参数应满足 ISO8501-1 的 Sa 2½级的要求。在表面处理期间，不允许使用任何能引起表面铁污染的喷砂介质"。塔里木油田在使用超级 13Cr 油管的初期，因无相关的标准，并未关注可能引起的问题。

图 4.2.21 显示了早期塔里木使用的超级 13Cr 油管样品内表面的宏观照片，在使用机械方法清洁后，油管内表面上可以看到多个凹坑，这些凹坑是之

前存在于氧化皮之下。图 4.2.22 显示了上述样品的扫描电镜（SEM）图像和能谱分析（EDS）结果，可以明显看出，原始内表面存在大量的氧化物。图 4.2.23 展示了上述样品经过酸洗（使用 100mL HNO_3+去离子水配制成的 1000mL 60℃的溶液）后的无限聚集显微镜（IFM）分析结果，最大的凹坑深度也仅只有 36 μm。

（a）原始表面　　　　　　　　　（b）机械清理后的表面

图 4.2.21　早期塔里木使用的超级 13Cr 油管样品内表面的宏观照片

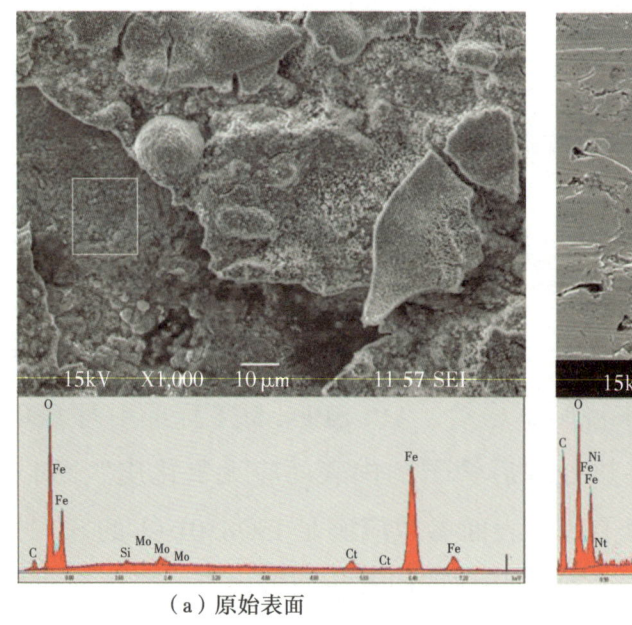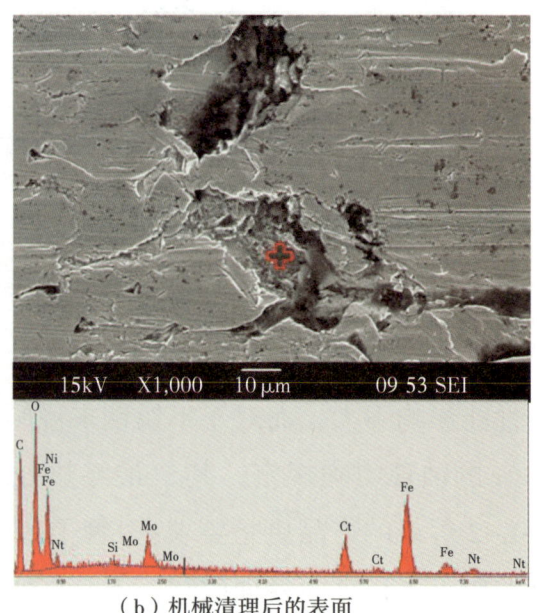

（a）原始表面　　　　　　　　　（b）机械清理后的表面

图 4.2.22　早期塔里木使用的超级 13Cr 油管样品内表面的扫描电镜（SEM）图像

图 4.2.24 展示了保留超级 13Cr 油管原始内表面进行的实物腐蚀试验的微观分析结果。试验在配置的地层水中进行，温度 120℃、CO_2 分压 3.2MPa、单

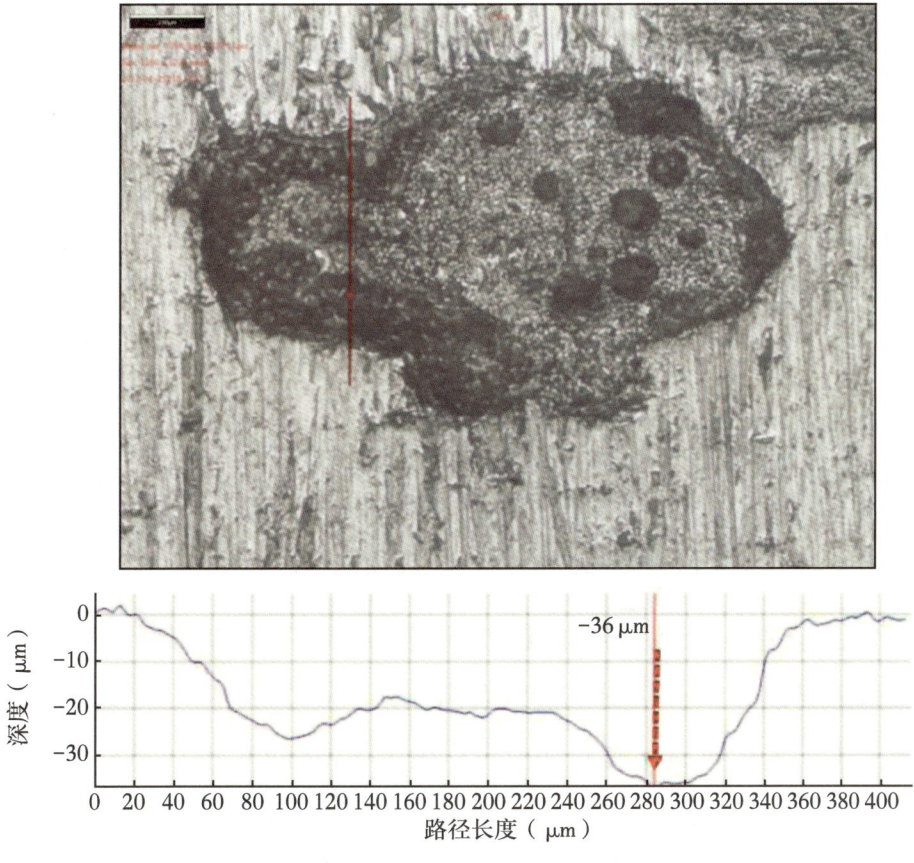

图 4.2.23 早期塔里木使用的超级 13Cr 油管样品内表面存在的凹坑测量

相流速为 0.8m/s，总共试验时间为 14 天。Vilella 溶液浸蚀后的横截面的 SEM 图像显示有晶间腐蚀的痕迹，表面的 SEM 图像更加明确显示了沿晶粒边界的腐蚀。

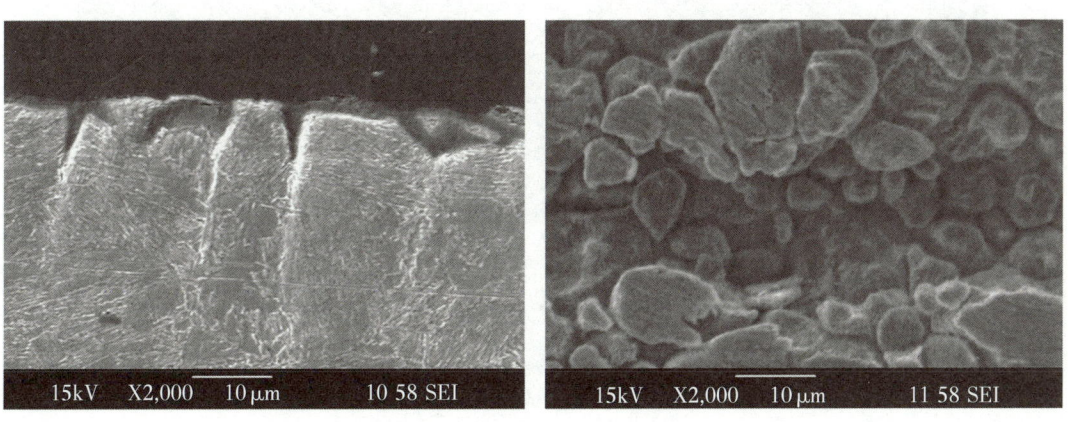

图 4.2.24 氧化皮对超级 13Cr 材质的腐蚀性能影响

局部腐蚀有可能造成应力集中，可能会对超级13Cr不锈钢材质的应力腐蚀开裂（SCC）性能造成影响。为了评价油管原始表面对其抗SCC性能的影响，测试试样采用了带有原始表面的C形环试样（油管规格为$\phi 88.9mm \times 6.45mm$）。表4.2.4为SCC评价试验具体条件，试验设备选用高温高压磁力驱动反应釜。

表4.2.4 SCC评价试验具体条件

序号	温度（℃）	CO_2分压（MPa）	介质成分（g/L）	测试试样	载荷YS_{min}（%）	试验周期（d）
1	150	3.68	$NaHCO_3$: 0.26；Na_2SO_4: 0.636；$CaCl_2$: 23.06；$MgCl_2$: 2.221；$NaCl$: 173.958；KCl: 12.646	C形环	80	30
2	170	4		C形环	85	
3	200	4.48			90	

图4.2.25至图4.2.27为30天试验结束后，不同温度条件下C形环试样的宏观及微观腐蚀形貌。从图中可以看出，在150℃条件下，超级13Cr的C形环试样未发生SCC；而温度超过170℃，超级13Cr的C形环试样均发生SCC，裂纹起源于表面点蚀坑或表面原始缺陷处，具有典型SCC裂纹的沿晶扩展特征。因此，油管的原始表面状态严重影响了超级13Cr马氏体不锈钢在地层水CO_2腐蚀环境中的抗SCC性能。

（a）宏观形貌　　　　　　（b）微观形貌

图4.2.25　150℃条件下C形环试样的宏观及微观腐蚀形貌

应力腐蚀是一个十分复杂的现象，迄今为止人们提出了很多的理论来解释应力腐蚀，但是没有一种理论可以解释所有的应力腐蚀现象，但对于易钝化金

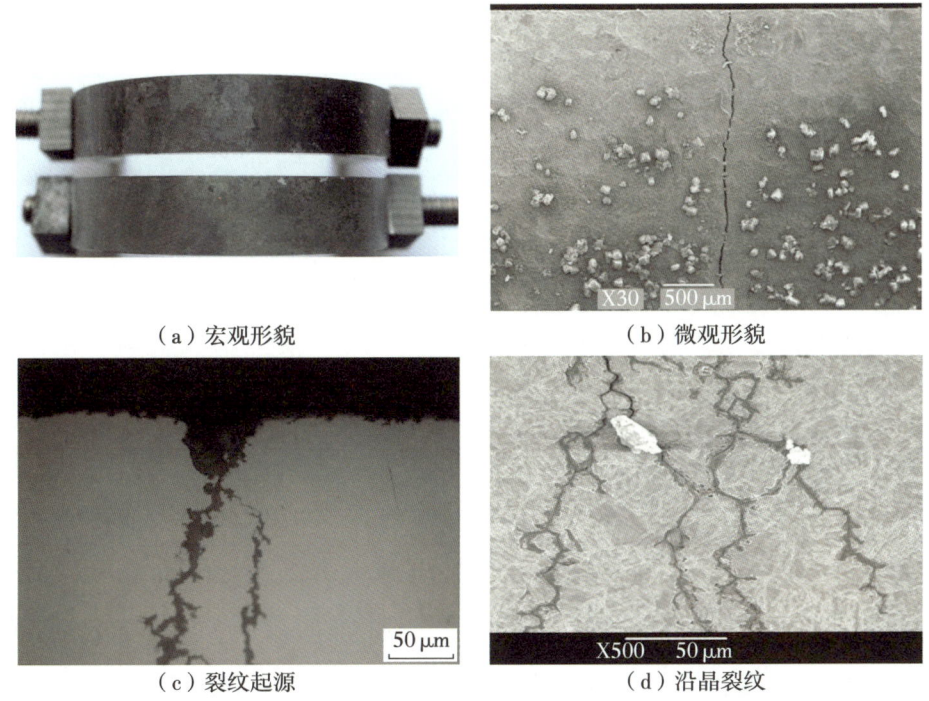

图 4.2.26　170℃条件下 C 形环试样的宏观及微观腐蚀形貌

图 4.2.27　200℃条件下 C 形环试样的宏观及微观腐蚀形貌

属的 SCC 来说，阳极溶解模型对 SCC 机理的解释更为合理些[2]。当腐蚀介质中含有活性 Cl⁻时，能够引起不锈钢表面的钝化膜富 S 贫 Cr，破坏钝化膜的完整性，弱化钝化膜和基体的结合力[3]；另外，Cl⁻也可优先选择性地吸附在钝化膜上，与钝化膜中的阳离子结合形成可溶性氯化物，不锈钢的点蚀敏感性增强。点蚀坑一旦形成，在电化学腐蚀和表面张应力的作用下裂纹尖端没有保护层，由于此处相对其他被保护的部位为阳极相，裂纹尖端加速溶解，新生成的裂纹表面马上被保护层保护起来，只剩下裂纹尖端发生阳极溶解，应力腐蚀裂纹在材料中的扩展就像一把"电化学刀"劈开材料，促进 SCC 的发生[4]。

超级 13Cr 马氏体不锈钢油管的原始表面存在缺陷或氧化皮去除不彻底，在使用过程中，可能会导致氧化皮的局部脱落，促进点蚀的萌生，而通过局部阳极溶解在材料表面形成的点蚀坑可以看成是一个微裂纹，对于无裂纹的试样来说，点蚀坑的形成对应力腐蚀起着促进作用，这是因为点蚀坑的前端会形成应力集中。更为严重的是，在超级 13Cr 马氏体不锈钢管材的高温轧制过程中形成的表面缺陷，主要沿晶界向内扩展（图 4.2.28），促进 SCC 裂纹的形核，导致油管在使用过程中发生 SCC 开裂。

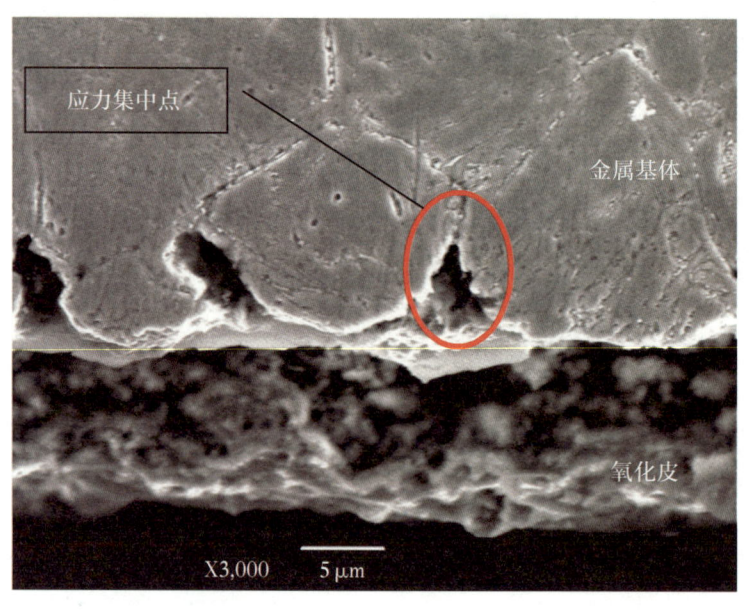

图 4.2.28 含氧化皮超级 13Cr 油管内壁横截面微观形貌

这里需要注意的是，超级 13Cr 不锈钢油管的原始表面状态会影响其在地层水 CO_2 腐蚀环境中的抗 SCC 性能，因此需严格按照 API SPEC 5CT 标准对不锈钢管材内表面进行喷砂处理，去除轧制过程中产生的氧化皮，以降低超级13Cr产生开裂的风险。但对于油管外表面，因其处于的环境是油套环空，而油套环空中充填的是具有防腐作用的环空保护液，因此不做此要求。另一方面，温度也是影响超级13Cr的SCC的关键因素，研究表明不超过150℃并未产生SCC裂纹，实际上，在井筒中承受应力最大的油管并不在温度最高的井段，这应该是塔里木油田在现场并未确认从内壁起裂的SCC失效的重要原因。

4.2.4 油管堵塞引起的腐蚀

油管堵塞的原因很多，包括地层出砂、出蜡、地层水结垢和腐蚀产物等。堵塞不仅会带来产量的影响，还可能引起垢下腐蚀。这里要讨论的是，在含有CO_2的地层水中表现出耐蚀特性的超级13Cr材质，可能会在堵塞环境中发生严重的腐蚀。

KeS 2-2-12井是塔里木盆地一口开发井，2013年5月开始进行射孔、加砂压裂后投产，油管使用超级13Cr材质。该井生产井段6588～6752m，地层压力115.826MPa，地层温度164.8℃，地层水中Cl^-含量最高48200mg/L，天然气中CO_2含量最高0.98%。2014年6月某日开井生产4小时后，油压从82.53MPa下降至12.16MPa，瞬时产量降至0。随后进行测流温流压及探砂面作业，测试工具串下至井深6127m时遇阻，判断该井因油管堵塞，导致无产量，之后关井。2017年8月修井起油管，确认堵塞段油管内壁发现有明显、密集的点蚀坑，如图4.2.29所示。

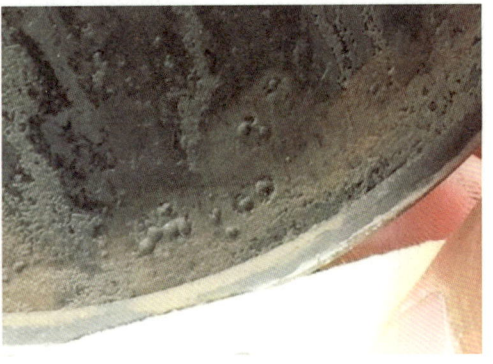

图4.2.29 砂堵段油管内壁局部腐蚀

对编号为 626 的油管整根解剖并进行了点蚀深度测量，发现最大点蚀深度接近 3.0mm，折合腐蚀速率约 1mm/a（图 4.2.30）。

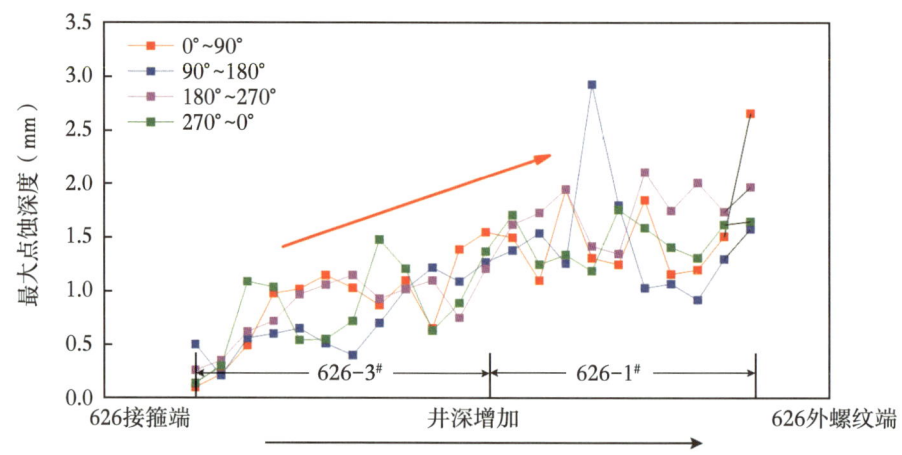

图 4.2.30　第 626# 油管内壁最大点蚀深度测量结果

评价和现场应用效果分析均表明，超级 13Cr 马氏体不锈钢在不超过 180℃的地层水及 CO_2 环境中的均匀腐蚀和局部腐蚀均较轻微，均匀腐蚀速率不超过 0.1mm/a。油管内部发生砂堵，油管内表面有明显垢层，发生垢下腐蚀。如图 4.2.31 垢下腐蚀示意图所示，介质通过疏松的垢层与基体发生反应，形成局部腐蚀，即"闭塞区"。根据闭塞电池自催化机理：通常腐蚀垢层具有阴离子选择性，垢层下金属阳离子难以扩散到外部，随着金属离子的积累，造成正电荷过剩，促使外部的 Cl^- 迁入以保持电荷平衡，金属氯化物的水解使垢层下环境酸化，进一步加速垢下腐蚀。

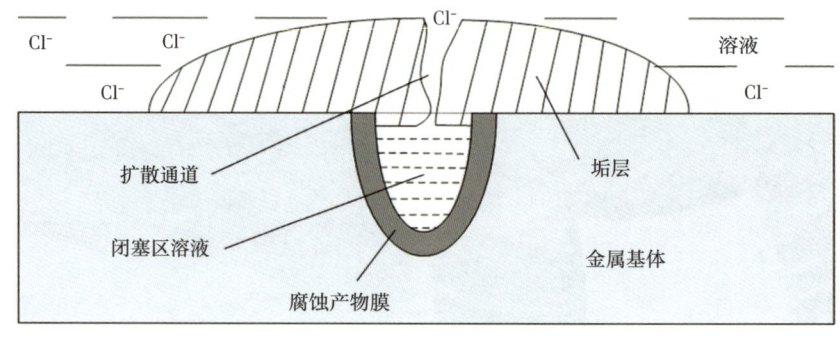

图 4.2.31　垢下腐蚀机理

KeS 2-2-12 井油管堵塞后静置约 3 年，在其他 2 口井也发现了相似的腐蚀现象。

4.2.5 环空保护液造成 13Cr 油管应力腐蚀开裂

一口井的完井工作是指从钻开生产层开始到交付生产为止所进行的各种作业。这些作业包括钻进、下套管、射孔防砂、装井口等。完井液可定义为从钻开油层到投产阶段用于井眼的流体。国外一般把钻开油层、射孔、防砂以及各种增产措施中用于产层的流体称为完井液（Completion Fluids），而将为维护或提高产能而修井时所需的流体称为修井液（Workover Fluids）。从广义上讲，从钻开油层到采油及各种增产措施过程中的每一个作业环节，所使用的与生产层接触的各种工作液体系统称为完井液[5]。完井液的作用主要是平衡地层压力，保护储层减少对储层的伤害，维持井下清洁，防止或减缓管柱的腐蚀，并维持井内各种性能的稳定。完井液按用途可分为钻开液、清洗液、射孔液、砾石填充液及封隔液等，其中封隔液是指充填在封隔器以上套管和油管环空之间，降低油管柱和套管柱之间的压差、支撑和保护套管以及封隔器、对套管内壁和油管外壁提供一定保护作用的作业液，也称之为环空保护液。

环空保护液按照组成可分为水基、油基、气基环空保护液，其中最为常见的为水基（盐水）环空保护液，主要有无机盐完井液和有机盐完井液。国内外大量研究结果表明，常规的卤化盐环空保护液（NaCl、KCl、NaBr、$CaCl_2$、$CaBr_2$、$ZnBr_2$，以及它们的混合物），尤其是氯化物，会促进不锈钢管柱产生严重的点蚀，并且在完井及生产过程中的"温度效应""鼓胀效应"和"螺旋弯曲效应"等协同作用下导致管柱发生应力腐蚀开裂（SCC），其在高温高压井的应用受到明显的限制。自 2006 年开始，塔里木油田在使用不锈钢油管的井就不再使用卤化盐环空保护液。近年来，国内研发的环空保护液主要为沉淀膜型（如焦磷酸钾、磷酸氢二钾等磷酸盐）或钝化膜型（如铬酸盐）环空保护液，由于具有高的完井密度和良好的保护性特点而广泛使用。自 2009 年起，塔里木油田在高温高压气井中开始使用"磷酸盐+铬酸盐"作为环空保护液。但从 2012 年开始，逾 10 口井的 13Cr 油管陆续发生断裂失效，之后的研究表明，其主要原因就是使用了这一类型的环空保护液。2015 年开始，塔里木油田逐渐将其替换为"甲酸盐"环空保护液,截至2020年底未发现断裂失效问题。甲酸盐是最常用的有机盐环空保护液,与常规的卤化盐水溶液相比,尽管由于成本高,货源窄,过去在油气井钻完井过程中的应用受到限制,但其不含卤化物、抗氧化、偏碱性pH值以及具有良好缓冲性的特点,可以有效降低油气层伤害、减少井下腐蚀发生、提高钻井速度、缩短钻井周期,因此,这类无腐蚀性、高密度完井液拥有明显的优势,在国内外高温高压油气井的应用越来越广泛。

4.2.5.1 13Cr油管断裂失效实例

截至2019年年底,近200口井超级13Cr油管应用效果表明,该材质基本满足塔里木油田的高温高压气井井况,但在这些井中有一些井出现了断裂问题,事后分析确认之后,与应力腐蚀开裂(SCC)相关的油管失效统计见表4.2.5。共有12井次的13Cr油管发生了失效,其中有2井次的油管材质为改进型13Cr,其他10口井的油管材质均为超级13Cr。

表4.2.5 与应力腐蚀相关的13Cr油管失效统计表

序号	井号	失效深度(m)	失效形式	服役时间(d)[a]	失效油管	失效原因分析
1	DB101-1	2302	接箍横裂	21	BT-S13Cr110 BGT1	环空起源的SCC
2	KeS 201	4451	接箍纵裂	78	BT-S13Cr110 BGT1	环空起源的SCC
3	KeS 2-2-3	4146 4285	管体横裂	12	JFE HP2-13Cr110 BEAR	环空起源的SCC
4	DN 2-22	4272	管体横裂	2093	JFE HP1-13Cr110 FOX	环空起源的SCC
5	DN 2-B2	1618	管体横裂	396	JFE HP2-13Cr110 BEAR	环空起源的SCC
6	KeS 8-2	4811	管体纵裂	903	JFE HP2-13Cr110 BEAR	环空起源的SCC
7	DN 201	3833	管体纵裂	4139	JFE HP1-13Cr110 FOX	内壁[b]起源的SCC
8	KeS 2-2-12	6181	工厂端脱扣	370	HP2-13Cr110 BEAR	环空起源的SCC导致抗外挤性能降低,出砂导致油管通道堵塞,发生挤毁和脱扣

续表

序号	井号	失效深度（m）	失效形式	服役时间（d）[a]	失效油管	失效原因分析
9	BZ 102	6394	工厂端脱扣	240	TN110CR13S TSH563	油管堵塞造成内外压差过大导致挤毁脱扣，油管外壁发现较轻微SCC裂纹
10	KeS 501	1910	刺穿	1107	HP2-13Cr110 BEAR	环空起源的SSC，裂纹从外向内扩展，最终形成刺穿
11	KeS 2-2-4	6223	断裂	1975	HP2-13Cr110 SLF	环空起源的SCC
12	大北 304	6487	挤毁/脱扣	913	HP2-13Cr110 BEAR	环空起源的SCC导致抗外挤性能降低，出砂导致油管通道堵塞，发生挤毁和脱扣

a. 经历天数的统计是从油管柱入井完毕日期至推测失效日期这段时间，与油管起出时间无关。
b. 笔者认为该井油管判断从内壁起源的证据不足，但由于是第三方提交的报告，故保留其结论。

油管的失效表现形式有断裂、穿孔、脱扣和挤毁等，失效的宏观形貌如图 4.2.32 至图 4.2.36 所示，但主要是 SCC 造成的管体和接箍断裂，其余的失效形式在不同程度上也与 SCC 相关。

图 4.2.32　DB101-1 井第 239 根油管接箍横向开裂

塔里木油田在早期发现油管失效时，主要是在试油完井期间，DB101-1 井、KeS 201 井和 KeS 2-2-3 井等三口井的油管均在极短的使用时间后就发生了断裂。

大北 101-1 井，2012 年 8 月 23 日下入完井管柱，下部注水泥封固，2012 年 9 月在加砂压裂施工结束后，关井准备放喷期间，套压突然由 40MPa 升至

147

61MPa，判断油套窜通。随后切割打捞，起出发现 φ127mm×12.7mm BT-S13Cr110 BGT1 油管第 239 根油管（位于井深 2302.34m 处）的接箍横向开裂（图 4.2.32）。

克深 201 井，2011 年 9 月 16 日下入完井管柱（封隔器以上管柱结构：φ88.9mm×7.34mm JFE13Cr110 Bear 油管 150 根+φ88.9mm×6.45mm BT-S13Cr110 BGT1 油管 468 根+φ93.2mm×10mm BT-S13Cr110 BT-FJ 油管 39 根），2011 年 10 月 22 日进行投产试采，在 2011 年 12 月 4 日至 2011 年 12 月 12 日关井测压力恢复期间，套压降为 0 后突然快速升高，此时判断油套窜、管柱失效，后期开井套压下降、关井套压升高，并且放喷时出口有环空有机盐液喷出，进一步判断井下管柱油套窜通、油管失效。2012 年 9 月 27 日修井起出油管发现，位于井深 4441m 位置的油管接箍纵向开裂（图 4.2.33）。

图 4.2.33　KeS201 井油管接箍纵向开裂

KeS 2-2-3 井 2012 年 4 月 29 日开钻，11 月 28 日钻至 6980.00m 完钻，地层温度 171℃，地层压力 119MPa，天然气中 CO_2 含量 0.20%（摩尔分数），不含 H_2S，2013 年 2 月 23 下完完井管柱，3 月 7 日进行了酸化压裂，最大泵压 120MPa，最大排量 5.8m³/min，2013 年 3 月 11 日完井放喷完毕关井，关井期间，油压上升，补套压和放压过程中，油套突然窜通，2013 年 3 月 28 日修井发现第 418 和 432 根 JFE HP2-13Cr110 BEAR 油管工厂端螺纹根部横向断裂（图 4.2.34）。后期复原其失效过程为：第 432 油管开裂（未断），油套串通——油压下降/套压升高——418 号油管断裂——打捞过程中 432 油管完全断开。

图 4.2.34　KeS 2.2.3 井第 418 根断裂油管形貌

在上述 3 口井发生失效后，塔里木油田组织进行了失效分析，分析结论均给出了"应力腐蚀开裂是造成油管断裂的原因"，但由于认识的局限性，当时认为改造施工时井口压力过高，造成了油管承受较大载荷是导致失效的主要原因。随后，塔里木油田降低了改造施工的强度，将井口压力控制在 110MPa 以内。这个措施确实推迟了油管断裂失效的发生。

以 KeS 8-2 井为代表的一系列井，未在试油完井期间发生油管失效，而是在生产过程中发生了油管断裂。KeS 8-2 井 2014 年 2 月 12 日完钻，完钻井深 7045.00m，9 月 2 日开井投产，地层压力 110MPa，井底温度 164℃，天然气中 CO_2 含量 0.813%，不含 H_2S，产出水中 Cl^- 含量 5790mg/L，求产阶段开始 A 环空压力异常下降，持续环空补压，累计补压 186 次，2016 年 10 月 20 日，A 环空压力突然迅速上涨至 78MPa，环空泄压泄出可燃物，判定油套窜通。2016 年 12 月 8 日 KeS 8-2 井修井发现第 483 根 JFEϕ88.9mm×6.45mm HP2-13Cr110 BEAR 油管断裂。该井失效油管的外壁存在密集的纵向裂纹，在打捞过程中被拉断，呈现出极其罕见的断裂形貌（图 4.2.35）。

还有另外一类井，井况没有上述井复杂，且未经过改造施工，在经历长达几年之后才发生油管断裂失效。例如 DN2-22 井，2009 年 2 月 14 日开钻，2009 年 6 月 6 日完钻，完钻井深 5242m，地层压力为 107.53MPa，2009 年 8 月投产，含水 6%～7%，CO_2 含量 0.97mol%，不含 H_2S，地层水矿化度 10×10^4mg/L，2015 年 4 月 18 日 14:55 关井检修，发现 A、B、C 环空压力均快速上涨，A 环空最高涨至 67.5MPa，B 环空最高涨至 49.46MPa，C 环空最高涨至 58.35MPa，B、C 环空放压均为可燃天然气，2015 年 8 月 12 日修井时，发现第

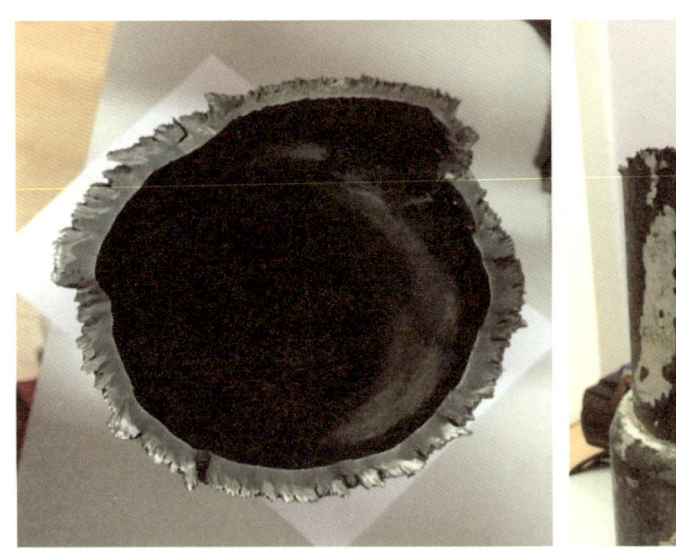

图 4.2.35　KeS 8-2 井第 483 根断裂油管上断口宏观形貌

441 号 88.9mm×6.45mm 13Cr110 FOX 油管断裂，断裂油管严重结垢（图 4.2.36），井深 4272.30m，2015 年 8 月 25 日，第 476 号同种油管发现刺穿，井深 4610.24m。

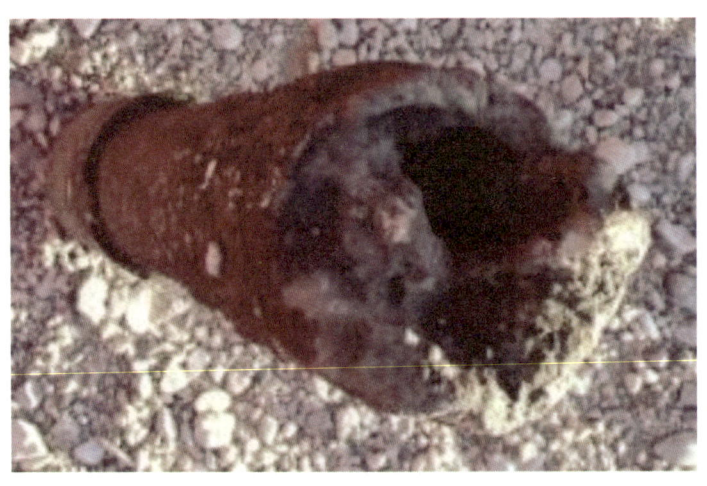

图 4.2.36　DN2-22 井断裂油管宏观形貌

这一类案例的出现推动了断裂机理的深入研究工作，下文，通过简要回顾 KeS 8-2 井失效分析过程，按认识过程介绍主要研究结论。

KeS 8-2 井在修井过程中发现第 483 根油管断裂。该井采用一体化管柱结构，封隔器永久坐封，井下油管使用情况见表 4.2.6。

表 4.2.6 KeS 8-2 井油管使用情况（自油管挂起往下）

油管型号（自上至下）	根数	编号
φ114.3 mm×12.7 mm HP2-13Cr110/BEAR 油管	119	A1-A119
φ114.3mm×9.65mm HP2-13Cr110/BEAR 油管	51	B1-B51
φ88.9mm×9.52mm HP2-13Cr110/BEAR 油管	122	C1-C122
φ88.9mm×7.34mm HP2-13Cr110/BEAR 油管	85	D1-D85
φ88.9mm×6.45mm HP2-13Cr110/BEAR 油管	240	E1-E240
φ88.9mm×6.45mm BT-S13Cr110/BGT 油管	53	F1-F53
φ93.2mm×10mm BT-S13Cr110/BT-FJ 油管	28	G1-G28

该井修井作业中起出、发现断裂的第 483 根油管为 φ88.90mm×6.45mm HP2-13Cr110 BEAR 油管（编号 E107），断裂位置位于井深 4811m 处。现场同时对断裂油管、该井未断裂油管和同批次新油管进行了取样，编号见表 4.2.7。

表 4.2.7 KeS 8-2 井油管失效分析取样情况

油管类别	根数	出井/出厂编号
断裂油管	1	E107
原井未断裂油管	3	E6
		E93
		E101
同批次新油管	2	72454-02 1-28414 1562
		72454-03 1-28415 S29

几何尺寸测量表明所有取样油管的外径和壁厚均满足塔里木油田订货补充技术条件要求，未见明显变形及壁厚减薄。然后，依据 ASTM E709-2014 标准对取样油管进行了磁粉探伤，发生断裂的油管接箍及管体外表面存在大量纵向裂纹，管端裂纹分布数量多于远离管端处；内表面未见明显裂纹分布。同批次新油管接箍及管体均未见裂纹分布。

原井未断裂的油管经磁粉检测发现，其接箍及管体外表面存在纵向裂纹分布，管端裂纹分布数量明显多于远离管端处，该特征与断裂油管相似。此外，现场抽取断口往上 10 根油管进行磁粉检测，均发现管体外表面存在纵向裂纹

（a）上断口　　　　　　　　　　　　（b）下断口

图 4.2.37　KeS 8-2 井断裂油管外表面磁粉探伤结果

分布，经统计，沿环向的纵向裂纹最大密度达 130 个/10cm。图 4.2.38 是编号为 E105 的油管在现场进行磁粉探伤的照片。

（a）接箍

（b）管体

图 4.2.38　KeS 8-2 井编号 E105 油管外表面磁粉探伤结果

化学成分分析未见任何异常。同时，对上述样品进行了拉伸性能（表4.2.8）、夏比V冲击（表4.2.9）和硬度检测。同批次新油管性能均满足塔里木油田订货补充技术条件要求。但裂纹的存在影响了断裂油管样品和未断裂油管的拉伸性能和冲击韧性检测，见表4.2.8，相应的结果不能作为判定依据。图4.2.39是有裂纹的油管样品拉伸试样断口形貌，可见试样断口外表面存在大量陈旧裂纹（冲击试验样品同理），这是影响试验结果的主要原因。

表4.2.8 拉伸性能试验结果

试样		抗拉强度（MPa）	屈服强度（0.6%EUL）（MPa）	断后伸长率（%）
编号	宽度(mm)×标距(mm)			
断裂油管接箍纵向	φ6.25×25	939	864	25
		937	872	25
		936	869	23
断裂油管管体纵向*	19.1×50	838*	795*	9*
		861*	816*	9*
		820*	733*	9*
带裂纹未断裂油管管体纵向*	19.1×50	900*	821*	13*
		883*	810*	13*
		904*	835*	14*
同批次新油管管体纵向	19.1×50	928	844	23
		944	857	24
		935	850	23
塔里木油田订货补充技术协议		≥827	758~896	≥13

* 试样表面存在纵向裂纹，试验结果仅供参考。

图4.2.39 管体拉伸试样断口裂纹形貌

表 4.2.9 夏比冲击性能试验结果

试样			温度（℃）	吸收能量（J）		
编号	规格（mm）	缺口形状				
断裂油管接箍纵向	7.5×10×55	V	0	146	135	102
断裂油管管体纵向*	5×10×55			67*	66*	54*
带裂纹旧油管管体纵向	5×10×55			80	87	88
同批次新油管管体纵向	5×10×55			86	89	98
塔里木油田订货补充技术协议	7.5×10×55			≥64		
	5×10×55			≥44		

* 试样表面存在纵向裂纹，试验结果仅供参考。

金相分析对非金属夹杂物、组织及晶粒度进行了检测，所有油管样品显微组织无明显差异，均为回火马氏体，晶粒度9.0级，未见异常组织分布。

对 KeS 8-2 井断裂油管进行宏观观察可知，该油管断口主要分为横向及纵向两类。原始横向断口的宏观形貌如图 4.2.40 所示。该断口沿横向完全断裂，其靠外表面侧边缘呈密集"毛刺"状特征，并可见分叉，而靠内表面侧具有剪切唇塑性变形特征，剪切唇区域呈现新鲜金属光泽［图 4.2.40（a）］。外表面"毛刺"区域高倍下观察可见纵向开裂特征，裂缝内部发黑，横截面则呈新鲜金属光泽。该特征与断裂油管拉伸试样断口（图 4.2.39）类似。

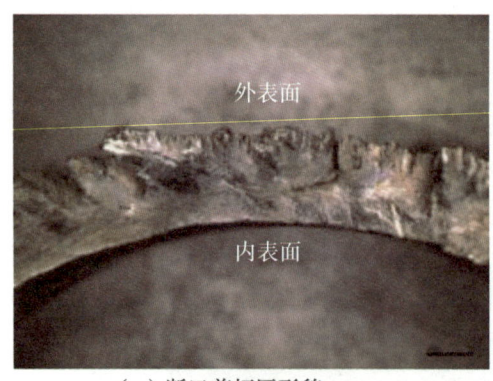 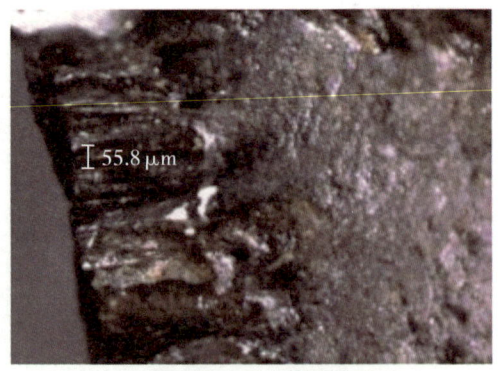

（a）断口剪切唇形貌　　　　（b）断口外表面边缘裂纹形貌

图 4.2.40　原始横向断口宏观形貌

其微观形貌结果如图 4.2.41 所示。该断口外表面边缘开裂区可见剪切状韧窝特征，裂缝内部可见腐蚀产物填充；该断口内表面侧剪切唇区域可见韧窝特征，断面未见明显腐蚀产物覆盖。

由以上断口宏微观分析可初步确定，该油管原始横向断口具有塑性断裂特征，断口外表面存在大量纵向裂纹，该特征与失效油管拉伸试样断口类似。

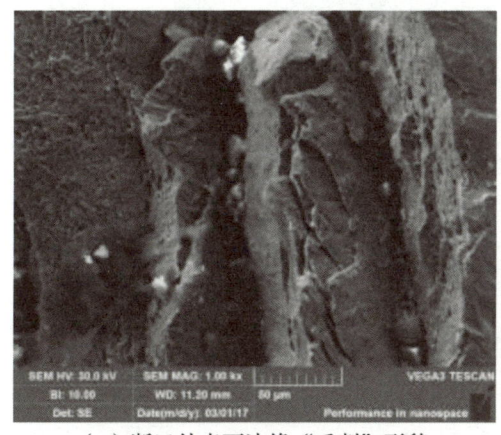 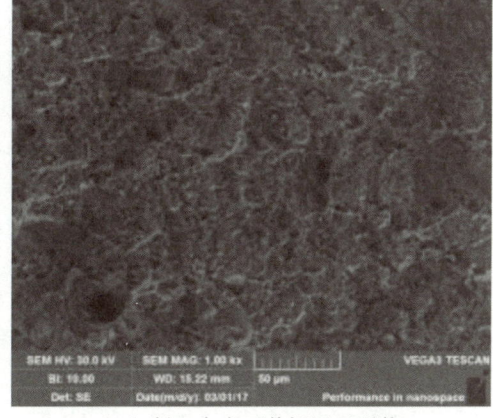

（a）断口外表面边缘"毛刺"形貌　　　（b）断口内表面剪切唇区形貌

图 4.2.41　原始横向断口微观形貌

原始纵向断口形貌如图 4.2.42 所示。该断口位于油管下半段，其随油管断裂落井，整体呈台阶状，断口呈深黑色，断面可见灰白色覆盖物；断口靠油管外表面侧较平坦，平坦区范围约占断面 80% 以上，同时可见放射花样汇聚于断口外表面侧，内表面侧存在少量剪切唇。由宏观分析可初步确定该油管纵向开裂属于典型的多源脆性开裂，起源于管体外表面。

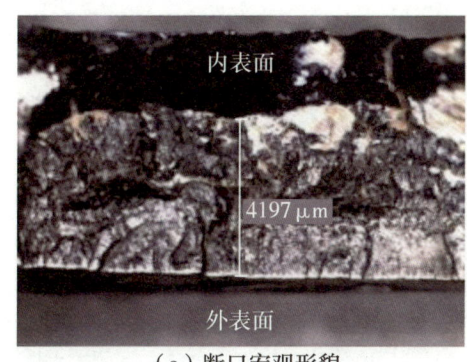 

（a）断口宏观形貌　　　　　　　　　（b）断口源区宏观形貌

图 4.2.42　原始纵向断口宏观形貌

原始纵向断口微观形貌分析结果如图 4.2.43 所示。该断口随管体落井打捞,表面存在严重磨损及腐蚀,微观下观察可见裂纹源区具有较多二次裂纹特征,裂纹扩展区因存在大量腐蚀产物层覆盖无法准确观察基体断裂特征。

 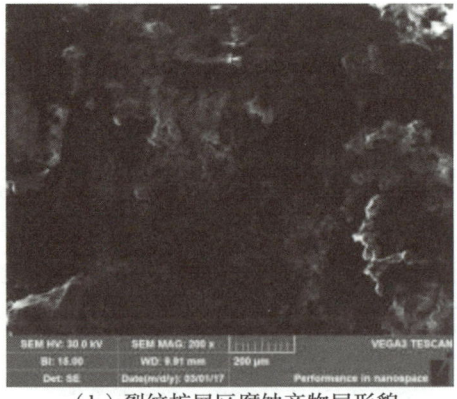

（a）裂纹源区二次裂纹形貌　　（b）裂纹扩展区腐蚀产物层形貌

图 4.2.43　原始纵向断口微观形貌

断裂油管的原始纵向断口呈典型的脆性开裂特征,其横截面金相分析如图 4.2.44（a）所示。断口附件管体外表面存在腐蚀特征并可见沿壁厚方向扩展裂纹分布,裂纹均起源于管体外表面、分叉较多,同时在断口源区及扩展区可见大量二次裂纹特征,从断口扩展形态可以看出其断裂与管体外表面裂纹扩

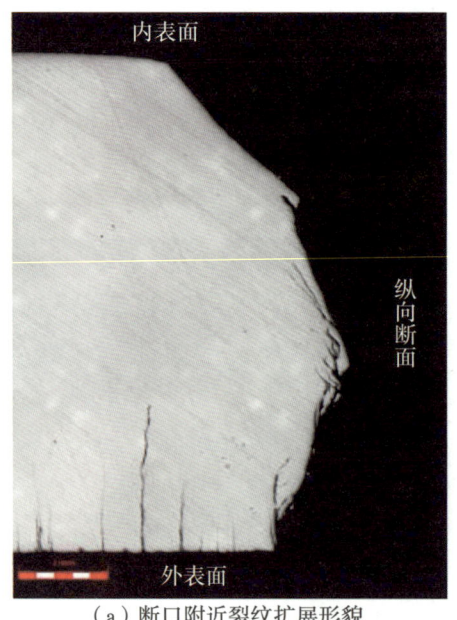 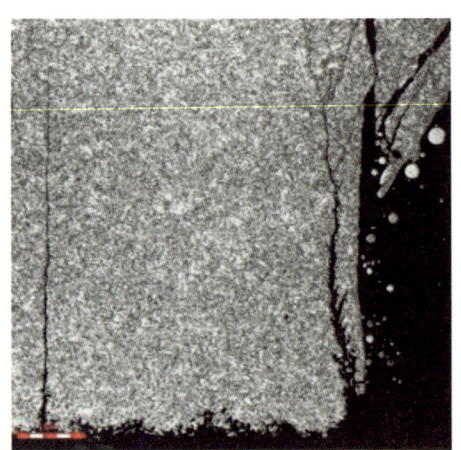

（a）断口附近裂纹扩展形貌　　　（b）断口源区显微组织

图 4.2.44　断裂油管纵向原始断口横截面金相分析结果

展有关。断口附近显微组织如图4.2.44（b）所示，断口源区、扩展区及其附近裂纹周围显微组织未见明显异常，裂纹以穿晶扩展为主。

断裂油管远离断口的横截面金相分析如图4.2.45所示。油管外表面可见腐蚀产物层，垂直于壁厚方向可见大量裂纹分布，裂纹均起源于油管外表面，具有明显分叉特征；该油管除下半段局部区域因打捞磨损至裂纹扩展初期组织存在流线变形外，其余区域裂纹周围组织未见明显异常，裂纹以穿晶扩展为主，上述特征均与断口附近裂纹扩展形态相似。

（a）油管外表面裂纹扩展形貌

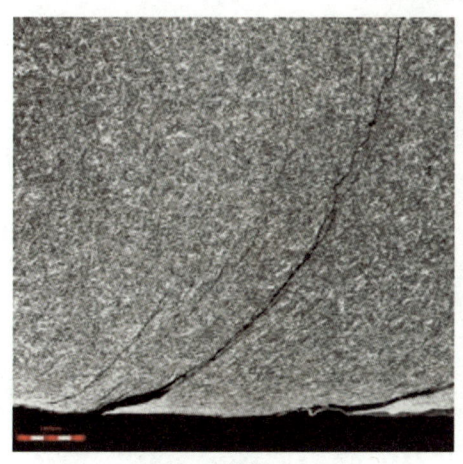 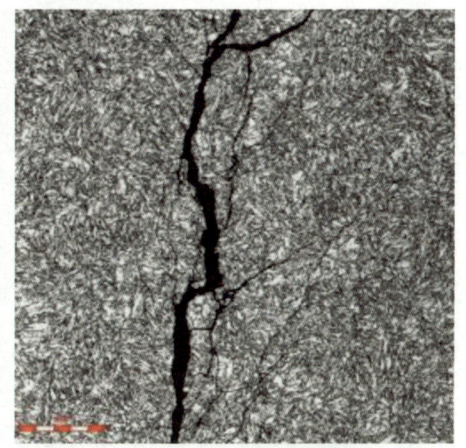

（b）裂纹周围流线变形组织　　　（c）裂纹尖端周围显微组织

图4.2.45　断裂油管远离管端处裂纹金相分析结果

断裂油管接箍外表面裂纹金相分析结果如图 4.2.46 所示。接箍外表面仍可见腐蚀产物层，接箍外表面裂纹数量及深度均不及管体裂纹，其裂纹扩展形态则与管体相同，均起源于油管外表面，具有明显分叉特征，以穿晶扩展为主，裂纹周围组织无明显异常。

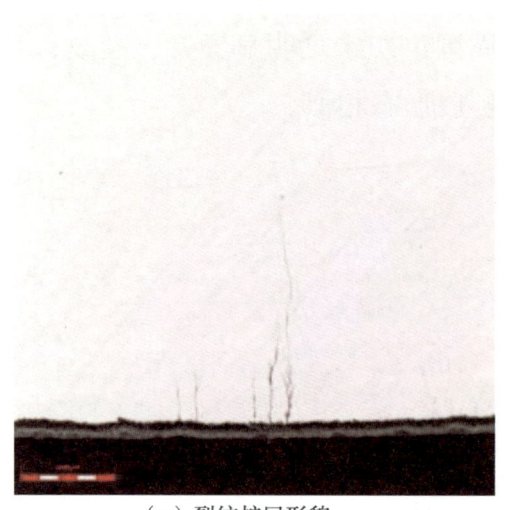
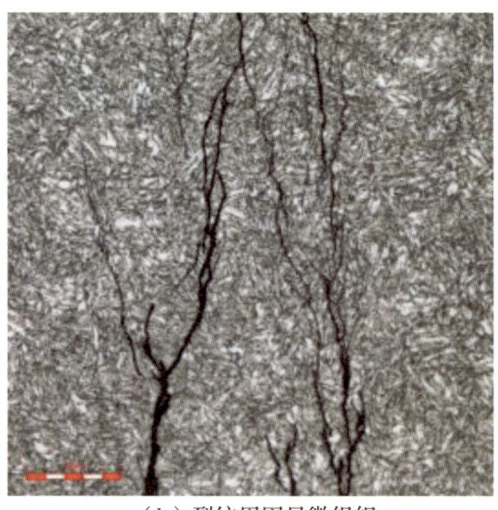

（a）裂纹扩展形貌　　　　　　　　　（b）裂纹周围显微组织

图 4.2.46　断裂油管接箍表面裂纹金相分析结果

同时，对没有断裂的油管也进行了分析，挑选了无损检测中发现带有裂纹的样品，其金相分析结果如图 4.2.47 所示。该油管外表面存在大量裂纹分布，

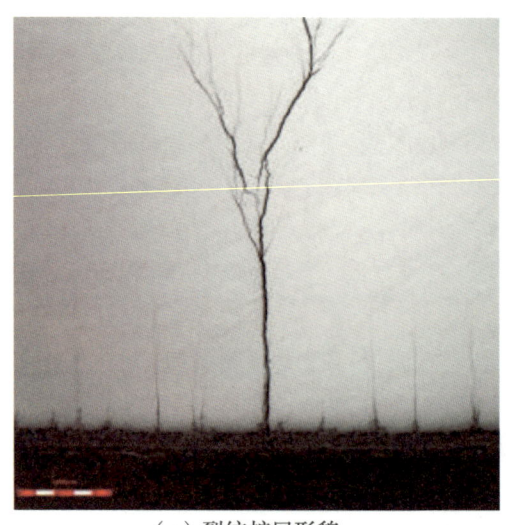
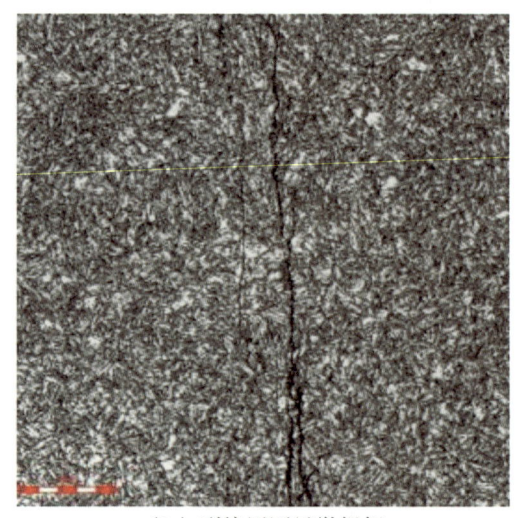

（a）裂纹扩展形貌　　　　　　　　　（b）裂纹周围显微组织

图 4.2.47　旧油管外表面裂纹金相分析结果

裂纹扩展形态与断裂油管相似，裂纹分叉较多，以穿晶扩展为主，裂纹周围组织无明显异常。同时在油管外表面可见腐蚀产物层，该特征也与断裂油管相似。

由于断裂油管原始纵向断口受严重污染，断面存在大量腐蚀产物覆盖，无法准确观察断口各区域微观形貌细节特征。相较于长期接触井下介质开裂断口，裂纹因闭合其所接触腐蚀介质较少，特别是处于扩展初期的小裂纹面会保留更多细节特征，因此从断裂油管上半段管体取不同深度裂纹试样，按图4.2.48所示方法将裂纹试样机械打开，并进行宏微观形貌分析。

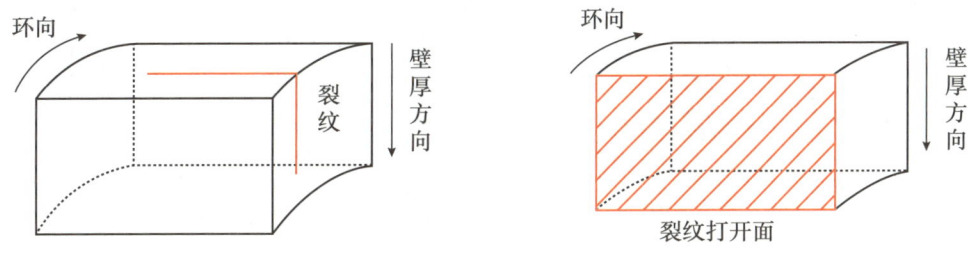

图4.2.48　裂纹机械打开面示意图

裂纹机械打开面客观形貌如图4.2.49所示。裂纹打开面可见多个裂纹扩展区域，均呈扇形沿油管壁厚方向扩展，位于油管外表面侧的"扇形中心"则为裂纹源区，可见该油管具有典型的多源开裂特征，不同扇形区域扩展至一定阶段后相互连通，沿管体纵向呈阶梯状，该特征与断裂油管原始纵向断口阶梯状开裂形貌相吻合。

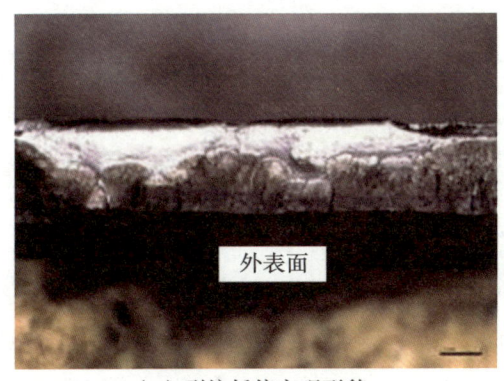　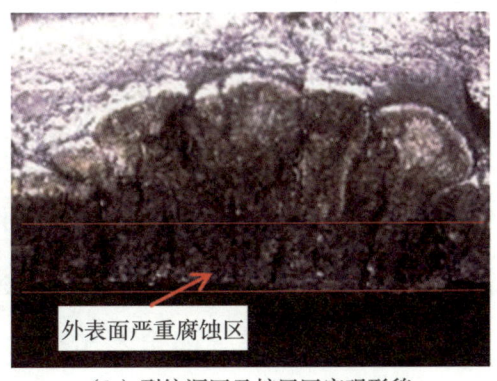

（a）裂纹低倍宏观形貌　　　　　（b）裂纹源区及扩展区宏观形貌

图4.2.49　裂纹机械打开面宏观形貌

图 4.2.50 所示为裂纹机械打开面的微观形貌。裂纹源区呈穿晶解理特征，二次裂纹较少；裂纹扩展区仍具有穿晶扩展形貌，扩展区边缘（裂纹尖端）出现二次裂纹分布。高倍下可见裂纹面扩展区局部区域存在平行排列的二次裂纹带，该裂纹带裂纹均垂直于主裂纹扩展方向，表现出轻微的腐蚀疲劳特征。

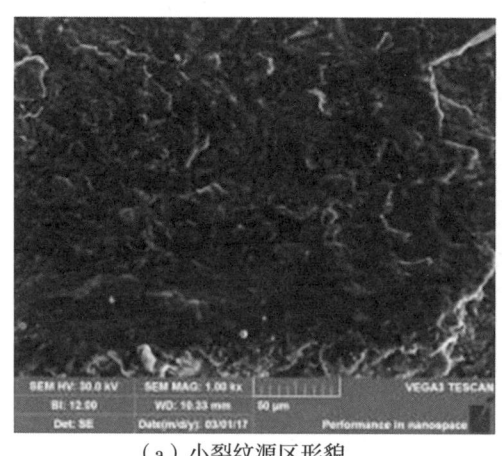 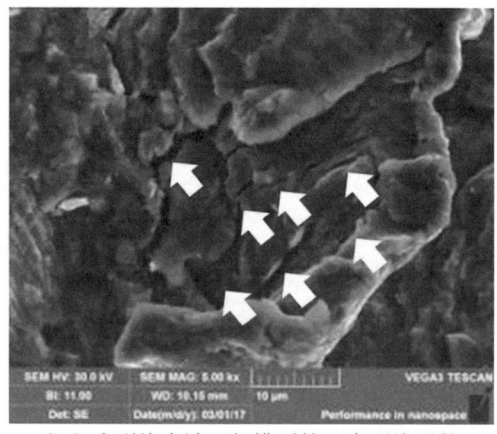

（a）小裂纹源区形貌　　　　　（b）小裂纹尖端平行排列的二次裂纹形貌

图 4.2.50　小裂纹机械打开面微观形貌

断裂油管断口、裂纹及油管外表面均存在一定的腐蚀特征。我们采用能谱分析（EDS）、傅里叶红外光谱（FT-IR）、X 射线衍射（XRD）等多种分析方法对断裂油管腐蚀产物特征进行分析。

断裂油管原始断口采用能谱分析方法发现，纵向断口源区除分布 Fe、Cr、Ni 元素外，还存在较高含量的 O、Ca、Na、P 等元素以及少量 S、Mg 元素（图 4.2.51）。

因原始断口在修井打捞阶段受到井筒工作液污染，不能准确反映油管腐蚀特征，因此对断裂油管管体裂纹机械打开面进行能谱分析，分析结果如图 4.2.52 和图 4.2.53 所示。由分析结果可以看出，裂纹源区 O 元素含量高达 17.25%，P 元素含量也达到 9.59%，此外，裂纹源区还存在少量 S 元素。而与腐蚀介质接触时间相对较短的裂纹尖端区域，Fe、Cr、Ni 等基体元素含量增加，但仍存在 O、P 等腐蚀相关元素分布。其元素含量及分布特征与前述断口及外表面裂纹类似。

金相分析表明断裂油管管体及接箍外表面均存在腐蚀产物层，考虑油管表面裂纹均起源于其外表面，为了分析外表面腐蚀产物层与裂纹萌生及扩展的关

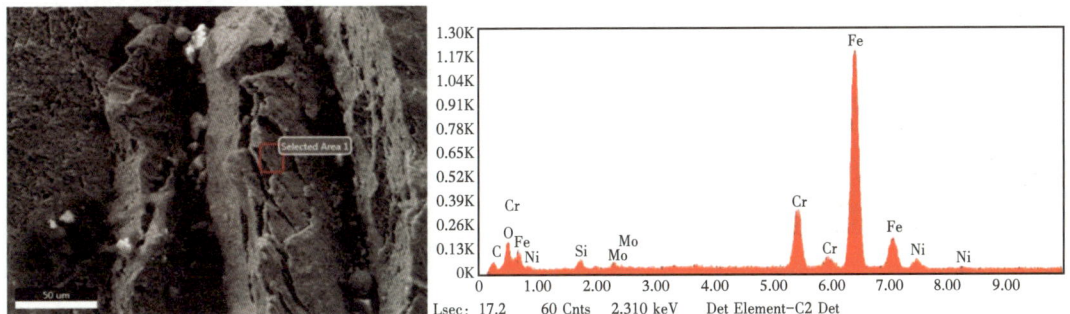

元素	%（质量分数）	原子数（%）
C	5.18	17.81
O	8.77	22.64
Si	0.54	0.79
Cr	10.26	8.15
Fe	56.06	41.44
Ni	3.33	2.34
Mo	15.86	6.83
总计	100.00	

图 4.2.51　原始断口裂纹源区能谱分析结果

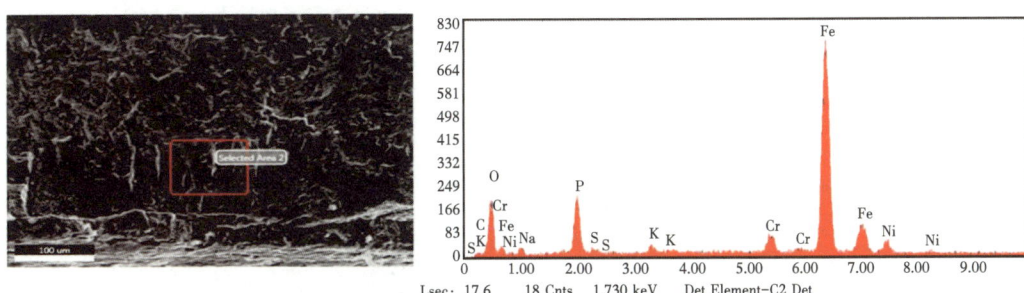

元素	%（质量分数）	原子数（%）
C	0.38	1.07
O	17.25	36.20
Na	9.40	13.73
P	9.59	10.39
S	0.68	0.71
K	0.75	0.64
Cr	2.99	1.93
Fe	54.96	33.04
Ni	4.00	2.29
总计	100.00	

图 4.2.52　裂纹机械打开面裂纹源区能谱分析结果

元素	%（质量分数）	原子数（%）
C	0.02	0.07
O	6.09	16.90
Na	4.42	8.54
Si	1.52	2.41
P	1.85	2.65
S	0.23	0.32
K	0.78	0.88
Cr	11.80	10.08
Fe	70.65	56.15
Ni	2.63	1.99
总计	100.00	

图 4.2.53　裂纹机械打开面裂纹尖端能谱分析结果

联作用，选取断裂油管管体端部横截面金相试样，对其外表面腐蚀产物层进行了微观形貌及能谱分析。图 4.2.54 为管体外表面腐蚀产物层高倍微观形貌，表 4.2.9 为不同区域测量点能谱分析结果。

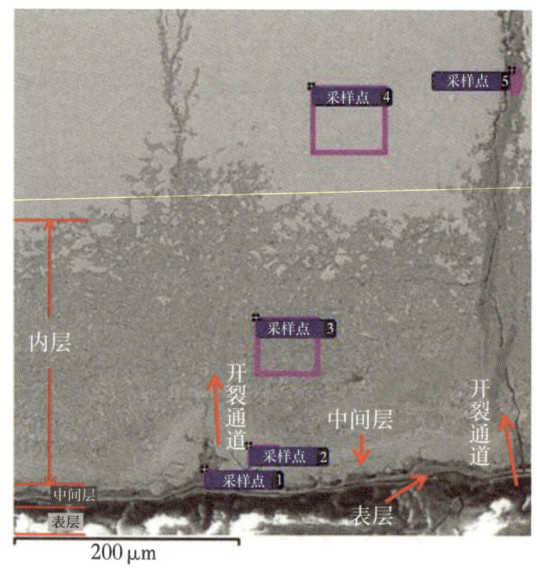

图 4.2.54　断裂油管管体外表面腐蚀产物层形貌

从油管管体表面腐蚀产物层形貌（以及不同衬度颜色）来看，腐蚀产物层具有三层结构特征：

表层（图 4.2.54 中 1#）：该层与井下环境介质固相沉积结构有关，经测量其厚度小于 10μm。能谱分析表明，该层 Fe、Cr、Ni 等基体元素含量较低，主要分布元素为 O、P、Ca 等腐蚀介质来源元素，此外，还存在少量 S 元素。

中间层（图 4.2.54 中 2#）：表层下部存在一层衬度明显区别于油管表面其他区域的腐蚀产物层，经测量其厚度 45μm，油管腐蚀坑内亦可见该层特征。能谱分析表明，该层除 Fe、O 元素含量较高外，Cr 元素含量达 20.31%，明显高于超级 13Cr 不锈钢基体测量点（表 4.2.10 中 4#）的 13.79% 含 Cr 量，而 P、Ca 等腐蚀介质来源元素含量相对较低。此外，该层易开裂、存在较多裂缝，由图 4.2.54 中箭头所示可见该层裂缝与深入基体的裂纹相连通，而腐蚀产物在该层裂缝及深入基体的裂纹内均存在，裂缝附近基体腐蚀较严重，说明形成多条腐蚀介质进入金属基体的通道，由此可推测管体外表面裂纹的萌生与该层易开裂有一定关系。

内层（图 4.2.54 中 3#）：该层位于油管表面腐蚀产物层最下部，该区域腐蚀较严重，经测量其厚度达到 194μm，该层靠近外表面侧非常致密，而与基体过渡区域则相对疏松，呈现树枝状腐蚀特征。能谱分析表面，该层主要分布 Fe、O、P 元素，其中 P 元素含量达到 7.61%，远高于其在表层中 1.47% 的含量，接近裂纹内 P 元素含量；此外，内层 Cr 元素含量仅为 6.66%。

表 4.2.10　断裂油管管体外表面腐蚀产物能谱分析结果　单位：%（质量分数）

元素	1#（表层）	2#（中间层）	3#（内层）	4#（基体）	5#（裂纹内）
C	4.76	2.63	6.95		5.22
O	42.91	28.78	25.90		39.39
Na	1.10		1.52		3.79
Si		0.52	0.61		
P	19.29	1.47	7.61		9.87
S	0.74	2.17	3.53		
Ca	28.23	0.96	1.94		
Cr	0.60	20.31	6.66	13.79	2.24

续表

元素	1#（表层）	2#（中间层）	3#（内层）	4#（基体）	5#（裂纹内）
Fe	0.72	36.15	33.20	77.55	36.26
Ni		7.00	10.66	5.34	1.68
Cl			0.69		
K			0.75		1.55
Mo				3.32	
Mg	1.65				

综合管体外表面腐蚀产物层特征可看出，管体表层主要为含 P、Ca 的氧化物结垢层，可以推断主要为环空介质固相沉积所致；而中间层及内层则为油管腐蚀所致。通过线扫描对管体中间层及内层元素分布特征进行分析（图 4.2.55），由中间层至内层 O 含量逐渐降低，Cr、P 元素含量则存在较大差异，其中中间层具有明显富 Cr 特征，相反在内层的 Cr 元素出现损失，具有贫 Cr 特征；P 元素在两层中分布与 Cr 元素不同，其聚集在内层腐蚀产物中，中间层含量较低。此外，基体腐蚀产物层中还呈现少量 S 元素聚集特征。

4.2.5.2 完井液/环空保护液与 13Cr 材质的兼容性评价

2009 年塔里木油田开始使用磷酸盐为主要成分的完井液，同时也将其作为环空保护液来使用。当时进行过腐蚀评价，在不超过 160℃时超级 13Cr 的均匀腐蚀速率基本可以接受，厂家声称这是"有机盐"，但在使用过程中并未进行核实。直至 2012 年，超级 13Cr 油管发生断裂之后，重新审视以前的评价结果，认为存在疏忽的地方，因此制定了较为详细的评价方案，包括成分分析、均匀腐蚀和点蚀、应力腐蚀开裂等多项内容。围绕上述几个方面，展示依据标准和行业惯例进行的试验结果。需要注意的是，除了高温下腐蚀较为严重以外，依据标准和行业惯例进行的大量试验也未能证明超级 13Cr 会在这种环空保护液中产生裂纹。

4.2.5.2.1 化学成分分析

塔里木油田使用了不同来源的磷酸盐完井液材料，对其都进行了相应的分析，结果显示其配方基本一致。这里仅展示其中一个来源的分析结果。

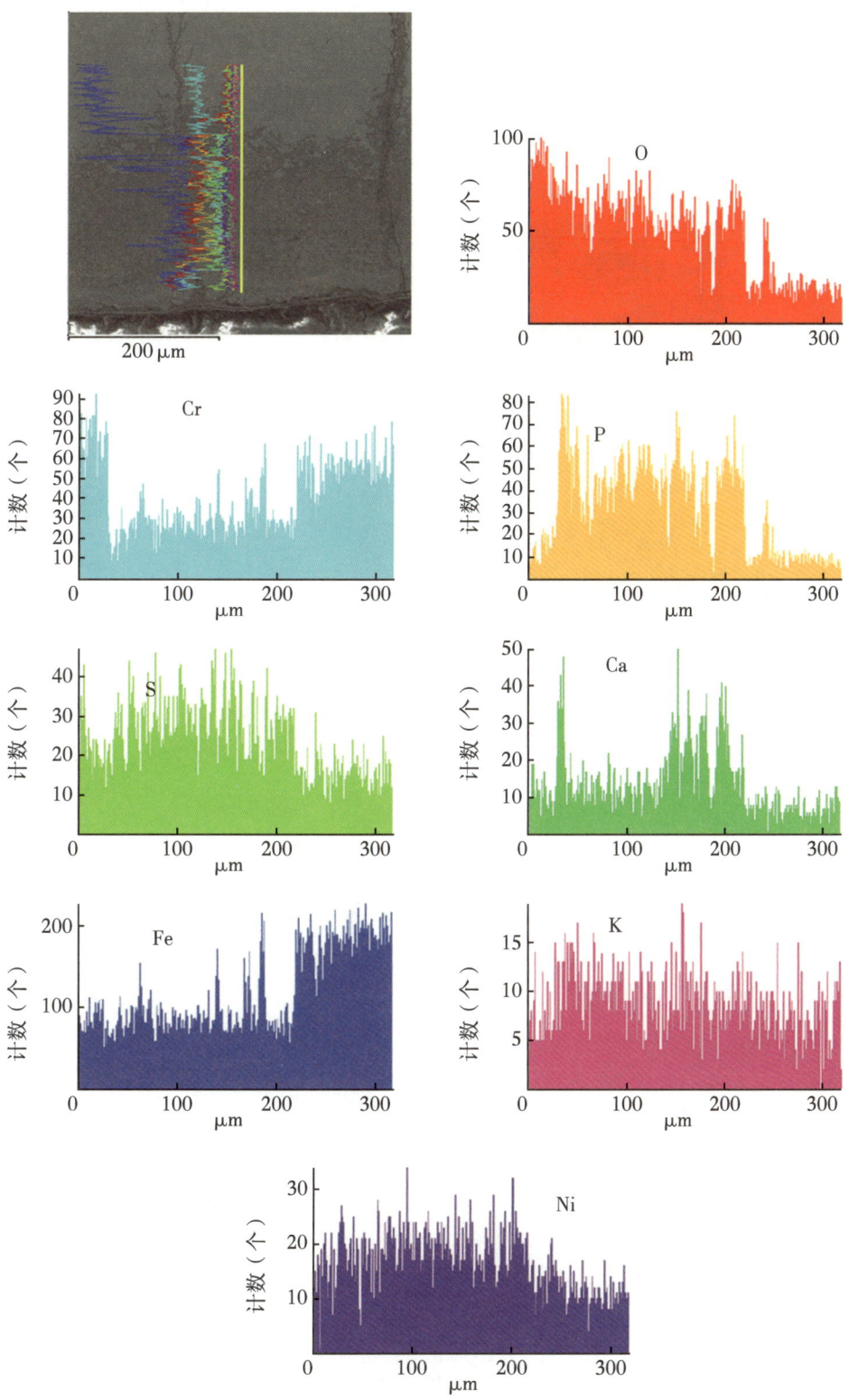

图 4.2.55 断裂油管管体外表面基体腐蚀区域线扫描分析结果

图4.2.57至图4.2.61是其中一个来源的红外光谱、核磁共振、X射线荧光光谱、X射线衍射光谱和质谱的检测结果，最终判断其主要成分是97%～99%质量百分比的焦磷酸钾，另外有1.8%～2.0%的铬酸钾。

图4.2.56　磷酸盐完井液材料样品形貌

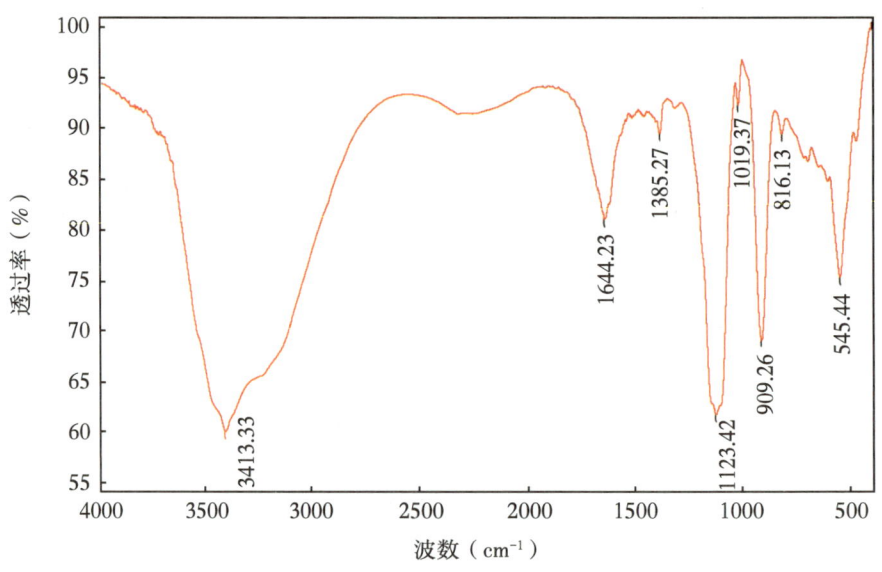

图4.2.57　磷酸盐完井液材料样品红外光谱谱图

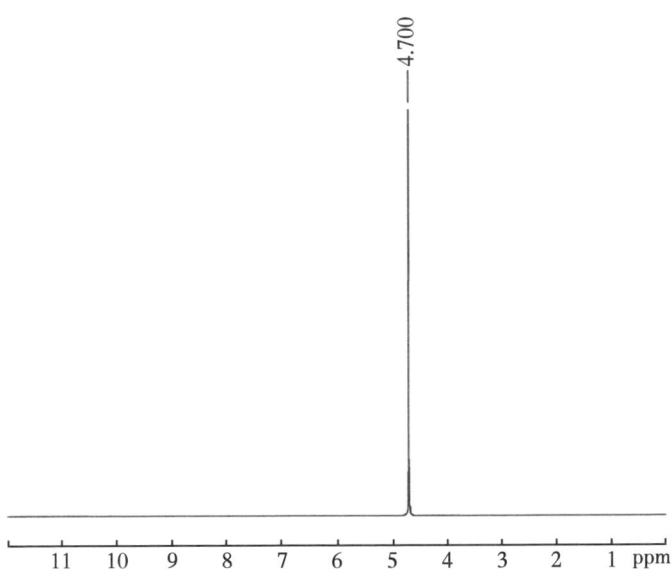

图 4.2.58 磷酸盐完井液材料样品核磁谱图

分析元素	结果	计算方法	谱线	净注度	背景强度
K	44.2393 %	Quant.-FP	K Ka	252.236	0.349
O	40.0798 %	Quant.-FP	O Ka	0.111	0.009
P	15.3252 %	Quant.-FP	P Ka	98.831	0.340
Cr	0.3558 %	Quant.-FP	Cr Ka	0.833	0.015

图 4.2.59 磷酸盐完井液材料材料样品 X 射线荧光光谱分析

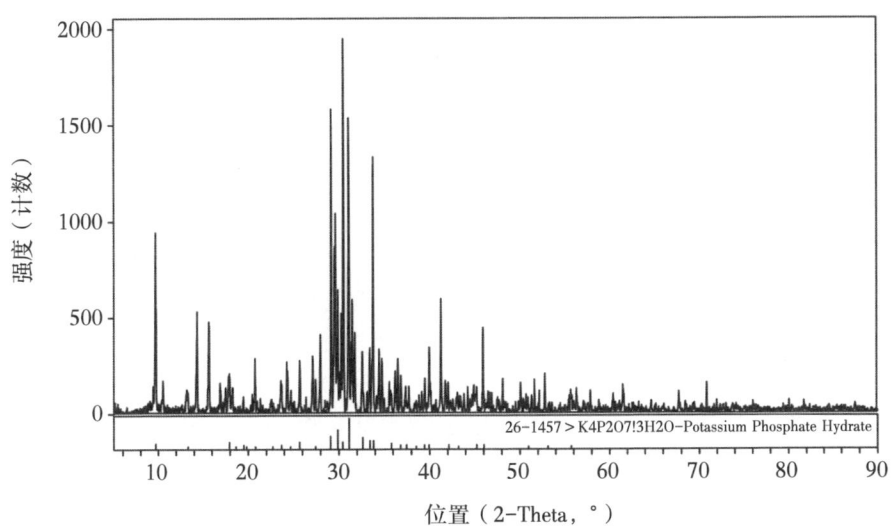

图 4.2.60 磷酸盐完井液材料样品 X 射线衍射光谱谱图分析

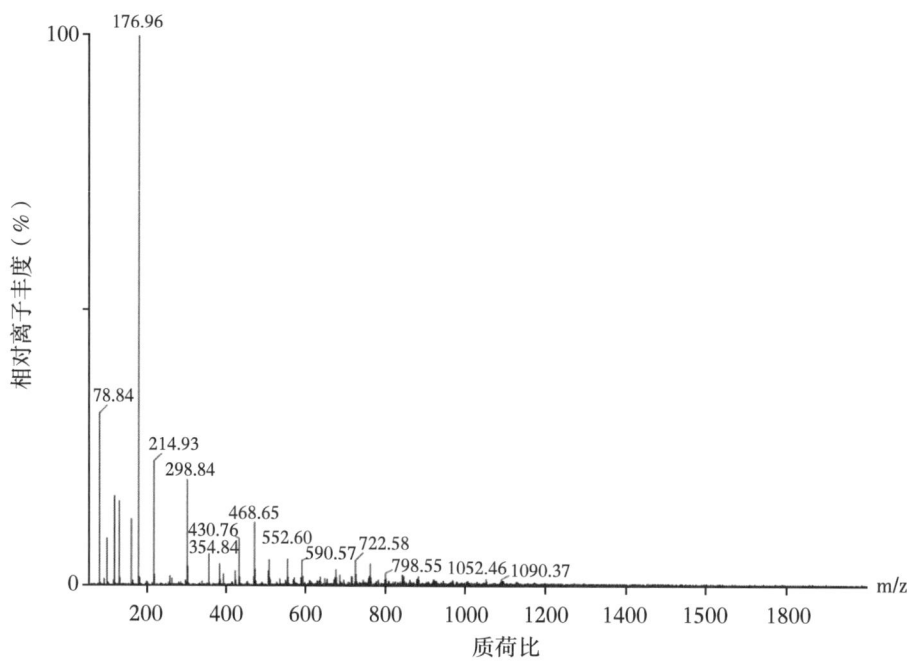

图4.2.61 磷酸盐完井液材料样品质谱谱图

4.2.5.2.2 腐蚀性能评价

取三个不同来源的磷酸盐完井液材料样品,将其分别配成相对密度为1.5的溶液;作为环空保护液,其接触的为生产套管内壁和油管外壁,根据实际情况,塔里木油田高温高压气井的套管常用材质为V140,选择用来进行腐蚀评价的套管材质为TP140(天钢产的140ksi套管材质),油管材质分别为BT-S13Cr110(宝钢)和JFE HP2-13Cr110(JFE)。试验温度设定为170℃,实验前除氧2h,试验过程中使用10MPa的N_2保压,流速为0m/s,所有腐蚀速率均为3个平行样的平均腐蚀速率。

TP140套管在不同来源的磷酸盐完井液均发生了严重腐蚀,见表4.2.11。其微观腐蚀形貌如图4.2.62所示,TP140套管在三种溶液中均发生了不同程度的局部腐蚀。

表4.2.11 不同油套管材质在磷酸盐完井液中的腐蚀速率　　单位:mm/a

材质	完井液A	完井液B	完井液C
TP140	0.3921	0.1973	0.3752
BT-S13Cr110	0.0335	0.0343	0.1395
JFE HP2-13Cr110	0.0390	0.0318	0.1583

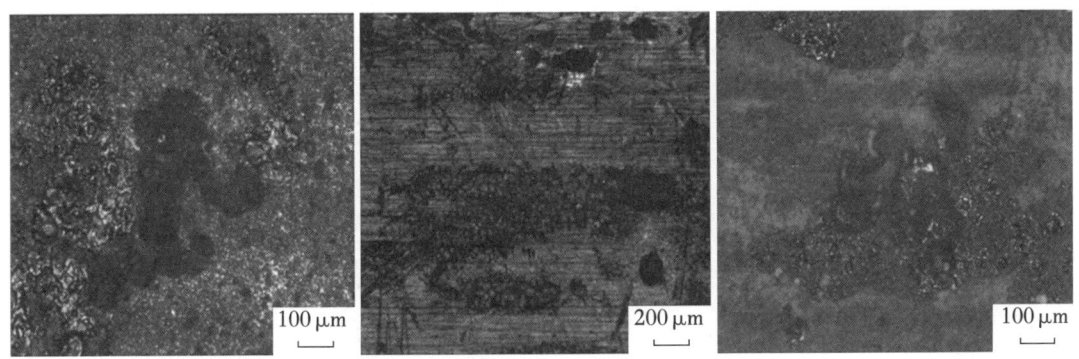

图 4.2.62　TP140 套管在三个不同来源的磷酸盐完井液中的腐蚀形貌

超级 13Cr 油管材质同样发生了腐蚀，但按照通常对碳钢的腐蚀严重程度的判据，其在 A 和 B 中的均匀腐蚀速率并不太高。但是，图 4.2.63 和图 4.2.64 的微观腐蚀形貌表面其局部腐蚀较严重；C 溶液中未见局部腐蚀，但其均匀腐蚀速率较高。

图 4.2.63　BT-S13Cr110 油管在三个不同来源的磷酸盐完井液中的腐蚀形貌

图 4.2.64　JFE HP2-13Cr110 油管在三个不同来源的磷酸盐完井液中的腐蚀形貌

4.2.5.2.3 应力腐蚀开裂性能评价

应力腐蚀开裂试验使用了塔里木油田用量更大的 JFE HP2-13Cr110 材质进行试验,为在高温下模拟油管横向断裂,选用了四点弯曲的试验方法。试验温度选用现场发现油管断裂井段的温度 120℃。

试样通过瓷管隔绝夹置于专门为四点弯曲法定制的哈氏合金夹具上,按照 GB/T 15970.2 应力腐蚀四点弯曲法的要求计算并加载应力。通入高纯氮 2h 除氧,然后,通入 N_2 升压,温度最终控制在 120℃。加载应力水平为 80% 和 90% 最小屈服强度,试验时间 720h。

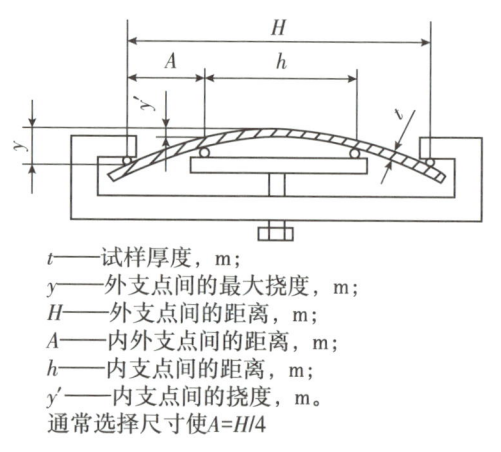

t——试样厚度,m;
y——外支点间的最大挠度,m;
H——外支点间的距离,m;
A——内外支点间的距离,m;
h——内支点间的距离,m;
y'——内支点间的挠度,m。
通常选择尺寸使 $A=H/4$

图 4.2.65 四点弯曲应力腐蚀加载示意图及夹具照片

试验结束后将试样表面用蒸馏水冲洗去除腐蚀介质,丙酮除水后烘干待用。利用扫描电子显微镜观察试样表面应力腐蚀裂纹的萌生和分布形态。

图 4.2.66 和 4.2.67 分别为 JFE HP2-13Cr110 油管在加载 80% 和 90% 最小屈服强度在 A 中应力腐蚀开裂试验后的宏观和微观照片,可以看出无论加载 80% 还是 90% 最小屈服强度的应力,试样表面均未见应力腐蚀裂纹。

(a) 80% 屈服强度　　　　　　　　(b) 90% 屈服强度

图 4.2.66 JFE HP2-13Cr110 在 A 中应力腐蚀开裂试验后宏观照片

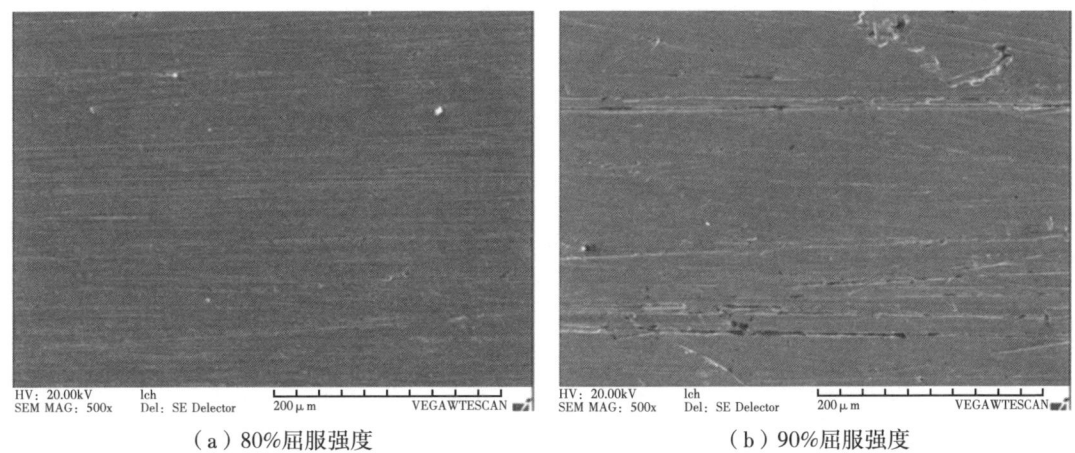

（a）80%屈服强度　　　　　　　　　　（b）90%屈服强度

图4.2.67　JFE HP2-13Cr110在A中应力腐蚀开裂试验后微观照片

4.2.5.2.4　磷酸盐完井液的腐蚀机理研究

关于环空保护液的缓蚀作用机理，有些观点认为环空保护液在管柱表面（油管柱外壁和套管柱内壁）具有吸附作用，生成一种吸附在金属表面的吸附膜，从而使管柱的腐蚀减慢，即吸附理论（有机缓蚀剂缓蚀）；有些观点认为环空保护液与金属作用生成钝化膜或环空保护液与介质中的离子反应形成沉淀膜而使管柱的腐蚀减缓，即成膜理论（钝化膜型缓蚀）；有些观点从电化学观点出发，认为环空保护液的作用机理是对电极过程的阻滞作用，即电化学理论（沉淀膜型缓蚀）；实际上这三种理论相互联系、相互补充。

沉淀膜环空保护液中是能在管柱表面形成防腐蚀沉淀膜的环空保护液。沉淀膜可以由环空保护液中中的物质相互作用形成，也可由环空保护液中与腐蚀介质中存在的金属离子（如铁离子或亚铁离子）反应形成。沉淀膜的厚度通常较大，一般有几百到一千埃。由于沉淀膜电阻大，并能使管柱与腐蚀介质相互隔开，因而可以抑制管柱的腐蚀。这类环空保护液从其抑制腐蚀的电极过程来分，又可分为阴极抑制型和混合抑制型两类。例如，聚磷酸盐与水溶液中Ca^{2+}离子反应生成络离子$(Na_2CaP_8O_{18})n^{n+}$。这种大的胶体阳离子在阴极区放电而形成较厚的覆盖层。这类环空保护液从其抑制腐蚀的电极过程来分，又可分为阴极抑制型和混合抑制型两类。目前塔里木油田在用的环空保护液主要成分为焦磷酸钾，其为阴极抑制型环空保护液。阴极抑制型沉淀膜缓蚀剂能覆盖阴极表面，阻碍O_2扩散或H^+放电，属安全型缓蚀剂，用量不足不会加剧腐蚀。它们的作用机理如下。

磷酸氢根离子电离反应：

$$HPO_4^{2-} \longrightarrow PO_4^{3-} + H^+ \tag{4.2.1}$$

阴极反应：

$$2H^+ + 2e \longrightarrow H_2 \tag{4.2.2}$$

阳极反应：

$$Fe \longrightarrow Fe^{2+} + 2e \tag{4.2.3}$$

沉淀反应：

$$3Fe^{2+} + 2PO_4^{3-} \longrightarrow Fe_3(PO_4)_2 \tag{4.2.4}$$

这些环空保护液中的磷酸盐或磷酸氢盐单独使用时，在金属表面形成沉淀膜仅覆盖于阴极表面［图4.2.68（a）］，膜的致密度较差，与金属基体结合不牢固，保护效果不太理想。为改善磷酸盐或磷酸氢盐溶液的保护效果，通常采取的措施是与 Ca^{2+} 或 Zn^{2+} 等复配，可大大增强其缓蚀性能。但是，Ca^{2+} 或 Zn^{2+} 等的加入，会导致管柱结垢严重，保护不好可能会导致严重的垢下腐蚀。因此，塔里木目前在用磷酸钾环空保护液中加入了少量的铬酸钾［K_2CrO_4；含量一般不超过2%（质量分数）］。一方面，由于铬酸钾具有强氧化性，它可以把磷酸亚铁 $Fe_3(PO_4)_2$ 氧化成磷酸铁 $FePO_4$（溶解度更低，保护性更好），从而改善了阴极区沉淀膜的致密度和保护性；另一方面，由于铬酸钾为氧化膜（或钝化膜型）型缓蚀剂，可使铁氧化成 γ-Fe_2O_3，并与自身的还原产物 Cr_2O_3 一起在管柱表面形成钝态的氧化物保护膜(式4.2.1)，这类氧化膜主要作用于阳极区［图4.2.68(b)］，致密度较高，与金属基体结合牢固，保护效果良好。上述环空保护液中磷酸盐与铬酸盐的协同作用的缓蚀效果非常明显，可使整个管柱表面覆盖均匀致密的保护膜，有效减缓了管柱的腐蚀。

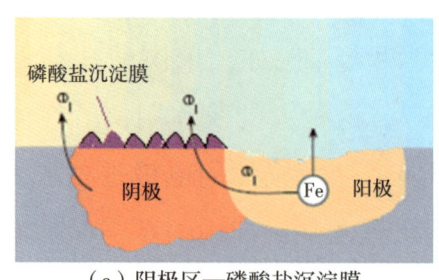 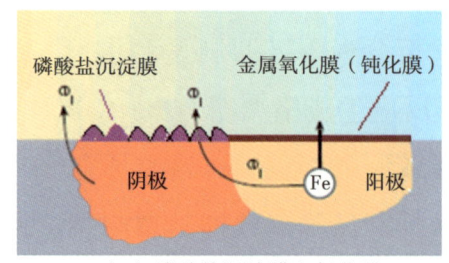

（a）阴极区—磷酸盐沉淀膜　　　　（b）磷酸盐沉淀膜和氧化膜

图4.2.68　环空保护液中金属表面成膜示意图

$$2Fe+K_2CrO_4+2H_2O \longrightarrow Fe_2O_3+Cr_2O_3+4KOH \qquad (4.2.5)$$

国内外研究表明，含有磷酸盐与铬酸盐环空保护液与碳钢及低合金钢管柱（套管和油管）的匹配较好，能够对管柱的长期运行提供良好的保护作用。但随着塔里木深井、超深井的开发，井底温度、压力越来越高，在油管柱的材质选择方面，普遍采取改进型13Cr和超级13Cr（主要为超级13Cr）。由于13Cr不锈钢本身为自钝化金属，表面存在钝化膜（铬的氧化物和氢氧化物）的保护，从而具有良好的腐蚀抗力。但环空保护液中的成分和含量（主要是强氧化剂的成分和含量如铬酸盐）及其pH值等会对13Cr不锈钢的钝化膜的保护性产生严重的影响，图4.2.69和图4.2.70为超级13Cr在不同温度和不同密度磷

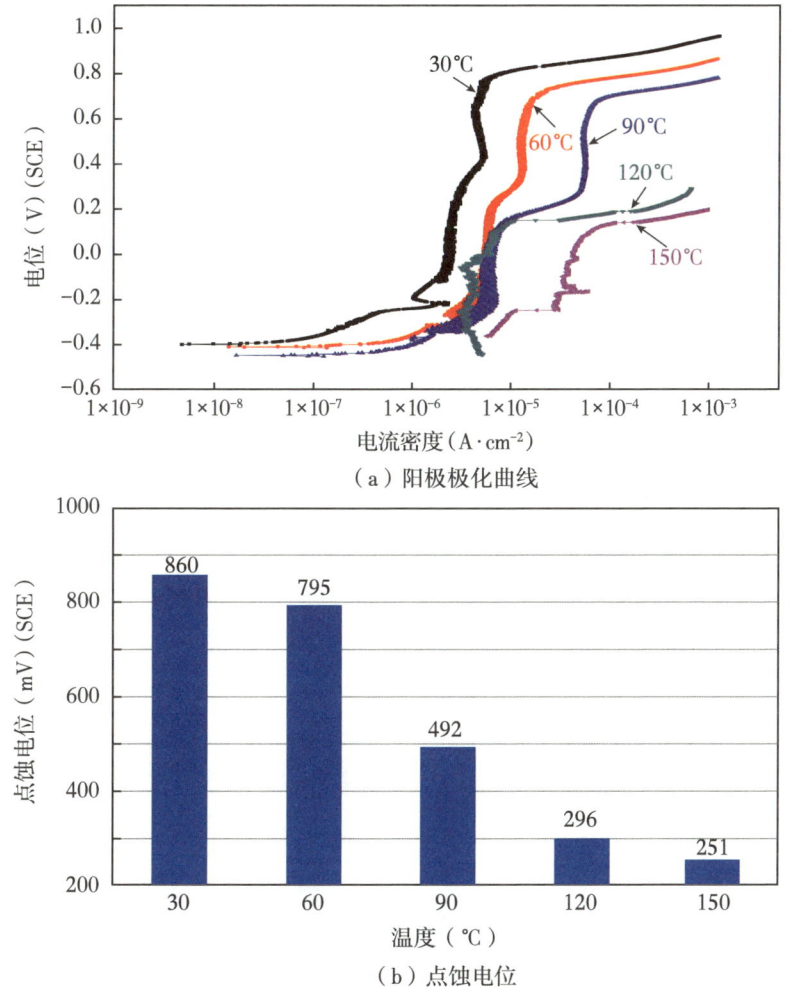

图4.2.69 超级13Cr在不同温度环空保护液中（磷酸盐+铬酸盐）的阳极极化曲线及点蚀电位

酸盐+铬酸盐［1.8%~2.0%（质量分数）］环空保护液中的阳极极化曲线及点蚀电位测量结果，由图可见，随环空保护液温度、密度升高，超级13Cr马氏体不锈钢钝化区范围变窄，点蚀电位明显降低，点蚀敏感性增强，耐蚀性降低。环空保护液中强氧化剂的存在，其成分和含量变化可能会使超级13Cr油管表面钝化膜在长期使用过程中产生局部溶解或破裂，诱发点蚀。因此，在完井作业的环空保护液选择上，应兼顾考虑其与碳钢套管柱与超级13Cr油管柱的匹配性。

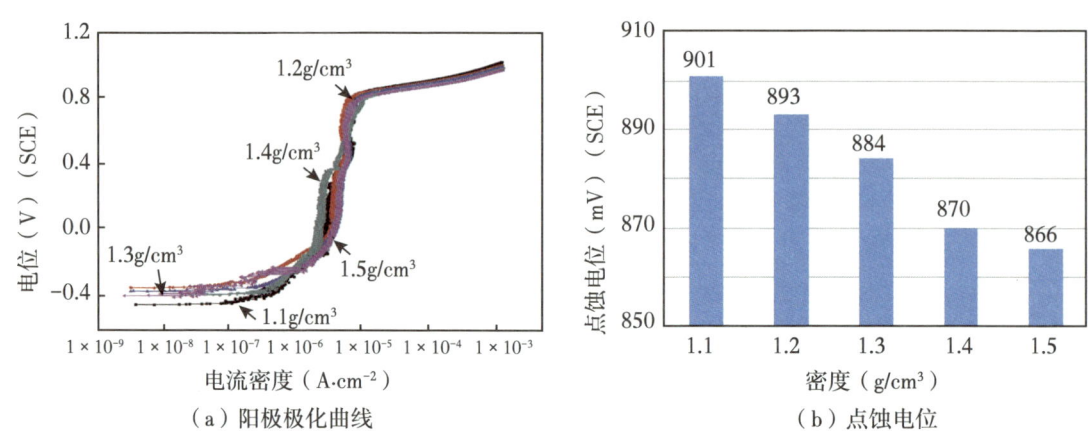

图4.2.70 超级13Cr在不同密度环空保护液中（磷酸盐+铬酸盐）的阳极极化曲线及点蚀电位

4.2.5.3 影响13Cr油管应力腐蚀开裂的因素

按标准试验的流程进行应力腐蚀开裂评价的结果是磷酸盐完井液不会造成超级13Cr的开裂。但实际上现场使用的油管开裂并非个案，这两个事实的矛盾之处表明，一定有其他因素在起作用，而这些因素通常情况下可能会被忽略。

应力腐蚀开裂的三要素为敏感材料、特定环境和一定水平的拉伸应力。对13Cr油管进行了管柱力学的校核，通过对比失效时间与应力水平的关系，认为应力大小对油管断裂速度和裂纹严重程度影响较大，这与相关的研究都相符。同时调研了全球超级13Cr油管的应用情况，这种材质在某些情况下确实会发生应力腐蚀开裂，文献报道的都是在卤盐，比如氯化钙等为溶质的环空保护液中，发生失效的井的比例也远比不上塔里木油田使用磷酸盐的井。而且，马氏体不锈钢在卤盐中发生应力腐蚀开裂在实验室非常容易用通常的评价方法将开裂现象和过程还原出来。经过上述分析，最大的疑点可能在环境也就是环空保护液。虽然环空保护液是最后也是最长时间接触油管的介质，但油管接触的"腐蚀"环境远不止环空保护液。根据高温高压气井完井日志记载，超级13Cr油管在试油工作液中下入，这个过程可能会持续5天左右；接下来进行试油改造等工序，油管外壁不受影响；最后通过顶替液和环空保护液替出试油工作液后完井。这个过程中可能最终混入油套环空环境中的包括试油工作液中某些物质的残留、顶替液残留和溶解氧，实际上，顶替液通常只是提黏之后的完井液，可以排除在外。

调查结构显示，油管发生失效的时间有长达几年的，其裂纹扩展的速率应该相当小；而实验室标准评价试验的持续时间是720小时，即1个月时间。应力腐蚀开裂的理论研究表明，在裂纹稳定扩展之前，还有一个裂纹萌生阶段，而裂纹通常是从点蚀坑底萌生的，有的时候表面缺陷也会促进裂纹的萌生。室内试验如果不是使用强化过的试验条件来进行加速试验，短时间的试验结果难以表征现场实际的应用效果。因此，为了加速试验必须采取相应的强化条件，比如增加应力水平，人为制造缺陷，另一个选项就是延长试验时间。

基于上述的分析，设定了可能需要考虑的试验条件：模拟试油工作液和溶解氧的存在，保留超级13Cr试样的原始表面（即，不使用光滑的试样，因为热轧出来的油管通常会带有氧化皮，也就是说，油管表面会事先带有不平整的氧化物，甚至可能存在缺陷，从而加速裂纹萌生），延长试验时间，以及增加应力水平。应力腐蚀开裂模拟试验参数见表4.2.12。

为了保留油管的原始表面状态，采取了C形环试样。该方法检测的开裂行为是沿管柱轴向的，模拟内压造成的张力，或者说管体收到环向拉伸的工况。试验条件见表2.5.20，分别模拟钻井液和完井液受钻井液污染工况下超级13Cr油管的腐蚀断裂损伤行为。尽管塔里木油田高温高压气井很多在深层钻进时使用有机盐钻井液，但考虑到钻进阶段广泛使用了聚磺钻井液，部分井采用聚磺泥钻井液钻至完井，同时有研究表明钻井液中的某些含硫有机磺化物高温高压下可分解出诱发应力腐蚀开裂的H_2S，而在KeS 8-2井的失效分析过程中，经成分分析表明聚磺钻井液及有机盐钻井液均存在磺酸基吸收峰，并且前者含硫介质含量还高于后者。为达到加速试验效果，试验采用含硫介质更高的聚磺钻井液作为完井液的污染介质。两种工况中，试样加载载荷为超级 13Cr 油管实测最小屈服强度（$YS = 844$ MPa）的 90%，即为 759.6MPa，试验温度为 140℃，试验压力为 10MPa，试验周期为 30 天。此外，试验溶液均未进行除氧，以模拟现场钻井液循环暴氧环境以及钻井液所带来的溶解氧污染完井液对超级 13Cr 油管应力腐蚀开裂行为的影响。

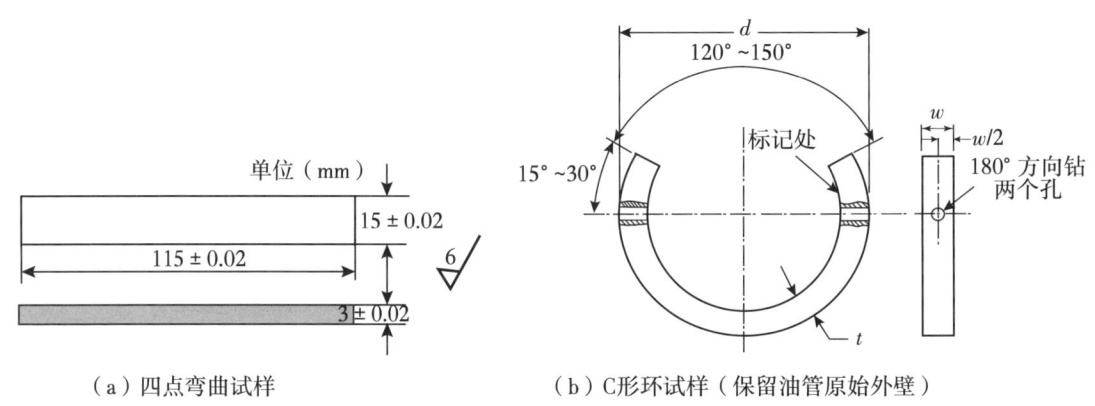

（a）四点弯曲试样　　　　（b）C形环试样（保留油管原始外壁）

图 4.2.71　应力腐蚀开裂试样示意图

表 4.2.12　应力腐蚀开裂模拟试验参数表

工况	试验溶液	载荷（MPa）	温度（℃）	试验压力（MPa）	周期（d）	除氧方式
1#	聚磺钻井液	759.6	140	10	30	未除氧
2#	20%聚磺钻井液+80%Weigh4 完井液	759.6	140	10	30	未除氧

图 4.2.72 为工况 1# 试验条件下试样宏观形貌，在单一钻井液环境中，两种类型试样均未发生宏观断裂；四点弯曲试样呈现金属光泽，C 形环试样与试验前差别不大，两种试样从宏观形貌上均未见明显腐蚀特征。图 4.2.73 为工况 1# 试验条件下试样微观形貌，微观分析表明，四点弯曲试样表面未见腐蚀产物覆盖，试样表面可见少量点蚀坑特征，取金相试样进行观察可见试样表面点蚀坑最深仅为 $2\mu m$，点蚀坑底部呈圆钝态；取 C 形环横截面金相试样进行微观形貌观察，可见油管外表面原始氧化皮形貌与试验前差别不大，仅存在少量开裂特征，而油管基体未见明显开裂或腐蚀特征。

(a)四点弯曲试样　　　　　　　　　(b)C形环试样

图 4.2.72　工况 1#试验条件下试样宏观形貌

 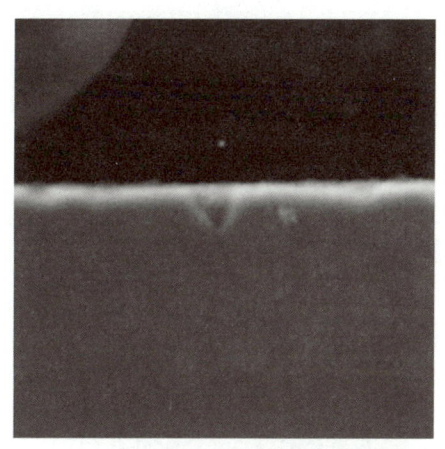

(a)四点弯曲试样表面　　　　　　　(b)四点弯曲金相试样腐蚀坑截面

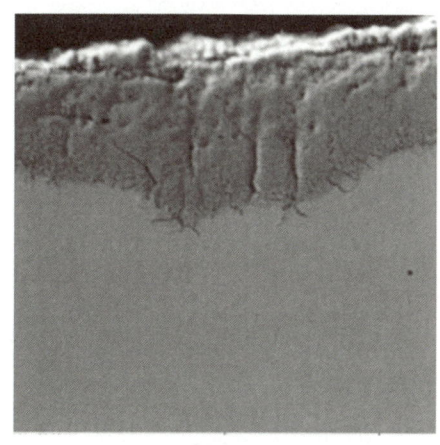 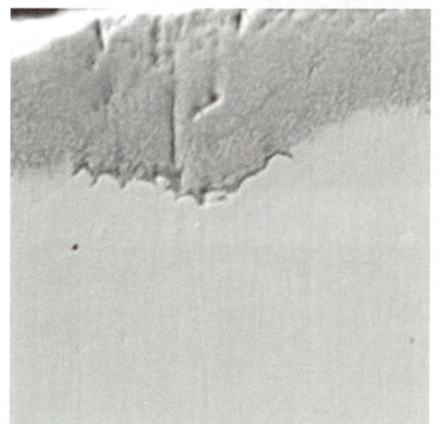

(c)C形环金相试样外表面　　　　　　(d)C形环金相试样外表面

图 4.2.73　工况 1#试验条件下试样微观形貌

图 4.2.74 为工况 2#试验条件下试样宏观形貌，在模拟完井液受污染环境中，两种类型试样尽管未发生宏观断裂，但试样表面均发黑、可见腐蚀产物覆

盖，C形环试样表面还可见灰白色结垢物，其与失效油管宏观形貌相似。图 4.2.75 为工况 2#试验条件下试样微观形貌，微观分析表明，四点弯曲试样表面可见大量腐蚀产物覆盖，其与钻井液沉淀物接触位置可见黑色覆盖物附着，取截面金相试样观察可见试样表面存在腐蚀产物层，并具有较多点蚀坑存在，点蚀坑深度超过 5μm，且坑底部尖锐；取 C 形环横截面金相试样进行微观形貌观察，可见油管外表面原始氧化皮已经完全开裂、部分呈破碎状，存在大量开裂通道至油管基体表面，基体表面已存在腐蚀特征并可见尖锐腐蚀坑存

(a) 四点弯曲试样　　　　　　(b) C形环试样

图 4.2.74　工况 2#试验条件下试样宏观形貌

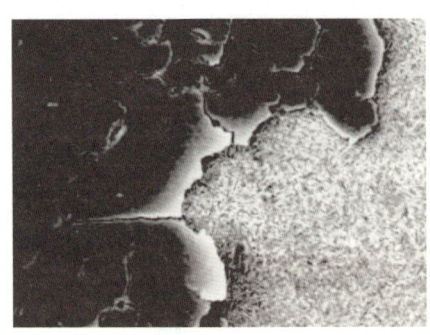 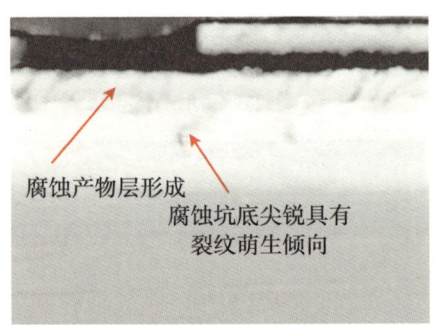

(a) 四点弯曲试样表面　　　　　　(b) 四点弯曲金相试样腐蚀坑截面

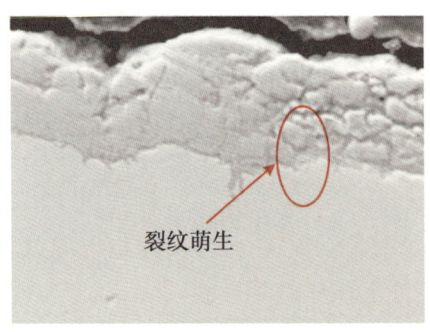 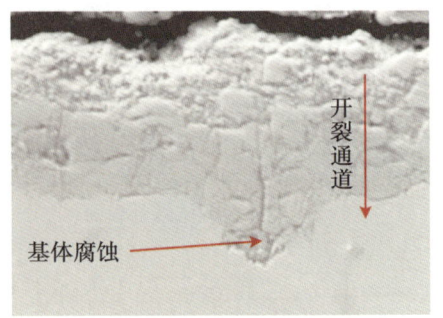

(c) C形环金相试样外表面　　　　　　(d) C形环金相试样外表面

图 4.2.75　工况 2#试验条件下试样微观形貌

在，部分腐蚀坑底部已存在裂纹萌生。表4.2.13为C形环金相试样表面进行能谱分析结果，分析表明油管外表面原始氧化皮出现成分差异，最外层Cr元素出现富集趋势，P、Na等腐蚀介质元素分布较少，而开裂通道深入的内层出现较高含量的P、Na等腐蚀介质元素，可见腐蚀介质由开裂道进入油管氧化皮底部。工况2#模拟试验试样表面的腐蚀特征与KeS 8-2井断裂油管外表面类似，均表现为腐蚀介质通过开裂通道接触金属基体造成油管腐蚀，并促进裂纹萌生；模拟试验中出现的Cr元素在表面富集也与KeS 8-2井油管外表面腐蚀产物层成分分布特征类似。此外，试验前测试溶液含氧量为0.70mg/L，试验后降至0.01mg/L，说明溶液中的溶解氧被大量消耗，参与了材料的腐蚀过程，并对腐蚀及应力腐蚀开裂行为造成影响。

表4.2.13 工况2#试验条件下C形环试样表面能谱分析结果 单位：%（质量分数）

元素	O	S	Cr	Fe	Ni	C	Na	Si	P
外层产物膜	29.32	1.65	20.45	42.1	6.48	—	—	—	—
内层产物膜	33.96	0.95	12.39	32.12	3.45	4.45	5.29	0.62	6.77

4.2.5.4 13Cr油管断裂的防治

随着研究的深入，逐步揭示了超级13Cr油管断裂的原因是由于环空环境造成的，所用完井液中的磷酸盐和铬酸钾在某些时候会减缓金属的腐蚀，在特定场合也用作缓蚀剂。但实践证明，磷酸盐和铬酸钾完井液与超级13Cr配伍性不好。在温度较高时，这种溶液会造成严重的局部腐蚀，不论是碳钢还是超级13Cr材质。其生成的沉淀膜和/或氧化膜，可能会在碳钢表面起到一定的保护作用，但是对于超级13Cr来说，这种在表面形成的较厚的膜（微米级）替代了马氏体不锈钢特有的致密钝化膜，后者的厚度是纳米级别的，而这种不太容易达到致密状态的膜为离子交换提供了通道，可能在表面膜的下层产生孤立的微观环境，从而由于自催化等原因造成严重的点蚀。当有钻井液固相残留和溶解氧的影响时，这种腐蚀可能会加剧，对于马氏体不锈钢这种敏感材料来说，点蚀是通往应力腐蚀开裂的捷径。为了减缓超级13Cr的局部腐蚀，只有将环空保护液替换成低腐蚀性或不腐蚀的材料。单从腐蚀性考虑，不含水的油，比如柴油肯定是最好的选择，如果为了降低燃烧的风险，也可以使用严格控制离子含量的清水。塔里木油田的高温高压气井，为了保证油管内外压力差的数值不能太大，在油套环空需要施加一定的压力，最好的方法不是使用回压（太高的回压对井口要求很高），而是使用较高密度的环空液体。这使得环空保护液的选择具有了一定的局限性。

从结果来看，最终选择了甲酸盐作为环空保护液使用。关于甲酸盐在油气开采行业中的应用，包括腐蚀性评价的结果，滕学清等所著的《甲酸盐完井液技术》一书已有详细阐述。本节仅展示塔里木油田高温高压气井工况下的有代表性的腐蚀评价数据。

甲酸盐环空保护液主要成分为98.1%~98.3%（质量分数）的甲酸钾，密度为1.4 g/mL，pH值为9.7，评价试验条件见表4.2.14。评价试验材料选用110ksi钢级超级13Cr马氏体不锈钢油管。

表 4.2.14 甲酸盐环空保护液腐蚀评价试验条件

介质	甲酸盐环空保护液 [98.1%~98.3%（质量分数）甲酸钾，密度1.4g/mL；pH值=9.7]
温度（℃）	160
除氧时间（h）	0.5
CO_2 分压（MPa）	0
总压（MPa）	10
时间（h）	1440

图4.2.76为超级13Cr试样在160℃甲酸盐环空保护液中的表面宏观和微观腐蚀形貌。清洗前试样表面覆盖一层黑色的腐蚀产物层或沉积物层，比较致密，无明显脱落现象。清洗后试样表面仍可见机械打磨痕迹，无点蚀；计算所得的均匀腐蚀速率仅为0.0026mm/a。在甲酸盐环空保护液中，超级13Cr的均匀腐蚀、局部腐蚀非常轻微。

Hydro Corporate研究中心的实验结果表明，当不存在腐蚀性气体时，在特定金属的使用范围内，即使受到氯离子的污染，甲酸盐溶液本身对油井和气井施工中使用的所有形式的钢材都不具有腐蚀性。表4.2.15列出了在温度高达

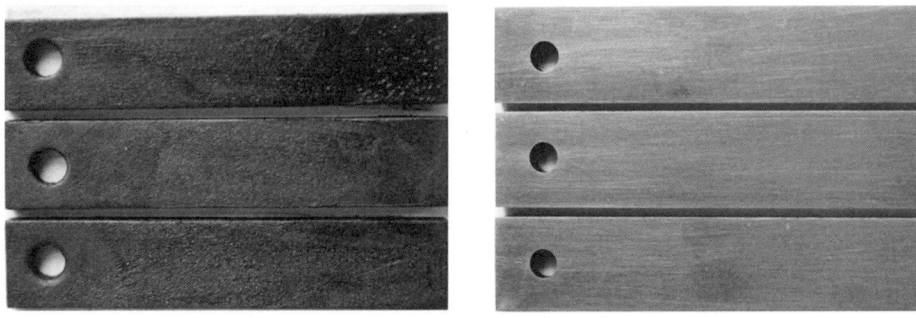

（a）清洗前

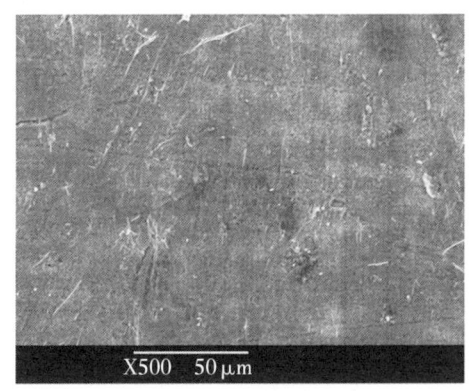 

（b）清洗后

图4.2.76 甲酸盐环空保护液腐蚀试验后超级13Cr试样表面客观和微观腐蚀形貌

218℃的情况下，各种甲酸盐溶液中不锈钢的均匀腐蚀速率。无论处于何种温度，不锈钢管材在甲酸盐溶液中的腐蚀速率都非常小，且未观察到有局部腐蚀迹象[6]。

表4.2.15 甲酸盐溶液中不锈钢的均匀腐蚀速率[6]

类型	pH值	温度（℃）	时间（d）	均匀腐蚀速率（mm/a）			
				13Cr	超级13Cr	22Cr	25Cr
KFo	9.8	66	30	0	—	0	—
NaFo	10.0	163	7	0	0	0.051	
CsKFo+3g/L Cl⁻	10.4	165	30	—	0.01	—	
KFo	9.8	185	30	0.043	—	0	
CsFo	10.0	191	17	0		0.03	
CsFo	10.0	204	17	0.003		0.03	

相关研究表明，缓冲后的甲酸盐溶液被侵入的CO_2污染后，即使是在CO_2侵入量已经将pH值降至较低缓冲水平，13Cr不锈钢在全面腐蚀较严重的初始阶段短期内形成了保护层，可对13Cr不锈钢抑制CO_2腐蚀提供良好的保护作用。图4.2.77为在120~180℃之间，CO_2酸化的溴化钙和甲酸盐溶液中13Cr不锈钢挂片腐蚀的宏观形貌，在溴化钙溶液的13Cr钢挂片存在严重的局部腐蚀，而在同样测试条件下，13Cr钢挂片在甲酸盐溶液只存在全面腐蚀。表4.2.16列出了同一挂片在不同溶液中的均匀及局部腐蚀速率。

图4.2.77　13Cr钢挂片在CO_2酸化的溴化钙和甲酸钾溶液中的宏观腐蚀形貌（120~180℃）[6]

表4.2.16　13Cr钢在CO_2酸化的溴化钙和甲酸钾溶液中的腐蚀速率计算结果[6]（mm/a）

类型	温度（℃）	时间（d）	均匀腐蚀速率	局部腐蚀速率
$CaBr_2$	120~180	62	0.061	2.1
$CaBr_2$+缓蚀剂	120~180	62	0.055	2.6
KFo	120~180	50	0.72	—
KCsFo	150	34	0.249	—
KCsFo	175	34	0.119	—

光滑四点弯曲试验材料选用110ksi钢级超级13Cr马氏体不锈钢油管,四点弯曲光滑试样尺寸为115mm×15mm×5mm,用砂纸人工将试件表面抛光,最高的砂纸粒度为600#,终级划痕与试件的长边平行。具体试验条件见表4.2.17。

表4.2.17 超级13Cr材质在甲酸盐环空保护液中的抗SCC性能评价试验条件

材料	牌号	钢级	加载应力水平
	超级13Cr	110	90%YS_{min}
介质	甲酸盐环空保护液[98.1~98.3%(质量分数)甲酸钾,密度1.4g/mL;pH值=9.7]		
温度(℃)	120		
除氧时间(h)	0.5		
CO_2分压(MPa)	0		
时间(h)	720		
测试试样	四点弯曲试样		

图4.2.78为720h试验后光滑四点弯曲SCC试样的表面宏观和微观形貌,所有试样均未发生断裂,表面无垂直于张应力方向的微观裂纹。超级13Cr材质在甲酸盐环空保护液腐蚀环境中具有良好的抗SCC性能。

(a)宏观形貌

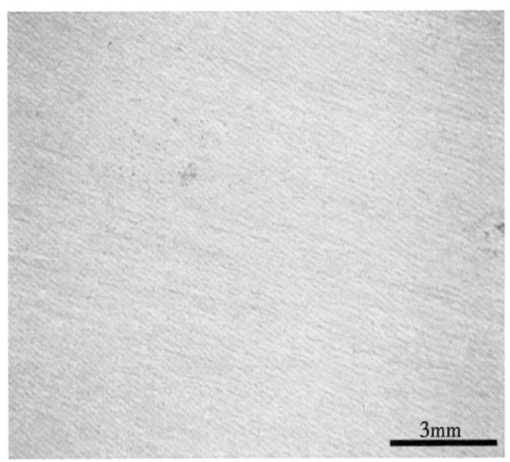
(b)微观形貌

图4.2.78 720h试验后13Cr光滑四点弯曲SCC试样表面形貌

Hydro Corporate 研究中心运用 U 形弯曲法、C 形环法研究了不锈钢材质在 CO_2 酸化（CO_2 分压为 1MPa）的缓冲甲酸钾/甲酸铯、溴化钙溶液中的抗 SCC 性能（温度 160℃；试验周期为 3 个月；腐蚀介质中没有加脱氧剂或缓蚀剂）[6]。测试结果表明（表 4.2.18）：在三个月的测试期结束时，没有任何接触甲酸盐溶液的不锈钢试样存在应力腐蚀开裂；在溴化盐水溶液中，超级 13Cr 和 22Cr 双相不锈钢在一个月之后均显示有开裂迹象，而且 25Cr 超级双相不锈钢在第 3 个月测试期的初始阶段就显示出开裂迹象。

表 4.2.18 油套管用耐蚀合金在 CO_2 酸化的缓冲甲酸钾/甲酸铯、溴化钙溶液中 SCC 检测结果[6]

测试试样	SCC 检测结果	
	溴化钙+1%Cl^-	甲酸钾/甲酸铯+1%Cl^-
1 个月		
超级 I 型 13Cr	全部开裂（3 个平行试样）	未开裂
22 Cr	全部开裂（3 个平行试样）	未开裂
25 Cr	未开裂	未开裂
2 个月		
超级 I 型 13Cr	全部开裂（3 个平行试样）	未开裂
22 Cr	全部开裂（3 个平行试样）	未开裂
25 Cr	未开裂	未开裂
3 个月		
超级 13Cr	全部开裂（3 个平行试样）	未开裂
22 Cr	全部开裂（3 个平行试样）	未开裂
25 Cr	2 个试样在初期发生开裂	未开裂

上述甲酸盐溶液中的 SCC 测试是在最具侵蚀性的条件下进行的，即较高的缓冲条件被完全破坏（耗尽），这等同于在很长时间内 CO_2 泄漏侵入盐水溶液的最苛刻状况。因此，在甲酸盐溶液中要想防止 CO_2 侵入而导致的不锈钢 SCC，所需的不是添加剂或处理方法，而是碳酸盐/碳酸氢盐 pH 缓冲剂。

实际应用中的甲酸盐溶液应加入碳酸钾或碳酸钠，以及重碳酸钾或重碳酸钠进行缓冲。一般建议量为 17~34g/L 碳酸钾，或碳酸钾和碳酸氢钾的混合物。这种缓冲剂的主要目的是形成碱性 pH 值，防止盐溶液的 pH 值因侵入酸性或碱性物质而发生波动。缓冲剂的另一个重要作用是在钢表面促进优良的碳酸盐保护膜的形成。

pH 缓冲溶液的定义为当加入氢离子（H^+）或氢氧根离子（OH^-）时，pH 值不发生变化的溶液。pH 值不发生变化的原因在于缓冲剂能够消耗氢离子（H^+）和/或氢氧根离子（OH^-）。碳酸盐/重碳酸盐缓冲系统在两个不同的 pH 范围内都有很强的缓冲能力（pK_{a2}）。

pH = 10.2 时缓冲水平较高：

$$CO_3^{2-} + H^+ \xleftrightarrow{pK_{a2}} HCO_3^- \quad (4.2.6)$$

式中　pK_{a2} = 10.2。在 pH = 10.2（pK_{a2}），缓冲溶液含有等量的 CO_3^{2-} 和 HCO_3^- 离子。

pH = 6.35 时缓冲水平较低：

$$HCO_3^- + H^+ \xleftrightarrow{pK_{a1}} H_2CO_3 \quad (4.2.7)$$

式中　pK_{a1} = 6.35。在 pH = 6.35（pK_{a1}），缓冲溶液含有等量的 HCO_3^- 和 H_2CO_3。当盐溶液浓度、温度以及压力发生变化时，pK_{a1} 和 pK_{a2} 的准确值也会有所差异。

图 4.2.79 为碳酸盐缓冲溶液的 pH 值与加入强酸（H^+）之间的关系[6]。X 轴表示加入酸消耗的缓冲剂的比例。由图 4.2.79 可见，碳酸盐可以缓冲两次，第一次为 pH = pK_{a2} = 10.2（较高的缓冲水平），其次是 pH = pK_{a1} = 6.35（较低的缓冲水平）。如果加入的酸是碳酸（CO_2 侵入），则 pH 值将一直高于 pK_{a1}。当加入强酸时，碳酸盐缓冲剂将发挥如下作用：碳酸盐将与加入的酸发生反应，直到所有的碳酸盐被消耗完。只要溶液中仍然存在碳酸盐，pH 值将一直保持较高水平，大约在"较高的缓冲水平"附近，即 10.2±1。随着碳酸盐被消耗，pH 值将下降到"较低的缓冲水平"，只要碳酸氢盐与加入的酸能发生反应，并转化成碳酸，pH 值就将保持这个水平。为了使 pH 值下降至第二个

缓冲水平，需要加入更强的酸，酸性要强于生成的碳酸。因为侵入缓冲溶液的CO_2将被溶解，并转化成碳酸，因此CO_2的侵入将不可能使pH值降至低于第二个缓冲水平。

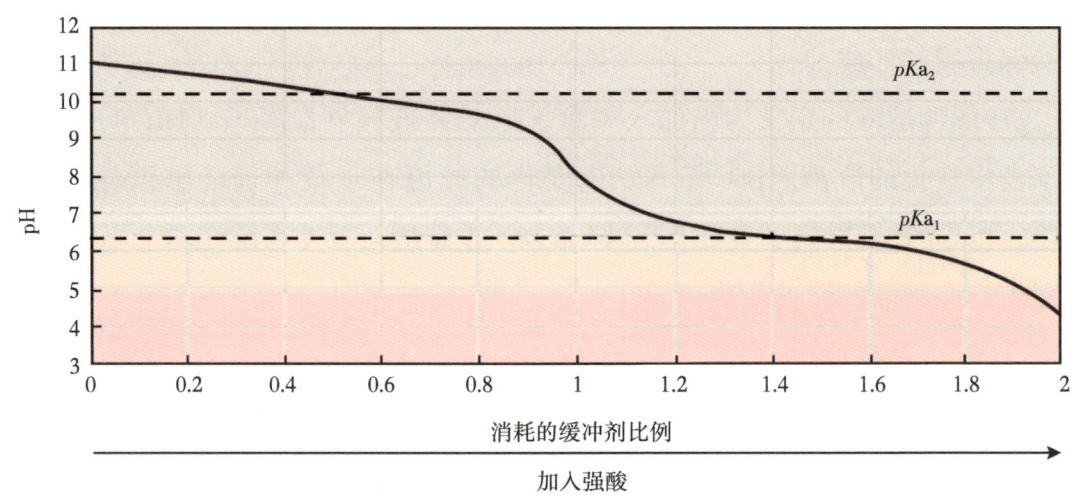

图4.2.79　碳酸盐缓冲剂的pH值与加入强酸（H^+）之间的关系

常规完井盐溶液酸化的主要原因是二氧化碳气体（CO_2）侵入井筒。根据盐溶液pH值的不同，溶解的CO_2将根据方程式（4.2.7），以碳酸（H_2CO_3）或碳酸氢根离子（HCO_3^-）的形式保留在盐溶液中。随着更多CO_2气体渗入盐溶液中，碳酸浓度增加，pH值下降，未缓冲的盐溶液酸化。

$$CO_2(g) \Longleftrightarrow CO_2(aq) \tag{4.2.8}$$

$$CO_2(aq) + H_2O \Longleftrightarrow H_2CO_3(aq) \tag{4.2.9}$$

$$H_2CO_3(aq) \xleftrightarrow{K_{a1}} HCO_3^-(aq) + H^+(aq) \tag{4.2.10}$$

图4.2.80描述了三种不同的盐溶液通过以下的方式与侵入的CO_2发生反应[6]：

常规的二价卤化物溶液不能被碳酸盐/碳酸氢盐缓冲，因为相应的金属碳酸盐（$CaCO_3$、$ZnCO_3$）将从溶液中析出，沉淀在清洁的封隔液/完井液体中形成固相。这些二价的盐溶液本身具有较低的pH值（2~6），侵入的CO_2（取决于其分压）将进一步降低pH值。大部分CO_2将被转化成碳酸，具有很强的腐蚀性。

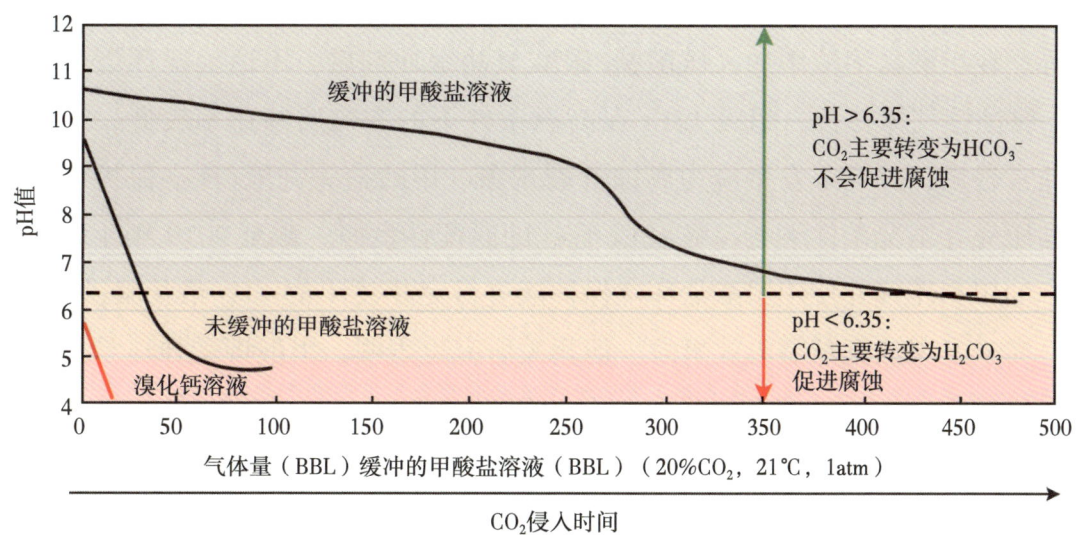

图 4.2.80　常见的卤化盐、未缓冲的甲酸盐、缓冲的甲酸盐完井液中，
pH 值与侵入 CO_2 含量的关系

经过缓冲的甲酸盐溶液能够缓冲大量的 CO_2。盐溶液的 pH 值将一直保持（在较高缓冲水平附近），足以防止液体中形成碳酸，除非侵入量非常大。当侵入较多 CO_2 时，pH 值将下降至较低的缓冲水平（pH=6.35）并保持稳定。对接触了不同 CO_2 量的甲酸盐溶液的 pH 值进行测定，证实了 pH 值的下降从未低于 6~6.5。这样的 pH 值仍然接近中性，意味着盐溶液不会因接触 CO_2 而被酸化至严重的程度。

未缓冲的甲酸盐溶液：这类盐溶液接触 CO_2 时，其 pH 值的变化与卤化物溶液非常类似。但是这类盐溶液的初始 pH 值较高，并且因为甲酸盐本身就可以作为缓冲剂（$pK_a=3.75$），所以 pH 值的降低会受到限制。如果存在任何酸性气体侵入的可能性，不建议使用未缓冲的甲酸盐溶液。

侵入井筒的 CO_2 通常还含有硫化氢（H_2S）。H_2S 也是一种很弱的酸，pK_{a1} 大约为 7。因为形成不溶性的硫化物层，H_2S 的腐蚀性在碱性环境中通常受到抑制。因此，缓冲甲酸盐溶液中的硫化氢不会持续造成腐蚀。

为充分发挥甲酸盐溶液中的碳酸盐/碳酸氢盐缓冲剂的作用，需要在现场应用时既保持缓冲水平，又保持缓冲容量。碳酸钾的过度处理通常不会造成甲酸盐完井液的性能发生太大的变化。

目前较为常见的甲酸盐类完井液/环空保护液包括甲酸钾、甲酸钠和甲酸铯等。在甲酸盐溶液中加入碳酸盐/碳酸氢盐缓冲剂后，不论工况环境中存在CO_2腐蚀性气体与否，超级13Cr在高温条件下的均匀腐蚀速率较低、局部腐蚀非常轻微，并且未发生应力腐蚀开裂现象。甲酸盐完井液/环空保护液在高温高压完井工况条件下与超级13Cr管柱的匹配性良好。截至2019年年底，塔里木油田高压气井使用甲酸盐环空保护液进行完井共计83口，最长服役时间5年，尚未发现油管断裂失效事故。但相关研究也表明，甲酸钾受强热易发生分解生成氢气；甲酸铯在263℃左右开始熔融并逐渐分解，产生碳酸铯、草酸铯、一氧化碳、氢气等；甲酸钠在330℃左右缓慢分解为碳酸钠、氢气、一氧化碳和少量草酸钠，在高于400℃发生激烈的放热反应，甲酸钠脱氢转化为草酸钠。CSM（Centro Sviluppo Materiali SpA）对超级13Cr在甲酸盐中的SCC行为进行了较为系统的研究[7]，发现在155℃高压长时间保温后，甲酸铯分解产生HCOOH，继而分解产生氢气（式4.2.7），导致超级13Cr脆性增大，经过100天试验后（加载应力为60%AYS），超级13Cr试样发生SCC。因此，关于超级13Cr管柱在塔里木高温高压甲酸盐工况环境中的适用性还有待于进一步研究。

参 考 文 献

[1] Frenier W W, Brady M, Chan K S, et al. Hot Oil and Gas Wells Can Be Stimulated Without Acids [C]. The 2004 SPE Annual Technical Conference and Exhibition held in Lafayette, Louisiana, 18-20 February, 2004. USA: SPE, 2004.

[2] 沈卓，李玉海，单以银，等. 硫含量及显微组织对管线钢力学性能和抗H_2S行为的影响 [J]. 金属学报，2008，44（2）：215-221.

[3] Hisashi A, Kunio K, Akira T, et al. Stress Corrosion Craching Sensitivity of Super Martensitic Stainless in High Chloride Concentration Environment [C]. 59th NACE Annual Conference, New Orleans, March 28-April 1, 2004. Houston: Omnipress, 2004.

[4] 钟群鹏，赵子华. 断口学 [M]. 北京：高等教育出版社，2000.

[5] 海上油气田完井手册编委会. 海上油气田完井手册 [M]. 北京：石油工业出版社，1998.

[6] Howard S, Milliams D. Formate Brines Compatibility with Metals [R]. Hydro Research & CAPCIS Company, 2006.

[7] Centro Sviluppo Materiali Spa. High Pressure High Temperature Testing of PH Nickel Alloy and Super Martensitic Stainless Steel in Cesium Formate Completion Fluid [C]. 67th NACE Annual Conference, San Salt Lake City, Utah, March 11–15, 2012. Houston: Omnipress, 2012.